Practical Lecture
# Confectionery &
# Baking

제3판

# 제과제빵기능사
# & 실무특강

신태화 · 김상미 · 김지민 · 박상준
이용권 · 이은경 · 이재진 · 한장호

백산출판사

우리나라의 경제발전은 식생활의 발전과 함께 이루어졌으며, 베이커리 산업을 세계 선진국 수준으로 이끌게 되었습니다. 최상의 기술력이 최고의 경쟁력으로 거듭나는 21C에는 전문직을 선호하고 준비하는 사람들이 증가하고 있습니다. 최근 디저트가 인기를 끌면서 많은 사람들이 제과·제빵기술에 관심을 보이고 있습니다.

제과·제빵은 외식산업의 발전과 함께 미래가치를 인정받는 기술로 자리매김하고, 그만큼 관련능력을 함양하려는 수요 또한 높아지고 있습니다. 이에 따라 저자는 실무현장에서의 오랜 경험과 학생들의 다양한 목소리 그리고 시험감독을 통해서 얻은 지식을 바탕으로 실제 시험에 출제될 확률이 가장 높은 이론을 선별하여 끊임없이 개정해 왔습니다. 따라서 이번에 집필한 책은 2023년에 변경된 과제를 반영하여 실었습니다.

제과·제빵기능사에 관심은 있지만 다수의 실기과제에 대한 부담을 느끼는 수험생을 위해 한눈에 들어오는 사진과 자세한 설명을 수록하였고, 실기시험에 적합하게 각 단계별로 과제를 자세하게 설명하였으며, 각 과정별 제품평가를 통해 각 과정에서 놓치지 말아야 할 핵심 포인트를 수험생이 직접 체크할 수 있도록 구성하였습니다.

제과·제빵기능사 자격증 취득에 도전하는 분이나 전공과는 무관한 제과·제빵업계에 진출하기까지의 과정을 이론과 실무기술을 통해 사실적으로 그려냄으로써 진로를 고민하는 청소년들에게 실질적 도움을 드리고자 하였습니다. 이와 더불어 새로운 분야에의 도전을 꿈꾸는 젊은이들과, 제과·제빵 분야에 관심 있는 많은 분에게 이 책은 훌륭한 지침서가 될 것입니다. 또한 제과·제빵기능사 실기시험을 준비하는 수험생들의 시험준비에 대한 요구뿐만 아니라, 현재의 트렌드에 맞는 스타일링 기법 및 전체적인 디자인적 요소를 강조하는 형식으로 책을 구성하였습니다. 또한 제과·제빵 시험품목을 통하여 다양한 제품을 응용할 수 있는 방법과 최근 유행하는 다양한 제품을 수록했으며, 대학생들뿐만 아니라 베이커리 취업 및 창업을 꿈꾸는 많은 분들에게도 길잡이가 되고, 도움이 될 수 있도록 정성껏 집필하였습니다.

끝으로 책이 나오기까지 많은 도움을 주신 백산출판사 진욱상 사장님과 이경희 부장님, 편집부 선생님들께 깊은 감사를 드립니다. 또한 사진을 예쁘게 촬영해 주신 이광진 작가님, 저를 위해 함께해준 최효준, 조성도, 김태현, 오규환 모두 고맙습니다.

저자 신태화 씀

# CONTENTS

## 1부 | 이론

제1장   국내 베이커리 시장 변화 • 18

제2장   베이커리 개념 및 발전과정 • 22

제3장   제과 · 제빵 기계류 및 기기 • 24

제4장   제빵이론 • 34

34   제1절 빵의 개념 및 분류

37   제2절 재료의 종류 및 특성

60   제3절 제빵 반죽 제조방법

76   제4절 제빵의 제조공정

제5장   제과이론 • 102

102   제1절 제과 · 제빵의 구분 기준

102   제2절 팽창형태에 따른 분류

104   제3절 케이크 반죽에 따른 분류

109   제4절 제과반죽에서 재료의 기능

110   제5절 제과의 제조공정

제6장   식재료 구매관리 • 131

131   제1절 구매계획 수립 시 시장조사
       분석에 필요한 지식·기술·태도

132   제2절 구매활동의 기본조건

132   제3절 구매단계와 식재료 결정 실행

133   제4절 식재료 저장관리 및 제품관리

제7장   개인위생 안전관리 • 134

134   제1절 개인위생 안전관리

135   제2절 개인위생 안전관리지침서

135   제3절 손 씻기

제8장   주방안전관리 • 138

138   제1절 주방관리 지침서

제9장   냉장, 냉동고, 상온 식재료
        관리 및 안전 • 139

139   제1절 냉장 · 냉동 보관방법

140   제2절 상온 보관방법

140   제3절 식중독 예방법

## 제10장  제과 · 제빵 생산 및 관리 • 143

143  제1절 생산관리의 개념

144  제2절 생산계획의 개요

144  제3절 원가를 계산하는 목적

145  제4절 이익을 계산하는 방법

145  제5절 제품 제조원가의 구성요소에 소요되는 실행 예산의 수립

145  제6절 생산 시스템의 개념

145  제7절 생산가치와 노동 생산성

146  제8절 원가를 절감하는 방법

## 2부 | 실무

제빵
기능사

식빵(비상스트레이트법) 154

우유식빵 158

풀만식빵 162

옥수수식빵 166

버터톱식빵 170

밤식빵 174

쌀식빵 178

그리시니 182

호밀빵 186

단과자빵(트위스트형) 190

단팥빵(비상스트레이트법) 194

단과자빵(크림빵) 198

단과자빵(소보로빵) 202

버터롤 206

모카빵 210

스위트롤 214

소시지빵 218

베이글 222

빵도넛 226

통밀빵 230

제과
기능사

파운드케이크 236

브라우니 240

과일케이크 244

스펀지케이크(공립법) 248

버터스펀지케이크(별립법) 252

소프트롤케이크 256

젤리롤케이크 260

시퐁케이크(시퐁법) 264

치즈케이크 268

호두파이
272

타르트
276

버터쿠키
280

쇼트브레드쿠키
284

다쿠와즈
288

슈
292

마드레느
296

마데라(컵)케이크
300

초코머핀
304

초코롤케이크
308

흑미롤케이크
312

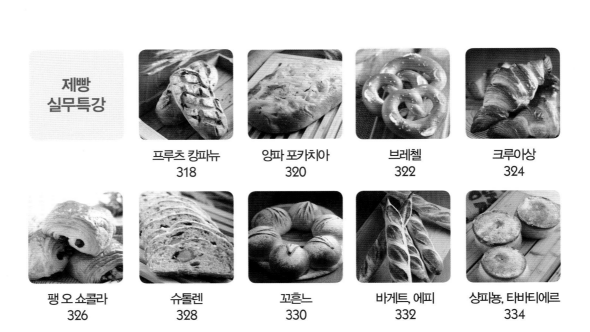

제빵
실무특강

프루츠 캉파뉴
318

양파 포카치아
320

브레첼
322

크루아상
324

팽 오 쇼콜라
326

슈톨렌
328

꼬흔느
330

바게트, 에피
332

샹파뇽, 타바티에르
334

무화과 바통
336

파네토네
338

오징어먹물 크림치즈
베이글 340

슈바이처브로트
342

팡도르
344

잉글리시 머핀
346

치아바타
348

크림치즈 호두빵
350

좁프
352

제과
실무특강

팔미에
356

생크림 과일 케이크
358

레드벨벳 케이크
360

당근 케이크
362

과일 타르트
364

레몬 머랭 파이
366

블랙 포리스트
케이크 368

크림치즈 타르트
370

도지마롤
372

# 제과·제빵기능사 필기 및 실기시험 안내

■ 제과기능사 자격증 시험과목
① 필기시험 : 과자류 재료, 제조 및 위생관리 객관식 4지 택일형 60문항(60분)
② 제과기능사 자격증 실기 : 제과 실무

■ 제빵기능사 자격증 시험과목
① 필기시험 : 빵류 재료, 제조 및 위생관리 객관식 4지 택일형 60문항(60분)
② 제빵기능사 자격증 실기 : 제빵 실무

■ 제과·제빵기능사 필기시험 변경

| 종목 | 변경 전 | 변경 후 |
|------|---------|---------|
| 제과기능사 | 제조이론, 재료과학 영양학, 식품위생학 | 과자류 재료, 제조 및 위생관리 |
| 제빵기능사 | | 빵류 재료, 제조 및 위생관리 |

● 상세사항
1) 출제기준 변경에 의거 제과기능사와 제빵기능사 필기시험이 기존 "완전 공통(상호 면제)"에서 "분리 자격"으로 변경됩니다.
2) 이에 따라 '20년도부터는 제과기능사 자격은 제과 직무 중심의 문제가 출제되며, 제빵기능사 자격은 제빵 직무 중심의 문제가 출제됩니다.
3) 다만, 제과와 제빵의 직무가 동일하거나 유사한 출제기준의 내용은 "일부 공통"으로 출제될 수 있음을 참고하시기 바랍니다(상호 면제는 되지 않음).

■ 제과·제빵기능사 필기시험 변경

세부항목 기준의 "재료준비 및 계량", "제품 냉각 및 포장", "저장 및 유통", "위생 안전관리", "생산작업준비" 등은 제과와 제빵의 직무내용 및 이론지식이 완전 일치 또는 유사함에 따라 문제가 일부 유사하게 출제될 수 있습니다.

예시) 기초재료과학, 재료가 빵 반죽(발효)에 미치는 영향, 케이크에서의 재료의 역할(기능), 빵 제품의 노화 및 냉각, 제과 제품의 변질, 제과제빵 설비 및 기기 등은 제과기능사와 제빵기능사 모두 출제될 수 있음을 참고하시기 바랍니다.

■ 제과·제빵기능사 실기시험 변경

지급재료는 시험 시작 후 재료계량시간(재료당 1분) 내에 공동재료대에서 수험자가 적정량의 재료를 본인의 작업대로 가지고 가서 저울을 사용하여 재료를 계량합니다.

● 재료 계량 시간이 종료되면 시험시간을 정지한 상태에서 감독위원이 무작위로 확인하여 계량 채점을 하고 잔여 재료를 정리한 후(시험시간 제외) 시험시간을 재개하여 작품제조를 시작합니다.

● 계량 시간 내 계량을 완료하지 못한 경우, 누락된 재료가 있는 경우 등은 채점 기준에 따라 감점하고, 시험시간 재개 후 추가 시간 부여 없이 작품제조 시간을 활용하여 요구사항의 배합표 무게대로 정정 계량하여 제조합니다.

● 제조 중 제품을 잘못 만들어 다시 제조하는 것은 시험의 공정성과 형평성 상 불가하므로, 재료의 재지급, 추가 지급은 불가합니다.


■ 제과·제빵기능사 위생규정 변경

● 위생 기준에 적합하지 않을 경우 감점 또는 실격처리 되므로 규정에 맞는 복장을 준비하시어 시험에 응시하시기 바랍니다.

● 아울러, 위생 기준은 제품의 위생과 수험자의 안전을 위한 사항임을 참고하여 주시기 바랍니다.

※ 주요 사항 : 위생복(상·하의), 위생모 미착용 시 실격처리 됨에 유의합니다.


■ 위생상태 및 안전관리 세부기준 안내(제과·제빵기능사 공통 적용)

| 순번 | 구분 | 세부기준 | 채점기준 |
|---|---|---|---|
| 1 | 위생복 상의 | • 전체 흰색, 팔꿈치가 덮이는 길이 이상의 7부·9부·긴소매 위생복<br>- 수험자 필요에 따라 흰색 팔토시 착용 가능<br>• 상의 여밈 단추 등은 위생복에 부착된 것이어야 함<br>- 벨크로(일명 찍찍이), 단추 등의 크기, 색상, 모양, 재질은 제한하지 않음<br>• (금지) 기관 및 성명 등의 표시·마크·무늬 등 일체 표식, 금속성 부착물·뱃지·핀 등 식품 이물 부착, 팔꿈치 길이보다 짧은 소매, 부직포·비닐 등 화재에 취약한 재질 | • (실격) 미착용이거나 평상복인 경우<br>- 흰티셔츠·와이셔츠, 패션모자(흰털모자, 비니, 야구모자 등)는 실격<br>- 위생복 상·하의, 위생모, 마스크 중 1개라도 미착용 시 실격<br><br>• (위생 0점) 금지 사항 및 기준 부적합<br>- 위생복장 색상 미준수, 일부 무늬가 있거나 유색·표식이 가려지지 않는 경우, 기관 및 성명 등 표식<br>- 식품 가공용이 아닌 복장 등(화재에 취약한 재질 및 실험복 형태의 영양사·실험용 가운은 위생 0점)<br>- 반바지·치마, 폭넓은 바지 등<br>- 위생모가 뚫려 있어 머리카락이 보이거나, 수건 등으로 감싸 바느질 마감처리가 되어 있지 않고 풀어지기 쉬워 작업용으로 부적합한 경우 등 |

| 순번 | 구분 | 세부기준 | 채점기준 |
|---|---|---|---|
| 2 | 위생복 하의 (앞치마) | • 「(색상 무관) 평상복 긴바지+흰색 앞치마」 또는 「흰색 긴바지 위생복」<br>– 평상복 긴바지 착용 시 긴바지의 색상·재질은 제한이 없으나, 안전사고 예방을 위해 맨살이 드러나지 않는 길이의 긴바지여야 함<br>– 흰색 앞치마 착용 시 앞치마 길이는 무릎 아래까지 덮이는 길이일 것, 상하일체형(목끈형) 가능<br>• (금지) 기관 및 성명 등의 표시·마크·무늬 등 일체 표식, 금속성 부착물·뱃지·핀 등 식품 이물 부착, 반바지·치마·폭넓은 바지 등 안전과 작업에 방해가 되는 복장, 부직포·비닐 등 화재에 취약한 재질 | • (실격) 미착용이거나 평상복인 경우<br>– 흰티셔츠·와이셔츠, 패션모자(흰털모자, 비니, 야구모자 등)는 실격<br>– 위생복 상·하의, 위생모, 마스크 중 1개라도 미착용 시 실격<br><br>• (위생 0점) 금지 사항 및 기준 부적합<br>– 위생복장 색상 미준수, 일부 무늬가 있거나 유색·표식이 가려지지 않는 경우, 기관 및 성명 등 표식<br>– 식품 가공용이 아닌 복장 등(화재에 취약한 재질 및 실험복 형태의 영양사·실험용 가운은 위생 0점)<br>– 반바지·치마, 폭넓은 바지 등<br>– 위생모가 뚫려 있어 머리카락이 보이거나, 수건 등으로 감싸 바느질 마감처리가 되어 있지 않고 풀어지기 쉬워 작업용으로 부적합한 경우 등 |
| 3 | 위생모 | • 전체 흰색, 빈틈이 없고 일반 식품 가공 시 사용되는 위생모<br>– 크기, 길이, 재질(면, 부직포 등 가능) 제한 없음<br>• (금지) 기관 및 성명 등의 표시·마크·무늬 등 일체 표식, 금속성 부착물·뱃지 등 식품 이물 부착(단, 위생모 고정용 머리핀은 사용 가능)<br>바느질 마감처리가 되어 있지 않은 흰색 머릿수건(손수건)은 머리카락 및 이물에 의한 오염 방지를 위해 착용 금지 | |
| 4 | 마스크 (입가리개) | • 침액 오염 방지용으로, 종류(색상, 크기, 재질 무관) 등은 제한하지 않음<br>– '투명 위생 플라스틱 입가리개' 허용 | |
| 5 | 위생화 (작업화) | • 위생화, 작업화, 조리화, 운동화 등(색상 무관)<br>– 단, 발가락, 발등, 발뒤꿈치가 모두 덮일 것<br>• (금지) 기관 및 성명 등의 표시, 미끄러짐 및 화상의 위험이 있는 슬리퍼류, 작업에 방해가 되는 굽이 높은 구두, 속 굽 있는 운동화 | |
| 6 | 장신구 | • (금지) 장신구(단, 위생모 고정용 머리핀은 사용 가능)<br>– 손목시계, 반지, 귀걸이, 목걸이, 팔찌 등 이물, 교차오염 등의 위험이 있는 장신구 일체 금지 | • (위생 0점) 금지 사항 및 기준 부적합 |
| 7 | 두발 | • 단정하고 청결할 것, 머리카락이 길 경우 흘러내리지 않도록 머리망을 착용하거나 묶을 것 | |
| 8 | 손 / 손톱 | • 손에 상처가 없어야 하나, 상처가 있을 경우 식품용 장갑 등을 사용하여 상처가 노출되지 않도록 할 것(시험위원 확인하에 추가 조치 가능), 손톱은 길지 않고 청결해야 함<br>• (금지) 매니큐어, 인조손톱 등 | |

| 순번 | 구분 | 세부기준 | 채점기준 |
|---|---|---|---|
| 9 | 위생 관리 | • 작업 과정은 위생적이어야 하며, 도구는 식품 가공용으로 적합해야 함<br>• 장갑 착용 시 용도에 맞도록 구분하여 사용할 것 (예시) 설거지용과 작품 제조용은 구분하여 사용해야 함. 위반 시 위생 0점 처리<br>• 위생복 상의, 앞치마, 위생모의 개인 이름·소속 등의 표식 제거는 테이프를 부착하여 가릴 수 있음<br>• 식품과 직접 닿는 조리도구 부분에 이물질 (예: 테이프)을 부착하지 않을 것<br>• 눈금 표시된 조리기구 사용 허용(단, 눈금표시를 하나씩 재어가며 재료를 써는 등 감독위원이 작업이 미숙하다고 판단할 경우 작업 전반 숙련도 부분 감점될 수 있음에 유의) | • (위생 0점) 금지 사항 및 기준 부적합 |
| 10 | 안전사고 발생처리 | • 칼 사용(손 빔) 등으로 안전사고 발생 시 응급조치를 하여야 하며, 응급조치에도 지혈이 되지 않을 경우 시험 진행 불가 | |

※ 위 기준 외 일반적인 개인위생, 식품위생, 작업장 위생, 안전관리를 준수하지 않을 경우 감점 처리될 수 있습니다.
※ 시험장내 모든 개인물품에는 기관 및 성명 등의 표시가 없어야 합니다.

■ 실기 과제목록 및 시험시간

| 제빵기능사 | | | 제과기능사 | | |
|---|---|---|---|---|---|
| 과제 번호 | 과제명 | 시험시간 | 과제 번호 | 과제명 | 시험시간 |
| 1 | 빵도넛 | 3시간 | 1 | 초코머핀 | 1시간 50분 |
| 2 | 소시지빵 | 3시간 30분 | 2 | 버터스펀지케이크 (별립법) | 1시간 50분 |
| 3 | 식빵 (비상스트레이트법) | 2시간 40분 | 3 | 젤리롤케이크 | 1시간 30분 |
| 4 | 단팥빵 (비상스트레이트법) | 3시간 | 4 | 소프트롤케이크 | 1시간 50분 |
| 5 | 그리시니 | 2시간 30분 | 5 | 스펀지케이크 (공립법) | 1시간 50분 |
| 6 | 밤식빵 | 3시간 40분 | 6 | 마드레느 | 1시간 50분 |
| 7 | 베이글 | 3시간 30분 | 7 | 쇼트브레드쿠키 | 2시간 |
| 8 | 스위트롤 | 3시간 30분 | 8 | 슈 | 2시간 |
| 9 | 우유식빵 | 3시간 40분 | 9 | 브라우니 | 1시간 50분 |

| 제빵기능사 | | | 제과기능사 | | |
|---|---|---|---|---|---|
| 과제<br>번호 | 과제명 | 시험시간 | 과제<br>번호 | 과제명 | 시험시간 |
| 10 | 단과자빵<br>(트위스트형) | 3시간 30분 | 10 | 과일케이크 | 2시간 30분 |
| 11 | 단과자빵<br>(크림빵) | 3시간 30분 | 11 | 파운드케이크 | 2시간 30분 |
| 12 | 풀만식빵 | 3시간 40분 | 12 | 다쿠와즈 | 1시간 50분 |
| 13 | 단과자빵<br>(소보로빵) | 3시간 30분 | 13 | 타르트 | 2시간 20분 |
| 14 | 쌀식빵 | 3시간 40분 | 14 | 흑미롤케이크(공립법) | 1시간 50분 |
| 15 | 호밀빵 | 3시간 30분 | 15 | 시폰케이크<br>(시퐁법) | 1시간 40분 |
| 16 | 버터톱식빵 | 3시간 30분 | 16 | 마데라(컵)케이크 | 2시간 |
| 17 | 옥수수식빵 | 3시간 40분 | 17 | 버터쿠키 | 2시간 |
| 18 | 모카빵 | 3시간 30분 | 18 | 치즈케이크 | 2시간 30분 |
| 19 | 버터롤 | 3시간 30분 | 19 | 호두파이 | 2시간 30분 |
| 20 | 통밀빵 | 3시간 30분 | 20 | 초코롤케이크 | 1시간 50분 |

1부

이론

# 제1장 국내 베이커리 시장 변화

## 1. 베이커리 제품 시장 성장

베이커리 산업은 식품에 대한 수요 증가로 제품이 제공하는 높은 편의성 덕분에 더 크게 성장하고 있다. 급속한 도시화로 인한 바쁜 생활의 증가와 1인 가구, 그리고 서민 및 맞벌이 가구가 늘어나면서 간편식, 즉석식품 등 편리한 식품에 대한 수요가 증가하였다. 이에 따라 소비 능력의 향상과 더불어 빠르게 변화하는 라이프스타일 때문에 베이커리 제품이 간식의 개념에서 주식의 개념으로 가는 중요한 길목에 서 있다.

최근 들어 베이커리 시장 성장에 긍정적인 영향을 미치는 것은 일하는 여성 인구가 급속도로 증가하고 있기 때문이다. 빵, 케이크, 디저트 등 편리한 빵과 제과류에 대한 수요가 높아진 이유는 여성의 노동 참여 증가로 여성들이 요리하는 시간이 제한되었기 때문이다. 따라서 간편한 식사 준비를 위해 냉동식품으로 된 제품을 선호하거나 베이커리 제품을 즐겨 먹는 경향으로 변화하고 있다.

가장 많이 소비되는 베이커리 상품 중 하나는 미국과 유럽 대부분의 국가에서 주식으로 먹고 있는 빵으로 아시아지역에서도 빠르게 바뀌고 있다.

2024년부터 베이커리 성장을 주도하고 있는 곳은 고객과 가까운 곳에 있는 편의점 업체이다. 지속적인 물가 상승으로 저렴하고 간편한 한 끼 식사인 빵을 찾는 소비자들의 수요가 증가했기 때문이다. 따라서 편의점 업계는 트렌드에 민감한 MZ세대 고객 니즈를 반영해 맛과 개성 가득한 차별화된 디저트 상품들을 내놓으며 고객들을 유입시키고 있다. 전문점 수준의 맛과 품질을 경험할 수 있도록 국내 인기 디저트 맛집과의 협업을 통한 상품들을 선보이기도 하고, 해외 유명 베이커리 브랜드를 들여오기도 한다. 협업을 통해 베이커리 브랜드는 상품 판매를 확대할 수 있다는 장점이 있어 편의점 업계의 판매 활성화로 베이커리 상품들의 매출이 급성장하는 추세다. 편의점 업계 CU의 빵 카테고리 매출 신장률은 2021년 11.7%에서 2022년 51.1%, 2023년 28.3%로 빠르게 성장하고 있다. GS25는 빵 매출이 2021년 16.7%, 2022년 59.3%, 지난해에는 34.0% 증가했다. 세븐일레븐 역시 2024년 베이커리 매출이 20%가량 증가했으며, 최근 3년 사이 연평균 40%가량 매출이 증가해 편의점 빵 시장이 지속해서 커지고 있음을 보여주고 있다.

## 2. 대형 베이커리 카페로 변화

최근 대형 카페의 급격한 증가 추세는 단순한 소비 트렌드를 넘어 다양한 경제적 요인들이 얽혀 있다. 커피와 빵을 판매하는 이러한 대형 카페들은 단순한 음식점을 넘어, 자산 관리와 세금 절감 같은 복합적인 재정적 전략의 하나로 운영되고 있다. 대형 카페는 단순히 커피와 빵을 제공하는 공간을 넘어서 문화적 공간과 여가적 활동을 수용하는 복합 문화 공간으로 자리매김하고 있다. 고급스러운 실내장식과 넓은 공간을 통해 고객들은 장시간 머물며 편안하게 여가를 보낼 수 있다. 이러한 공간은 고객 충성도를 높이고 재방문을 유도하는 동시에 지역 내 명소로 자리 잡으면서 관광자원으로서의 가치를 창출하고 있다. 대형 카페는 부동산 가치 상승과 투자 기회를 제공하는 중요한 경제적 특성이 있으며, 이를 통해 지역 경제에 긍정적인 영향을 미치고 있다. 다양한 문화적 요소를 접목하여 전시회나 공연 같은 행사를 주최함으로써 고객들에게 단순한 소비 이상의 경험을 제공하고 있다. 이러한 경험은 장기적인 고객 유입을 창출하며, 가족 단위 방문객이나 관광객에게도 특별한 경험을 제공함으로써 지역 경제 활성화에 기여하고 있다. 복합 문화적으로 변화하여 새로운 공간을 창출함으로써 대형 카페는 지역 사회에 새로운 여가 기회를 제공하며, 관광자원의 기능을 강화하고 있다. 대형 카페의 등장은 소비자 라이프스타일 변화의 영향도 크다. 과거에는 단순히 커피 한 잔을 즐기는 것이 목적이었다면, 현재는 카페에서 체류하며 여가를 즐기는 것이 중요한 요소가 되었다. 이러한 변화에 맞추어 대형 카페들은 고급스러운 실내장식과 다양한 콘텐츠를 제공하여 고객들이 오랜 시간 머물 수 있도록 유도하고 있다. 소비자들은 단순한 음식과 음료 소비를 넘어, 문화와 여가를 함께 즐길 수 있는 복합적인 경험을 선호하게 되었고, 이는 대형 카페의 성공적인 확장의 중요한 배경이 되고 있다. 또한, 대형 카페는 커뮤니티 공간의 역할을 하며 다양한 고객층을 확보하고 있다. 커플, 가족, 친구 그룹뿐만 아니라 재택근무자들에게도 작업 공간을 제공하여, 다양한 고객의 요구를 충족시키고 있다. 이러한 공간은 인터넷, 전원 공급 등의 작업 환경을 제공하여 고객들이 장시간 머무르도록 유도하고, 이를 통해 부가적인 매출을 창출하고 있다. 이러한 공간은 단순한 소비의 장소를 넘어, 사람 간의 소통과 교류가 이루어지는 중요한 커뮤니티 허브로 기능하고 있다. 대형 카페의 인테리어와 공간 구성도 고객 유치에 중요한 역할을 한다. 넓고 쾌적한 공간은 고객들에게 편안함을 제공하며, 다양한 좌석 배치는 개인 작업이나 그룹 모임을 수용할 수 있는 환경을 조성한다. 이러한 세심한 공간 설계는 고객들의 다양성과 필요성의 욕구를 충족시키며, 대형 카페를 지역 사회의 중심지로 자리 잡게 했다.

## 3. 비건 시장의 변화

최근 베이커리 제품류는 비건 시장에 많은 공을 들이고 있다. 지난 몇 년간 가장 크게 성장한 시장은 냉동 생지 시장과 비건 시장이다.

환경과 건강을 함께 생각하는 식습관에 관심이 높아지고 있는 시대로 변화하면서 일어나는 현상이다. 한국채식연합회의 조사에 따르면 지난해 기준 국내 채식 인구는 약 200만 명으로 10년 전보다 최대 3배 정도 증가한 것으로 나타났다. 베이커리 업계도 빠르게 비건 제품을 개발하고 상품화하고 있으며, 비건 베이커리는 정식 식사보다는 가볍게 즐기는 간식의 개념으로 비건 시장에 대한 수요로 이어지고 있다.

우유, 버터, 달걀 등 동물성 재료가 일절 들어가지 않는 비건 베이커리는 기술적으로도 성장하며 최근에는 건강을 넘어 맛으로도 고객을 사로잡고 있다.

## 4. 'K-베이커리' 확대 가속화

K-베이커리 열풍으로 수출 4억 4백만 달러의 역대 최대로 성장하여 미국·중국·일본 등 120개국 수출은 2023년 대비 8.3% 증가하였다.

국내 대표적인 베이커리 업체들은 성장이 막힌 국내 대신 해외 진출에 더 많은 투자로 경쟁력을 키우고 있다. 미국, 유럽, 중국, 동남아 등에서 점포 수를 늘리며 외형 확대에 집중하고 있다. 최근 들어 해외 점포 수도 눈에 띄게 급증하고 있으며, SPC의 통계를 보면 파리바게뜨의 해외 매장 수는 2021년 430개, 2022년 440개, 2023년 540개, 2024년 580개(8월 기준)로 급증했다. 뚜레쥬르의 해외 매장 수도 2021년 337개, 2022년 368개, 2023년 443개, 2024년 460개(8월 기준)로 꾸준히 성장곡선을 그리고 있다. 양사의 해외 매장 수가 2024년에 1,000곳을 넘어선 것이다. 매장이 증가하면서 매출도 역대 최대 실적을 냈다. 파리바게뜨는 지난해 해외에서 5,347억 원의 매출을 기록하며 2017년 이후 최대 실적을 달성했다. 2022년(4,500억 원)과 비교하면 1년 만에 20% 성장했다. 뚜레쥬르는 2022년 1,349억 원이었던 매출이 2023년 1,696억 원으로 25.7% 오르며 역대 최고의 해외 매출을 기록했다. 국내 베이커리 업계와 상생 협약이 맺어지면서 양 사의 해외 진출이 초기에는 국내 시장 성장 한계에 따른 돌파구였다. 하지만 K-푸드의 위상이 높아지고, K-베이커리만의 경쟁력을 갖추면서 해외 진출은 새로운 변화에 따른 좋은 사례가 되었다. SPC그룹은 현재 전 세계

11개국에서 590여 개 매장을 운영 중인 파리바게뜨를 본격적으로 성장시킬 계획으로 2025년 말레이시아 조호르바루에 완공될 할랄 전용공장, 2024년에 맺은 중동지역 국가 진출을 위한 MOU를 바탕으로 성장을 가속화할 계획이고, 미국·중국 등 G2국가에서 가맹사업도 공격적으로 확대할 예정이다.

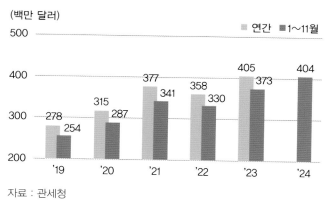

자료 : 관세청

**베이커리 제품 수출 현황**

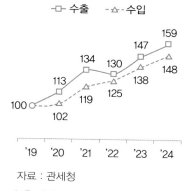

자료 : 관세청

**수출입 추이**('19.1~11월=100기준)

# 제2장 베이커리 개념 및 발전과정

## 1. 세계 베이커리 시장 변화

세계 베이커리 제품 시장 규모는 2023년 4,574억 달러로 평가되었으며, 2024년 4,802억 3천만 달러에서 2032년까지 7,316억 9천만 달러로 예측하는 동안 연평균 성장률(CAGR)은 5.40% 성장할 것으로 예상된다.

베이커리류 제품은 슈퍼마켓과 대형마트, 전문점, 편의점 및 다양한 채널을 비롯하여 여러 유통 채널을 통해 나가는 케이크, 페이스트리, 빵, 비스킷, 쿠키 및 기타 베이커리 품목이 포함된다. 이러한 제품은 성분 및 생산 방법에 따라 스페셜티 및 일반 제품과 같이 추가로 유통될 수 있으며, 스페셜티 제품에는 글루텐 프리, 유기농 등이 포함된다. 제품이 전문 제품이든 기존 제품이든 상관없이 신선한 제품이나 냉동제품으로 판매되며, 신선한 제품이 많은 시장 점유율을 차지하고 있다.

개발도상국에서도 서구 식습관의 영향력이 커지고 도시화, 맞벌이 가구, 바쁘게 생활하는 세대의 참여와 증가로 간편식에 대한 수요가 늘면서 베이커리 산업은 크게 변화했다. 직장 내 여성의 수 증가와 더불어 업계는 글루텐 프리, 유기농 등 새롭고 혁신적인 제품 출시 측면에서 상당한 발전을 보여왔다. 이처럼 글로벌 시장은 소비 패턴과 소비자 트렌드의 변화에 따라 눈에 띄는 성장세를 보인다.

이러한 급속한 기술 발전과 소비자 요구의 변화로 인해 글로벌 시장에서는 새로운 제품이 개발되고 있다. 건강 및 웰니스 제품에 대한 소비자의 인식이 높아짐에 따라 기업에서는 건강에 좋은 천연 성분을 기반으로 한 베이커리 제품을 출시하면서 제품 제공 범위가 확대되고 새로운 성장 기회가 생겼다.

제과제빵업체를 포함한 산업계는 코로나19 팬데믹으로 인해 많은 영향을 받았다. 정부의 제조 공장 폐쇄는 글로벌 시장에 부정적 영향을 미치는 중요한 요인 중 하나였고 더욱이 국가 간 사례가 증가함에 따라 정부는 국경 폐쇄와 국가 간 무역 제한을 더욱 강화하여 베이커리 산업의 글로벌 공급

망을 혼란에 빠뜨렸다. 초기 단계에서 소비자들이 빵, 비스킷 등의 제품을 비축하기 시작하면서 대유행으로 인해 초기에는 매출이 증가했지만, 공급과 수요 격차가 더욱 커졌다.

베이커리류 생산 부문도 많은 발전을 하면서 베이커리 제품의 생산 및 공급에 새로운 첨단기술이 도입되었고 크게 발전해 왔다. 특히 제조 공정의 자동화는 주요 트렌드 중 하나이다. 장인 정신과 혁신적인 베이커리 제품 산업은 상당한 성장을 보여주었으며, 이는 자동화에 대한 수요를 이끄는 중요한 요인이다. 인력이 부족한 최근의 상황에서 자동화는 더 높은 생산량, 더 빠른 생산 및 업계의 전반적인 성장에 큰 기여를 했다.

따라서 자동화가 제공하는 다양한 이점으로 인해 상당수의 제조업체가 새로운 기계에 투자할 계획을 세우고 자동화에 중점을 두고 있다.

# 제3장 제과·제빵 기계류 및 기기

제과·제빵류를 만들기 위해서는 큰 기계류와 다양한 작은 소도구까지 필요한 기구가 매우 많다. 제품을 생산하는 장소 규모와 매일 만들어지는 생산량, 판매하는 제품의 특성을 고려하여 기계를 설치하고 소도구를 구매하여 사용한다. 다음은 베이커리 공장에 설치된 기본적인 기계장비와 소도구류이다.

## 1. 데크 오븐(Deck Oven)

규모가 큰 제과점, 호텔, 백화점, 대형마트 내부에 입점한 베이커리에서 제일 많이 사용하는 오븐으로 바닥이 돌로 되어 있고 스팀이 잘 분사되기 때문에 하드계열 빵을 굽는 데 필요한 오븐이다. 대부분 독일, 프랑스, 이태리 등에서 만든 수입 오븐을 많이 사용하며, 소규모 제과점, 학교 등에서는 국내에서 생산하는 다양한 데크 오븐을 많이 사용한다.

## 2. 스파이럴 믹서(Spiral Mixer)

빵 반죽 전용 믹서기로 나선형의 훅(hook)이 내장되어 있고 힘이 좋아 프랑스빵, 유럽빵 등 되직한 반죽을 하는 데 적절하며, 많은 양의 반죽을 한번에 할 수 있기 때문에 규모가 큰 대부분의 베이커리에서 사용하고 있다. 특히 빵을 전문으로 만드는 업체에는 필수적이다.

## 3. 도우 컨디셔너(Dough Conditioner)

빵 반죽이나 성형된 반죽을 냉동, 냉장, 해동을 거쳐서 자동적으로 조절해 주는 기계로, 많은 제품을 만드는 규모가 큰 베이커리 공장에 설치되어 있으며, 제품생산 시스템 계획을 잘 세워서 주말이나 아침 일찍 나오지 않아도 신선한 제품을 언제나 공급할 수 있다.

| 데크 오븐 | 스파이럴 믹서 | 도우 컨디셔너 |

## 4. 반죽 분할기(Dough Divider)

빵 반죽을 하여 1차 발효가 끝나고 정해진 용량의 반죽을 넣으면 같은 무게로 분할하는 기계다. 호텔, 대형마트, 규모가 큰 베이커리 공장에는 대부분 설치되어 있으며, 어느 정도의 둥글리기까지 해서 나온다.

## 5. 급속 냉동고(Quick Freezer)

1차 발효가 끝나고 빵을 만들어 발효나 모양이 변하지 않도록 급속 냉동 보관하는 것으로 보통 영하 40℃까지 급속 냉동이 가능하다. 데니시 반죽이나 퍼프 페이스트리 반죽, 제과류 제품을 만들 때 많이 사용한다.

## 6. 로터리 오븐(Rotary Oven)

2차 발효가 끝난 빵류나 쿠키류 등 패닝(팬닝)이 완료된 제품을 구울 때 팬을 랙(Lack)에 층층이 넣고 랙을 직접 오븐에 넣어서 굽는 기계로 한번에 많은 양을 구울 수 있다. 랙이 회전하며 구워지기 때문에 열의 분배를 고르게 하여 제품의 색깔이 잘 나오는 장점과 스팀이 가능하여 하드계열의 빵과 데니시(데니쉬), 크루아상(크로와상)을 굽는 데 많이 사용한다.

| 반죽 분할기 | 급속 냉동고 | 로터리 오븐 |

## 7. 수직믹서(Vertical Mixer)

수직믹서는 반죽하는 반죽날개가 수직으로 설치되어 있다. 속도는 대부분 1단에서 5단으로 되어 있어 속도조절이 가능하며, 작업 중 안전을 위해 안전망이 설치되어 있다. 훅을 사용하여 소량의 빵 반죽이 가능하며, 휘퍼나 비터를 이용하여 거품을 올리거나 크림을 만들 때 사용하기 때문에 제품의 생산량, 제품 종류, 제품의 특성에 맞는 크기나 용량을 사용한다. 일반적으로 제과류 생산에 많이 사용하고, 여러 가지 재료를 균일하게 혼합시키며, 반죽에 공기를 함유시키는 작업을 한다.

## 8. 파이롤러(Pie Roller)

반죽을 균일하게 접기 및 밀어 펴기할 때 사용하는 기계로 롤러의 간격을 조절하여 반죽의 제품 특성에 맞게 사용할 수 있다. 데니시, 크루아상, 도넛, 퍼프도우 등을 제조할 때 유용하게 사용된다.

## 9. 랙(Rack)

좁은 공간에서 제품을 팬닝(패닝)하여 잠시 두거나 팬닝이 끝난 평철판을 랙에 끼워 다음 작업공간으로 이동시킬 수도 있으며, 작업대 위 공간을 확보하여 다음 작업이 용이하도록 하며, 오븐에서 굽기가 끝난 제품을 랙에 끼워 냉각시킬 때 사용한다.

수직믹서                    파이롤러                    랙

## 10. 손잡이 밀대, 나무밀대(Rolling Pin)

반죽을 일정한 두께로 밀어 펴거나 정형을 위하여 사용하는 둥근 모양의 도구이다. 나무, 철제, 플라스틱의 재질이 있으며, 굵기, 길이도 다양하다.

## 11. 계량컵(Measuring Cup)

액체를 부피로 계량할 때 사용하는 것으로, 액체의 비중에 따라 다르지만, 물은 기본적으로 1㎖가 1g이므로 부피로 계량하면 작업이 간편해지는 이점이 있다. 일반적으로 제과·제빵 시 1,000㎖짜리 플라스틱으로 된 계량컵을 많이 사용하는데, 손잡이와 따르는 입이 있어 달걀 등을 조금씩 반죽에 넣을 때 등에 유용하게 사용할 수 있다.

손잡이 밀대                    나무밀대                    계량컵

## 12. 발효기(Proof Box)

빵 반죽의 부피를 형성하기 위해서 사용하는 기기로 이스트가 활발하게 활동할 수 있도록 환경을 만들어주며, 제품의 특성에 따라 온도와 습도 조절이 가능하다.

## 13. 빵 슬라이서(Bread Slicer)

제빵 · 제과류를 일정한 간격으로 자르는 데 사용하는 기계로 톱날이 왕복으로 움직이면서 빵을 자르고 균일한 두께로 나오기 때문에 식빵류와 유럽 빵 등을 자르는 데 용이하다.

발효기                          슬라이서

## 14. 타르트 팬(Tart Pan)

파트 슈크레나 파트 브리제 등의 반죽을 밀어 펴서 구울 때 사용하는 얇은 팬으로 팬 옆면에 파형무늬가 있으며, 여러 가지 크기가 있다.

## 15. 마들렌 팬(Madeleine Pan)

프랑스의 대표적 과자 중 하나인 마들렌(마드레느)을 구울 때 사용하며, 부채모양이나 조개모양으로 구울 수 있는 팬이다.

## 16. 평철판(Sheet Pan)

평평한 철판으로 틀에 넣지 않고 성형해서 만드는 빵을 굽기 위해 주로 사용한다. 옆면의 높이가 여러 종류로 다양하게 나오고 있으며, 제품의 특성에 따라 적합한 것을 선택한다.

| 타르트 팬 | 마들렌 팬 | 평철판 |

## 17. 실리콘 롤 컷 매트

설탕공예, 슈거크래프트, 퐁당 케이크류, 반죽, 장식물을 준비할 때 바닥에 깔고 사용하는 도구이다.

## 18. 스패츄라(Spatula, Palette Knife)

일자형과 L자형 두 종류가 있으며, 제품을 만들 때 각종 크림을 바르고 케이크에 버터크림, 생크림, 다양한 크림을 아이싱할 때 많이 사용한다. 보통 8호나 9호 사이즈를 사용한다.

| 실리콘 롤 컷 매트 | 스패츄라 | L자 스패츄라 |

## 19. 시폰 팬(Chiffon Pan, 시퐁 팬)

가운데 원형 기둥이 있는 원통형 팬이며, 완성된 제품의 윗면이 평평하게 되어 있다. 시폰(시퐁) 케이크 제품을 만들 때 필요한 몰드이다.

## 20. 스테인리스 볼(Stainless Bowl)

스테인리스 제품으로 재료를 계량하거나, 달걀거품을 올리거나 재료들을 혼합할 때 용기로 사용하며, 크기가 다양하기 때문에 다용도로 많이 사용한다.

## 21. 파운드 케이크 팬(Pound Cake Pan)

파운드 케이크를 만들 때 사용하는 직사각형의 틀로 제품에 따라 여러 종류의 크기가 있다.

| 시폰 팬 | 스텐 볼(스테인리스 볼) | 파운드 케이크 팬 |

## 22. 붓(Pastry Brush)

정형한 반죽의 덧가루를 털어내거나 성형 시 또는 구워진 제품 표면에 버터, 달걀물을 칠할 때 또는 사용할 팬에 기름칠을 할 때, 케이크에 붙어 있는 종이에 물을 칠할 때 등에 사용한다.

## 23. 사바랭 몰드(Savarin Mold)

사바랭 제품을 만들 때 사용하는 몰드이다. 다양한 무스 반죽이나 과자반죽을 넣어서 구울 때 사용할 수 있다.

## 24. 풀만식빵 팬(Pullman Bread Pan)

샌드위치용 식빵을 만들 때 사용하는 뚜껑 있는 직사각형의 식빵 틀로, 크기에 따라 대, 중, 소가 있다.

붓　　　　　　　　사바랭 몰드　　　　　　　　풀만식빵 팬

## 25. 케이크 팬(Cake Pan)

각종 반죽을 넣어 구워내는 케이크 팬이다. 케이크 크기에 따라 사이즈가 다양하다.

## 26. 저울(Weighing Scale)

① 부등비저울 : 일반적으로 무거운 재료를 잴 때 추를 사용하는 부등비저울을 사용하게 되는데, 2kg, 1kg, 500g, 100g 등의 추를 적절히 사용하여 무게를 잰다.

② 전자저울(디지털저울) : 소량을 재거나, 소금이나 이스트 푸드, 제빵 개량제 등을 그램(g) 단위로 미량을 잴 때에는 전자저울이 편리하다. 현장에서 제일 많이 사용하는 저울이다.

## 27. 빵칼(Bread Knife)

일반 칼과 다르게 칼날이 톱니모양으로 되어 있어 식빵 등을 부스러지지 않게 자를 수 있다.

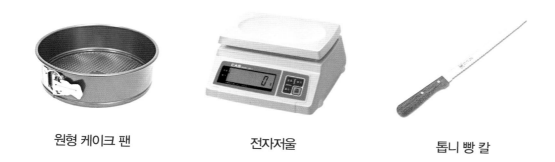

원형 케이크 팬　　　　　　전자저울　　　　　　톱니 빵 칼

## 28. 회전판(Turn Table)

수평상태로 케이크를 올려놓고 아이싱을 할 때 회전시키면서 사용하는 판이다. 옆면, 윗면 아이싱을 매끈하게 해주며 회전판을 돌리면서 모양깍지를 사용하여 데커레이션한다.

## 29. 거품기(Whipper)

스테인리스 제품으로 빵·과자 제품을 만들 때 많이 사용하는 도구이다. 생크림이나 달걀흰자를 휘저어 머랭을 만들거나 노른자를 풀어줄 때, 유지를 부드럽게 할 때 사용한다.

## 30. 푸딩 팬(Pudding Pan)

커스터드 푸딩을 만들 때 사용하는 컵 모양의 팬으로 여러 크기가 있다.

회전판        거품기        푸딩 팬

## 31. 마지팬 스틱(Marzipan Stick)

마지팬은 아몬드가루와 설탕을 섞은 반죽으로 각종 장식물을 만들 때 필요한 도구이다. 아주 세밀하고 정교한 작업을 위해 많이 사용한다.

## 32. 초콜릿용 포크(Chocolate Fork)

한입 크기의 초콜릿 과자를 만들 때 사용하는 포크로서, 초콜릿을 입히거나 코코아가루를 묻힐 때, 혹은 금속망 위에 굴려서 만들거나, 초콜릿을 씌운 과자 표면에 여러 가지 모양을 새길 때 필요하다.

## 33. 모양깍지(Piping Tubes)

여러 가지 모양으로 된 깍지(노즐)로서 쿠키나 케이크 등을 장식할 때 사용하는 기구이며, 짤주머니에 끼워 사용한다.

마지팬 스틱          초콜릿용 포크          모양깍지

## 34. 나무주걱(Wooden Spatula)

특히 제과제품 반죽을 혼합할 때 많이 사용한다.

## 35. 케이크 분할기(Cake Divider)

금속 및 플라스틱으로 만든 원형으로 된 기구로 등분해서 자르기 위해 사용한다. 8등분, 10등분, 12등분용이 있다.

## 36. 온도계(Thermometer)

빵·과자 제품 제조 시 제품의 특성에 맞는 온도가 나와야 한다. 반죽온도는 필수적인 조치이므로 물 온도를 체크해서 제시한 온도조건에 반드시 반죽온도를 맞추어야 하며, 반죽온도를 잴 때에는 온도계에 손이 닿지 않도록 해야 하며, 반죽 깊숙이 온도계가 들어갈 수 있도록 한다.

붓          케이크 분할기          온도계

# 제4장 제빵이론

## 제1절 빵의 개념 및 분류

### 1. 빵의 어원 및 개념

빵이라는 말은 포르투갈어인 팡 (Pāo)이 일본을 거쳐 들어왔다. (영) 브레드(Bread), (프)팽(Pain), (에)팡 (Pan), (포)팡(Pāo), (독)브로트(Brot), (네)브로트(Brood), (중)면포이다. Bread, Brot, Brood의 어원은 고대 튜튼어인 Braudz(조각)이고 Pain, Pan, Pāo은 그리스어인 Pa, 라틴어인 Panis이다.

빵은 밀가루, 물, 소금, 이스트를 주재료로 하여 반죽하고 발효시킨 뒤 찌거나 튀기거나 오븐을 이용하여 구운 것이다. 또한 제품의 특성에 따라 다양한 재료를 사용하여 만든 반죽을 발효시켜 구운 것을 빵이라고 할 수 있다. (구체적으로 정리하면 밀가루, 이스트, 소금, 물을 주재료로 하고 경우에 따라 당류, 유제품, 달걀, 그 밖의 부재료를 배합하여 섞은 반죽을 발효시켜 찌거나, 튀기거나 구운 것이 빵이다.)

배합량과 부재료의 종류에 따라 식빵류, 단과자빵류, 조리빵류, 특수빵류 등으로 나눌 수 있다. 빵의 제조방법은 국가와 지역에 따라 매우 다양하고, 빵 반죽법을 기준으로 분류하면, 기본적으로 스트레이트법, 스펀지법, 액체발효법 등이 있으며, 세 가지 방법 외에 다양한 변형된 반죽으로 만들 수도 있다. 반죽제법은 생산인원, 면적, 기계설비, 경제성, 제품의 품질 등을 고려하여 선택한다.

## 2. 용도에 따른 빵의 분류

### 1) 식빵

토스트, 샌드위치 등으로 만들어 일상적으로 식용하
는 빵이다. 나라마다 식빵이라 규정하는 것은 다르며
우리나라에서 식빵은 틀에 넣어 구운 흰 빵이다. 산봉
우리처럼 만든 오픈(영국형)과 뚜껑을 덮어 평평하게 구
운 풀만(미국형)이 있다. 이 밖에 재료 사용에 따라 밤
식빵, 옥수수식빵, 곡물식빵, 초코식빵, 치즈식빵 등으
로 다양하다.

### 2) 단과자빵(Sweet Dough Bread)

설탕, 유지, 달걀 등의 배합량을 식빵류보다 많이 넣
어 만든 제품으로, 만드는 모양, 토핑물, 충전물 등 재
료에 따라 빵 명칭이 다르다. 일본식 과자빵에는 앙금
빵, 크림빵, 소보로빵 등이 있다.

### 3) 조리빵류

과자빵류, 식빵류나 특수빵류에 다양한 부식재료를
첨가하여 만든 빵으로 샌드위치, 햄버거, 피자, 카레빵
등이 있다.

## 4) 특수빵류

견과류빵, 유럽빵류 등 저배합의 비율로 만든 다양한 제품이 있다.

## 제 2 절  재료의 종류 및 특성

### 1. 밀가루(Flour)

빵 과자를 만드는 데 있어 가장 기본이 되는 재료는 밀가루이다.

밀가루의 특성을 제대로 파악하고 만들고자 하는 제품에 적합한 밀가루를 선택하는 것이 매우 중요하다. 밀가루는 빵의 기초골격을 이루는데 이것은 발효 시 생성된 가스를 보유할 수 있게 하는 글루텐 형성으로부터 기인된다.

밀 특유의 단백질에는 글리아딘(Gliadin)과 글루테닌(Glutenin)이 총 85%를 차지하며, 물과 결합하여 힘이 더해지면서 글루텐이 형성된다. 글리아딘은 빵 제품의 부피를 조절하고 글루테닌은 반죽에 소요되는 시간과 반죽의 발전과정에 영향을 미친다.

### 1) 밀의 종류

밀에는 다양한 종류가 있지만 상업적으로 중요한 밀은 몇 종류에 불과하다.

식물학적으로 분류하면 1립계와 2립계 그리고 보통계로 나누어지며, 종류에 따라 원산지가 다르다. 세계 밀 재배의 90% 이상을 차지하는 보통계 밀은 아프가니스탄에서 코카서스에 이르는 지역에, 1립계는 소아시아(흑해 연안), 2립계는 이집트, 에티오피아, 코카서스 등지에 분포되어 있다.

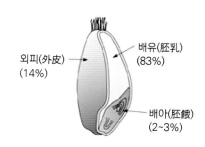

**밀알의 구조 및 성분**

생육 특성에 따라 겨울밀과 봄밀로 나누어지며, 겨울밀은 가을에 씨를 뿌려 이듬해 봄에 수확한다. 봄밀은 봄에 씨를 뿌려 가을에 수확한다. 봄밀은 수확량은 적지만 품질이 좋아 단백질 함량이 높다. 밀 껍질에 따라 붉은 밀(red wheat)과 흰 밀(white wheat)로 분류하고 밀알의 단단한 정도에 따라 경질밀(hard wheat)과 연질밀(soft wheat)로 나눈다. 또한 단백질 함량에 따라 강력밀(strong wheat), 중력밀(medium wheat), 박력밀(soft wheat)로 분류하고 생산지에 따라 국산밀, 미국밀, 캐나다밀 등으로 나눈다. 국내에서 사용하는 밀은 대부분 미국산과 캐나다산 밀이다.

## 2) 밀알의 구조

배아, 내배유, 껍질의 세 부분으로 구성된다.

① **껍질** : 밀알 단백질의 19% 함유(글루텐을 형성하지 못함)

② **배아** : 밀알 중 2~3%로 9.4%의 지방 함유

③ **내배유** : 밀알 전체의 약 83%, 밀알 단백질의 73% 함유

## 3) 밀가루의 종류와 용도

밀가루는 제빵 생산과정에서 가장 중요한 재료이므로 단백질의 함량과 질은 매우 중요한 선택이 될 수 있다. 일반적으로 밀가루는 단백질을 포함하는 정도에 따라 크게 강력분, 중력분, 박력분으로 나눈다.

① **제빵용 밀가루** : 단백질 함량은 12~14.5%로 최소 10.5% 이상이며 회분함량 0.35~0.45%로 적정하다.

② **제과용 밀가루** : 단백질 함량은 6.5~8.5%, 회분함량 0.3~0.4% 이하(흡수율이 낮음)

## 4) 밀가루의 분류용도 및 특성

| 구분 | 경도 | 단백질함량 | 용도 | 특성 |
|------|------|-----------|------|------|
| 강력분 | 경질 | 12.0~14.5 | 제빵용 | 흡수율이 좋고 반죽의 힘이 강하며, 빵의 볼륨을 높인다. |
| 준강력분 | 반경질 | 11.0 내외 | 프랑스빵, 데니시 페이스트리 | 강력분에 비하여 다소 부드러우나 반죽에 힘이 있다. |
| 중력분 | 연질 | 9.0~10.0 | 다목적용으로 제면용 | 중력분은 질이 좋아 다목적용으로 폭넓게 사용한다. |
| 박력분 | | 6.5~8.5 내외 | 제과용, 스낵류, 케이크류 | 반죽의 힘이 약하기 때문에 부드러우며 잘 부서진다. |

## 5) 프랑스 밀가루의 구성

프랑스빵용 밀가루는 일반적으로 밀의 단백질 함량이 11~12.5%, 회분함량이 04.4~0.55% 정도인 것을 말하며, 프랑스빵을 비롯하여 하드계열 빵에 많이 사용한다. 프랑스 밀가루의 구성은 다음과 같다.

**프랑스 밀가루의 구성(The French sheat flour segmentation)**

| White flour | 종류<br>(Type) | 회분함량<br>(Ashes rate) | 적용제품<br>(Application) |
|---|---|---|---|
| | T45 | 0.50 | 페이스트리(Pastries) |
| | T55 | 0.50~0.60 | 기본 빵/브레드(Standard bread) |
| | T65 | 0.62~0.75 | 스페셜 빵/브레드(Speciality bread) |
| ⇩ | T80 | 0.75~0.90 | 스페셜 빵/브레드(Speciality bread) |
| | T110 | 1.00~1.20 | 브라운 브레드(Brown bread) |
| | T150 | >1.40 | 통밀 빵/브레드(Wholemeal bread) |
| Brown flour | | | |

## 6) 밀의 제분(Milling of Wheat)

### (1) 제분율

① 밀에 대한 밀가루의 백분율로 표시한 것을 말한다.

② 전밀가루 100%, 전시용 밀가루 80%, 일반용 밀가루 72%

③ 제분율이 낮을수록 껍질부위가 적으며, 고급 밀가루가 된다.

④ 제분율이 높을수록 증가하는 성분으로 껍질 부분에는 회분, 단백질 함량이 비교적 많다.

### (2) 분리율

① 밀을 분리했을 때, 보통 밀가루를 100으로 했을 때 특정 밀가루의 백분율을 말한다.

② 낮을수록 입자가 곱고 내배유의 중심부위가 많은 밀가루이다.

③ 제분율과 분리율이 낮을수록 껍질부위가 적다.

### (3) 밀 제분의 목적

① 밀의 껍질과 배아 부위를 내배유 부분과 분리한다.

② 밀의 내배유 전분을 손상시키지 않고 가능한 고운 밀가루를 생산하는 데 있다.

## 7) 밀(소맥)의 종류와 밀가루

### (1) 경질소맥

① 경질소맥은 제빵용으로 사용되며, 입자가 거칠고 강력분을 만든다.

② 낟알의 크기가 작고 배유의 조직이 조밀하며, 흡수율이 높다.

③ 단백질의 함량이 높으며, 수분함량이 적어서 반죽 속에서 흡수율이 높고 글루텐의 질이 좋다.

(2) 연질소맥

① 연질소맥은 제과용으로 사용되며, 입자가 곱고 박력분을 만든다.

② 낟알이 크고 배유 조직이 조밀하지 못하며, 흡수율이 낮다.

③ 단백질의 함량이 낮고 전분과 수분함량이 많으며, 글루텐의 질이 낮아 빵에는 사용하지 않는다.

## 8) 밀과 밀가루

① 밀가루는 제분에 따라 밀가루의 종류가 정해지는 것이 아니라 밀의 종류에 따라 이미 밀가루의 질이 정해지는 것이다.

② 박력분은 강력분에 비하여 입자가 곱고 부드러워 손으로 잡았을 때 촉촉한 느낌이 있고 흐트러지지 않기 때문에 관심을 가진다면 쉽게 구분할 수 있다.

③ 박력분은 강력분과 다르게 반죽과 발효에 내구성이 작아서 이스트 발효에 의한 제빵에는 사용하지 않으며, 주로 제과에 사용된다.

④ 밀가루의 질을 판단하는 기준이 되는 것은 단백질이며, 밀가루의 등급을 판단하는 기준이 되는 것은 회분이다.

⑤ 밀가루의 색을 지배하는 요소는 입자크기, 껍질 입자, 카로틴색소 물질 등 입자가 작을수록 밝은 색을 나타내며, 껍질 입자가 다량 포함될수록 어두운 색을 나타낸다.

⑥ 껍질 색소물질은 표백제에 의해 영향을 받지 않고, 내배유에 존재하는 황색 카로틴 색소물질은 표백제에 의해 탈색된다.

⑦ 포장된 밀가루의 숙성조건 온도는 24~27℃에서 3~4주 정도이며, 연 숙성은 2~3개월이다.

⑧ **밀가루 개량제** : 표백과 숙성(브롬산칼륨, 비타민 C, 아조다이카본아마이드 등)이다.

## 9) 밀가루의 물리적 특성과 측정방법

글루텐 형성은 밀가루 단백질의 글루테닌, 글리아딘의 형태로 존재해 물과 결합하여 반죽하는 것에 의해 얇은 반투명막이 생기는데 이것이 글루텐이다.

## (1) 반죽의 물리적 실험방법

### ① 패리노그래프(farinograph)

- 밀가루에 물을 넣고 반죽을 할 때 필요한 힘을 자동으로 기록하는 장치
- 반죽의 되기(consistency) 변화를 측정하여 밀가루의 품질을 평가하고 반죽의 일정 되기 유지에 필요한 흡수율, 믹싱 내구성, 믹싱 시간 등을 분석한다.
- 흡수율 측정하는 방법은 보통 300g의 밀가루를 30℃로 보온한 믹스에 넣고 반죽의 경도가 Brabender 단위(B.U) 500이 될 때까지 30℃의 증류수를 넣으면서 혼합한다. 이때 넣은 물의 양을 원료 밀가루에 대한 %로 나타낸 것을 말한다.(도달하는 시간, 떠나는 시간 등으로 밀가루 특성 파악)

### ② 익스텐소그래프(extensograph)

- 반죽을 잡아당겨 신장력과 신장 저항을 측정하는 장치
- 밀가루 반죽이 갖는 에너지의 크기와 시간적 변화를 측정하여 2차 가공 시 발효조작의 기준을 판정하는 데 활용한다.
- 신장력을 측정하는 방법은 밀가루에 물을 넣고 만든 반죽을 동일한 무게로 3등분하여 45분, 90분, 135분 동안 발효시킨 후 발효시간별로 반죽을 만들어 그 중심부분이 끊어질 때까지 잡아당겨서 반죽의 신장성과 신장에 대한 저항성을 측정한다.

### ③ 아밀로그래프(amylograph)

- 회전 점도계의 일종으로 밀가루와 물의 현탁액을 일정한 속도로 가열 또는 냉각시키면서 페이스트의 점도 변화를 측정하는 장치(분당 1.5℃ 상승할 때 점도 변화 측정)
- 제빵 특성에 큰 역할을 하는 $\alpha$-아밀라아제의 효소 활성을 측정한다.
- 제빵 적성에 가장 좋은 범위의 곡선 높이는 400~600B.U
- 곡선이 높으면 완제품의 속이 건조하고 노화가 지속되고, 낮으면 끈적거리고 속이 축축하다.

### ④ 믹소그래프(mixograph)

- 온도와 습도 조절장치가 부착된 고속기록 장치가 있는 믹서
- 반죽의 형성 정도 및 글루텐 발달 정도를 기록
- 밀가루의 단백질 함량과 흡수의 관계를 기록
- 반죽 혼합시간과 믹싱의 내구성을 판단할 수 있다.

### ⑤ 믹사 트론(mixa tron)

- 새로운 밀가루에 대한 정확한 흡수와 혼합시간을 신속히 측정

- 종류와 등급이 다른 밀가루에 대한 반죽 강도, 흡수의 사전 조정과 혼합 요구시간 등을 측정
- 재료계량 및 혼합시간의 오판 등 사람의 잘못으로 일어나는 사항과 계량기의 부정확 또는 믹서의 작동 부실 등 기계의 잘못을 계속해서 확인

## 10) 밀가루의 성분(ingredient of wheat flour)

### (1) 단백질(protein)

① 밀 단백질은 불용성인 글리아딘(gliadin)과 글루테닌(glutenin)이 약 80%이며, 물과 결합하여 글루텐(gluten)을 만든다.

② 수용성인 프로테오스(proteose), 메소닌(mesonin), 알부민(albumin), 글로불린(globulin) 등이 20%이다.

③ 배아 속에는 주로 수용성인 알부민과 염수용성인 글로불린이 있으며, 글루텐을 만들지 못한다.

④ 내배유에 함유된 단백질은 전체 밀 단백질의 75%이며, 글루텐 형성 단백질인 글리아딘과 글루테닌 등은 전체 단백질의 각각 40% 정도를 차지한다.

### (2) 전분(탄수화물)

① 밀가루 함량의 70%가 전분의 형태로 존재하며, 그중에서 아밀로오스(amylose) 함량이 약 25%이다.

② 전분 분자는 포도당이 여러 개 축합되어 이루어진 중합체로 아밀로오스와 아밀로펙틴(amylopectin)으로 구성되어 있다.

③ 전분은 굽기 중 호화(gelatinization) 현상으로 인해 빵의 구조에 중요한 역할을 하게 된다. 단백질은 열에 의해 변성이 시작되며, 수분은 방출과 동시에 수분을 흡수하여 60~80℃에서 호화되기 시작하고 전분의 형태가 붕괴되면서 표면적이 커져 반투명한 점조성이 있는 풀이 된다. 이러한 현상을 전분의 호화(화)라 한다.

④ 전분의 가열온도가 높을수록, 전분 입자크기가 작을수록, 가열 시 첨가하는 물의 양이 많을수록, 가열하기 전 물에 담그는 시간이 길수록, 도정률이 높을수록, 물의 pH가 높을수록 전분의 호화가 잘 일어난다.

⑤ 적은 양으로 설탕(sucrose), 포도당(glucose), 과당(fructose), 삼당류인 라피노오스(raffinose) 등의 당류와 셀룰로오스(cellulose), 펜토산(pentosan) 등으로 존재한다.

### (3) 펜토산

① 5탄당(pentose)의 중합체(다당류)이며, 밀가루에 약 2% 정도 함유되어 있다.

② 이 중 0.8~1.5%가 물에 녹는 수용성 펜토산이며, 나머지는 불용성 펜토산이라고 한다.

③ 제빵에서 펜토산은 자기 무게의 약 15배 정도의 흡수율을 가지고 있으며, 제빵에서 손상 전분과 함께 반죽의 물성에 중요한 역할을 한다. 수용성 펜토산은 빵의 부피를 증가시키고 노화를 억제하는 효과가 있다.

### (4) 지방

① 제분 전의 밀에는 2~4%, 배아에는 8~15%, 껍질에는 6% 정도의 지방이 존재하며, 제분된 밀가루에는 약 1~2%의 지방이 있다.

② **유리지방** : 에스테르(Ester), 사염화탄소와 같은 용매로 추출되는 지방을 말하며, 밀가루 지방의 60~80%가 유리지방이다.

③ **결합지방** : 용매로 추출되지 않고 글루테닌 등의 단백질과 결합하여 지단백질을 형성하는 지방을 말한다.

### (5) 광물질

① 밀은 회분을 내배유에 0.28%, 껍질에 5.5~8.0% 정도 보유하는데 밀가루에는 회분이 3.5% 정도 함유되어 있으며, 껍질이 많이 포함된 밀가루일수록 회분 함량이 높다.

② 밀가루의 회분은 밀의 정제도를 나타내며, 제분율에 정비례하고 강력분일수록 회분 함량이 높고 빵의 질과는 무관하다.

③ 밀가루에는 펜토산이 2%, 적은 양의 비타민 $B_1$, $B_2$, E 등이 존재한다.

### (6) 효소

① 밀의 효소로 아밀라아제(amylase), 포스파타아제(phosphatase), 리파아제(lipase), 프로테아제(protease) 등이 있다.

② 티로시나아제(tyrosinase)는 티로신(tyrosine)을 산화시켜 밀가루의 빛깔을 나쁘게 한다.

## 11) 밀가루 보관 시 주의사항

① 밀가루 수분함량이 15% 이상이 되면 곰팡이 활동이 가능해진다. 또한 12% 이하가 되면 밀가루 중의 지방 성분이 산화되어 산패(rancidity)를 일으킬 수도 있다.

② 창고에서 장시간 보관할 경우 받침대 위에 올려놓는다.

③ 통풍이 잘되고 서늘한 곳에 보관해야 하며, 가급적 저온, 저습 상태에서 저장한다.

④ 2단으로 깔판을 적재할 경우 압력에 의해 굳어지므로 주의한다.

⑤ 밀가루를 사용하고자 할 때는 먼저 들어온 것부터 사용한다(선입선출).

⑥ 보관창고는 항상 청결하게 유지되도록 하고, 쥐와 해충의 침입에 유의해야 하며, 정기적인 소독을 해야 한다.

## 12) 기타 가루

### (1) 호밀가루(rye flour)

① **호밀가루의 특징** : 호밀가루에는 글루텐 형성 단백질인 프롤라민과 글루텔린이 밀가루의 약 30% 정도이며, 글루텐 구조를 형성할 수 있는 능력이 부족하기 때문에 빵이 잘 부풀지 않는다. 호밀가루만 사용하여 빵을 만들면 아주 치밀한 조직과 단단한 식감의 빵이 만들어지며, 밀가루에 일부를 첨가하여 빵을 만들 때 빵은 부피에 대한 억제 효과가 나타나게 된다.

② **호밀가루의 구성성분** : 호밀가루의 탄수화물은 당, 전분, 덱스트린, 펜토산, 섬유소와 헤미셀룰로오스로 구성되어 있으며, 펜토산으로 이루어진 검(gum)이 밀보다 호밀에 더 많이 들어 있어 반죽을 끈적거리게 하는 특성이 있다.

③ **호밀가루의 성분**

• 글루텐을 형성할 수 있는 단백질이 밀가루보다 적다.

• 펜토산의 함량이 높아 반죽을 끈적거리게 하고 글루텐의 형성을 방해한다.

• 사워(sour) 반죽에 의한 호밀빵이라야 우수한 품질을 생산할 수 있다.

• 호밀가루에는 지방이 0.65~2.25% 정도 들어 있어 함량이 높을수록 저장성이 떨어진다.

• 호밀은 당질이 70%, 단백질이 11%, 지방질 2%, 섬유소 1%, 비타민 B군도 풍부하다.

• 단백질은 프롤라민(prolamin)과 글루텔린(glutelin)이 각각 40%를 차지하고 있으나 밀가루 단백질과 달라서 글루텐이 형성되지 않아 빵의 볼륨감이 부족하고 색도 검어서 흑빵이라고 한다.

### (2) 대두분(soybean flour)

① **대두분의 종류** : 대두분은 탈지대두분, 전지대두분의 2가지 형태로 제빵에 적용된다. 미세하게 분쇄된 대두분은 흡수량과 반죽 시간을 증가시키고 산화제의 첨가가 필요하며, 다소 거친 입자

의 대두분으로 만든 빵은 부피, 기공의 상태와 색상이 더 양호한 것으로 알려져 있다. 밀가루 반죽에 대두분을 첨가하면 글루텐과의 결합력을 강하게 하여 신장성에 저항을 준다.

② 대두분의 특징

- 필수아미노산인 라이신(lysine), 루신(leucine)이 많아 밀가루 영양의 보강제로 쓰인다.
- 밀가루 단백질과는 화학적 구성과 물리적 특성이 다르며, 신장성이 결여된다.
- 제과에 쓰이는 이유는 영양을 높이고 물리적 특성에 영향을 주기 때문이다.
- 빵 속의 수분 증발 속도를 감소시키며, 전분의 겔과 글루텐 사이에 물의 상호변화를 늦추어 빵의 저장성을 증가시킨다.
- 빵 속의 조직을 개선한다.
- 토스트 할 때 황금 갈색을 띤 고운 조직의 빵이 된다.
- 대두분은 단백질 함량이 52~60% 정도로 밀가루 단백질보다 4배 정도 높다.
- 대두 단백질은 밀 글루텐과 달리 탄력성이 결핍되어 있으나 반죽에서 강한 단백질 결합 작용을 발휘한다. 단백질의 영양적 가치는 전밀 빵 수준 이상이다.
- 대두분을 사용하지 않는 것은 제빵의 기능성이 나쁘기 때문이다.

(3) 면실분

① 단백질이 높은 생물가를 가지고 있으며, 광물질과 비타민이 풍부하다.
② 영양을 강화시킬 수 있는 재료로 사용되며, 밀가루 대비 5% 이하로 사용된다.

(4) 감자가루(potatoes flour)

건조된 상태에서 감자는 80%의 전분과 약 8%의 단백질을 함유하고 있으며, 고형분은 전체적인 성분에서 밀가루와 비교될 수 있으나 기능적인 면에서 보면 크게 떨어진다. 반면 제빵에 사용할 경우 최종 제품에 부여하는 독특한 맛의 생성, 밀가루의 풍미 증가, 수분보유능력을 통한 식감 개선 및 저장성 개선 등이 있다.

## 2. 이스트(Yeast)

효모라고 불리는 이스트는 빵·포도주·맥주를 만드는 데 사용하는 미생물로서 학명은 사카로미세 세레비지에(Saccharomyces Cerevisiae)이다. 곰팡이류에 속하나, 균사가 없고 광합성작용과 운동성이 없는 단세포 생물이다. 알코올 발효를 하고 대부분이 출아번식을 한다. 빵효모, 포도주효모, 맥주효모 등이 있는데 이 중에서 빵효모는 빵 반죽에서 발효하여 알코올과 탄산가스를 발생시킨다. 여기서 나오는 가스가 반죽을 팽창시키고 빵의 조직을 만들며, 발효 결과 생긴 알코올, 알데히드, 케톤, 유기산 등이 빵의 풍미를 결정한다.

## 1) 이스트의 특징

출아법(budding)으로 증식하며, 이스트의 발육 최적온도는 28~32℃이고 최적의 pH는 4.5~5.0이다.

## 2) 수분함량에 따른 이스트의 분류

### (1) 생이스트(Fresh yeast)

가장 널리 사용되는 이스트로 배양액에서 분리하여 이스트를 압착하여 정형한 것으로 압착 이스트라고도 하며, 수분함량이 70%, 고형분 30% 정도이고 냉장보관(0~5℃)한다. 유통기한은 제조일로부터 한 달 미만이고 생이스트 1g당 100억 개 이상의 살아 있는 효모가 들어 있다.

### (2) 건조 이스트(Dry yeast)

발효 중의 향이 좋아 프랑스빵 등 하드계열 빵에 많이 사용하며, 드라이 이스트 또는 활성 건조 효모라고 부르기도 한다. 수분함량은 7~9%, 단백질 함량은 40~50%이다. 생이스트로 대체해서 사용할 경우 40~50% 사용하며, 이스트양의 4~5배가 되는 물(38~40℃)로 하여 5~10분간 예비발효시킨 후에 사용한다. 발효력 증가를 위해 소량의 설탕을 넣을 수도 있다.

### (3) 인스턴트 드라이 이스트(당 이용성에 따른 분류)

① **고당용 이스트** : 내당성 이스트로서 설탕이 많은 배합표에서 활발한 활성을 갖는 이스트로 당을 분해하는 속도가 느려 주로 과자빵류에 이용한다.

② **저당용 이스트** : 설탕이 적은 배합에서 활발한 활성을 갖는 이스트로 프랑스빵이나 식빵에 사용한다.

③ **내냉동성 이스트** : 냉동반죽용으로 사용, 냉동상태에서도 사멸하지 않는다.

## 3) 이스트의 기능

① 발효작용에 따른 탄산가스의 생성으로 반죽을 팽창시킨다.

② 알코올, 유기산, 에스테르를 생성하여 풍미와 맛에 관여한다.

③ 반죽 글루텐의 숙성과 물성변화에 영향을 준다.

제빵품질 개량제(이스트 푸드 Yeast Food)

. . . . . . . . . . . . . . . . . . . . . . . . . . . . . . . . . . . . . . . . . . . . . . .

이스트 푸드는 '이스트의 먹이'라는 뜻으로 이스트의 발효작용에 필요한 탄수화물, 아미노산, 광물질 등을 공급하여 이스트의 활성을 돕는 무기염류의 혼합물이다. 발효를 조절하고 빵의 품질을 향상시키기 위해 개발된 식품첨가제의 총칭이다. 보통 밀가루 중량 대비 0.1~0.2% 사용한다.

### 1. 이스트 푸드의 기능

① 이스트의 영양공급 : 암모늄이나 인산염의 질소가 들어 있어 이스트 발효에 필요한 영양소를 공급하여 활성을 높인다.

② 반죽조절제 : 산화제, 효소제 등이 들어 있어 가스보유력을 증진시키고 제품의 부피를 크게 하며, 반죽의 물리적 성질을 조절하는 작용을 한다.

③ 이스트 푸드 성분 중 칼슘염, 마그네슘염은 물의 경도를 제빵에 적합한 물로 조절한다. 따라서 연수를 사용할 때는 이스트 푸드 사용량을 늘리고 경수에서는 사용량을 줄인다.

### 2. 제빵개량제의 사용 목적

① 주로 설탕을 적게 사용하는 하드계열의 빵류에 사용한다.

② 효소제+비타민 C+유화제+포도당+밀가루와 전분

③ 발효를 촉진하고 부피를 증대시키며 조직을 개선시킨다.

④ 빵 맛을 개선하고, 촉촉한 속결을 제공한다.

⑤ 완제품의 껍질색상과 바삭한 껍질을 형성한다.

⑥ 제품의 좋은 풍미와 향, 식감, 부피를 개선한다.

⑦ 빵의 노화를 방지하여 제품의 수명연장에 도움을 준다.

## 3. 소금(Salt)

소금[(영)Salt, (프)Sel, (독)Salz]의 화학명은 염화나트륨(NaCl), 나트륨과 염소의 화합물이다. 식염이라고도 한다. 제빵에 적합한 소금은 기본적으로 염화나트륨 함유량이 95% 이상인 정제염을 사용하는 것이 좋다.

인류는 아주 오래전부터 소금을 얻기 위해 온갖 노력을 기울여 왔다. 소금은 빵의 제조 및 과자 제조 시 제품에 풍미를 부여하여 발효속도를 조절한다. 또한 글루텐을 경화시켜 반죽을 단단하고 질기게 하며, 유지와 결합하면 고소한 맛을 증가시키고 설탕과 결합하면 감미도를 높여준다.

## 1) 소금의 역할

① 빵에 독특한 짠맛과 설탕, 유지, 달걀 등의 맛을 더욱 향상시킨다.

② 반죽의 발효속도를 느리게 하고 결이 고운 빵을 만든다.

③ 젖산균의 번식을 억제하여 빵맛이 시큼해지지 않도록 한다.

④ 반죽의 글루텐을 강화시켜 탄력 있는 빵을 만든다.

⑤ 반죽 속의 당 분해를 줄여 껍질색이 잘 나게 하며, 삼투압에 의해 세균 등의 번식을 방지하여 빵의 향을 증가시켜 자연스러운 풍미를 갖게 한다.

## 4. 물(Water)

제빵에서 사용하는 물은 많은 비용문제가 발생하기 때문에 기본적으로 수돗물을 사용하고 있으며, 산소와 수소의 화합물로 무색, 무미, 무취의 액체이며 100℃에서 증기가 되고 0℃ 이하에서 얼음이 된다.

물은 생물이 생존하는 데 없어서는 안 되는 것으로, 빵을 반죽하는 데 꼭 필요한 재료이므로 좋은 품질의 빵을 만들기 위해서는 물의 경도별 제빵의 특성을 정확히 파악해서 사용해야 한다. 제빵에 적합한 물의 경도는 120~180ppm으로 아경수이다.

### 물의 종류와 경도별 제빵의 특성

| 물의 종류 및 경도 (ppm) | 제빵 특성 | 처리 |
| --- | --- | --- |
| 연수 (0~120 미만) | 글루텐을 연화, 끈적이는 반죽 | 스펀지에 소금 첨가, 정도에 따라 이스트 푸드 증가 |
| 아경수 (120~180 미만) | 가장 적합 | 다른 것 필요하지 않음 |
| 경수 (180 이상) | 글루텐을 강화시키고 발효를 지연시키며, 된 반죽상태 | 정도에 따라 이스트 푸드 감소, 이스트 증가, 발효시간을 늘리고 효소 첨가 |
| 산성 (pH 7 이하) | 생물학적 순도, 염소가스가 10ppm 이상, 발효가 빠르나 가스 보유가 문제 | 알칼리제 첨가, 소금량 증가 |
| 알칼리성 (pH 8 이상) | 효소작용 적정, 글루텐이 약하고 발효 지연 | 유산 첨가, 맥아 첨가 |

## 1) 물의 기능

① 다른 건조재료를 젖게 해주며 재료를 균등하게 분산시킨다.

② 반죽의 온도 및 되기를 조절한다.

③ 경수에 함유된 다량의 광물질로 글루텐을 강화시키고 발효시간을 길게 한다.

④ 전분을 수화시키고 팽윤시킨다.

⑤ 반죽 내 효소에 활성화를 준다.

⑥ 밀의 단백질이 결합하여 글루텐 형성을 돕는다.

## 5. 유지류(Oils and Fats)

글리세린과 지방산이 에스테르 결합한 화합물이 주성분인 단순지질의 하나이다. 상온에서 액체상태인 기름(Oil)과 고체상태인 지방(脂, Fat)으로 분류한다. 유지는 하드계열의 빵에는 사용하지 않는 경우가 많아서 빵의 필수재료는 아니지만 버터나 마가린 등의 향이나 맛은 빵에 직접적인 영향을 미치고 빵 반죽의 신장성, 빵 내부의 조직 개량, 부피의 증가 등 제빵에서 중요한 기능을 갖고 있다.

## 1) 유지의 특징

① 효과적인 열량원으로 같은 양의 당질이나 단백질보다 2.2배 많은 열량을 공급한다.

② 지방 즉 글리세롤과 지방산 에스테르의 형태로 동식물에 존재한다.

③ 지방산에는 이중결합이 없는 포화지방산과 이중결합이 있는 불포화지방산이 있다.

④ 자연에 존재하는 각종 유지의 원료를 압착·추출·분리하여 지방으로 식용할 수 있는 성분만으로 만든 것이 식용유지이고 가공유지이다.

⑤ 유지에 수소를 첨가하여 경화유를 만들 수 있다.

⑥ 유지를 공기 중에 방치하면 산패할 수 있으며, 특히 천연유지의 특징과 화학적인 변화를 알 수 있는 것이 산가, 비누화 값 같은 유지의 특성가이다.

⑦ 유지의 종류에는 상온 15℃ 내외에서 액체상태인 기름과 고체상태인 지방이 있다. 각각의 원료에 따라 동물성과 식물성으로 나뉘며 그 밖에는 가공유지가 있다.

## 2) 유지의 성질

### (1) 쇼트닝성(Shortness)

유지가 반죽조직에 층상으로 얇은 막을 형성하여 구워낸 제품으로 바삭한 성질이 있다. 쿠키, 비스킷, 크래커 등에 넣는 쇼트닝오일은 크리밍성이 있어 제품에 쇼트닝성을 더해준다.

### (2) 가소(可塑)성

점토와 같이 모양을 자유롭게 변화시킬 수 있는 성질. 온도에 따라 굳기 때문에 데니시 페이스트리, 퍼프 페이스트리 등의 제품에 충전용(roll-in) 유지로 사용되며, 온도범위가 넓은 것이 좋다.

### (3) 크림성(Creaming)

반죽에 분산한 유지가 거품의 형태로 공기를 포함하고 있는 성질. 버터크림, 버터케이크, 아이스크림 등에 이용한다.

### (4) 유화(乳化)성

달걀, 설탕, 밀가루 등을 잘 섞이게 하는 성질. 버터 케이크, 슈 껍질 등에 이용한다.

### (5) 튀김성

일정온도에서 식품을 익힐 수 있는 성질을 가지고 있다.

### (6) 식감, 저장성

유지는 수분 증발을 방지하고 노화를 지연시켜 제품에 맛과 향, 부드러움을 준다.

## 3) 유지의 종류

### (1) 버터(Butter)

우유에서 지방을 분리하여 크림을 만들고 이것을 휘저어 엉기게 하여 굳힌 것으로 버터는 제조 시 유지방 80% 이상, 수분 17% 이하인 것이라고 법령으로 정해져 있으며, 보통 유지방 81%, 수분 16%, 무기질 2%, 기타 1%로 되어 있다. 버터의 종류에는 젖산균을 넣어 발효시킨 발효버터(Sour butter), 소금을 첨가하지 않은 무염버터, 2%의 소금을 넣은 가염버터, 버터에 식물성 유지를 섞어 만든 컴파운더 버터 등이 있다.

## (2) 마가린(Margarine)

천연버터의 대용품으로 개발한 제품으로 정제한 동물성 지방과 식물성 기름, 경화유를 알맞은 비율로 배합하고 유화제, 색소, 향료, 소금물, 발효유 등을 더해 유화시킨 뒤 버터상태로 굳힌 지방성 식품이다. 버터와 비교하여 가소성이 좋고 가격이 낮으며 80~82%의 지방, 수분 15%, 소금 1.5~2%가 들어 있다.

## (3) 쇼트닝(Shortening)

유지 함유량이 100%로 수분은 전혀 들어 있지 않아 제품을 바삭바삭하게 만든다. 반고체상태인 가소성 유지제품으로 무색, 무미, 무취이다. 쇼트닝의 특징은 비스킷 등에 바삭함을 주는 쇼트닝성과, 교반했을 때 공기를 포함시키는 크림성이다. 용도에 따라 특징에 맞는 것을 사용하며, 원료는 마가린과 같아서 식물성 기름을 경화시킨 것이나 정제한 야자유, 팜유 등 식물성 고형유지를 사용하며, 마가린과 다른 점은 수분이 0.5% 이하로 거의가 지방이고 유화제를 많이 함유하고 있다.

## (4) 튀김용 기름(Frying Fat)

튀김과자, 도넛을 튀길 때 쓰는 유지로 상온에서 액체상태이며 튀김용 기름으로는 발연점이 높고 유화제가 들어 있지 않은 식물성 기름이 알맞다.

## 4) 제과에서 유지의 기능

① 제품을 부드럽게 하여 식감이 좋으며, 수분 보유효과가 있어 노화를 지연시킨다.
② 믹싱 중 유지가 공기를 포집하여 부드러운 크림이 되는 크림성 기능이 있다.
③ 유지가 공기 중에 장시간 노출되면 공기 중의 산소와 결합하여 산패가 일어나 식품의 가치를 저하시키므로 안정화 기능이 있다.
④ 믹싱 중에 지방이 포집하는 상당량의 공기는 작은 세포와 공기방울 형태가 되어 제품의 적정한 부피, 기공과 조직을 만드는 공기흡입 기능이 있다.

## 5) 제빵에서 유지의 기능

① 수분보유력이 뛰어나 제품의 노화를 지연시킨다.
② 페이스트리 제품에서 굽기 중 유지의 수분이 증발되어 부피를 형성한다.
③ 반죽팽창을 위한 윤활작용으로 가장 중요한 기능이다.
④ 유지의 윤활작용으로 제품을 부드럽게 할 수 있다.

## 6. 감미제(Sweetener)

감미제는 제과 · 제빵 제품을 만드는 데 중요한 재료로 포도당과 과당, 설탕, 맥아당, 유당, 물엿 등이 있다. 제품의 특성에 따라 감미제를 선택하며, 이스트의 영양원 및 안정제, 발효조절제, 보습제, 제품에 향과 색을 내는 기능이 있다.

## 1) 감미제의 종류

### (1) 설탕(Sugar)

수크로오스(Sucrose, 자당)를 주성분으로 하는 감미제로 제과 · 제빵에서 가장 많이 사용하는 이당류이며 자당이라고도 한다. 인도에서 처음 만들어졌고 원료는 사탕수수나 사탕무로부터 얻어지며, 제법형태에 따라 함밀당과 분밀당이 있다. 그라뉴당(granulated sugar)은 현재 가장 많이 사용하는 당으로 용도에 따라 다양한 종류의 제품이 생산되고 있다. 또한 그라뉴당을 곱게 갈아 만든 것을 분당(powdered sugar)이라 하며, 저장 중 고화 방지를 위하여 전분을 3% 정도 혼합한다.

### (2) 포도당(Glucose, Dextrose)

자연계에 널리 분포하고 있는 6탄당의 하나로 식물체에 많이 함유되어 있고 특히 포도즙에 5%나 들어 있어 포도당이라는 이름이 붙었다. 포도당은 감미도가 설탕의 75%이고, 빵의 촉감, 결을 부드럽게 하고 오랫동안 촉촉함을 유지시키며 빵의 유연성, 탄력성을 높여주기 때문에 빵에 자주 사용되는 당류이다.

### (3) 맥아당(Maltose)

포도당 2개가 결합된 이당류의 하나이다. 엿당 또는 말토오스라고도 한다. 감미는 설탕의 40%로 이것은 설탕처럼 녹말의 노화를 방지하는 효과와 보습효과가 있다.

### (4) 과당(Fructose, Levulose)

프룩토오스, 단 과일에 많이 함유되어 있고 꿀 등에 많이 들어 있는 6탄당의 하나이다. 과당은 당류 중에서 감미도가 가장 크지만, 가열하면 1/3로 낮아진다. 포도당을 섭취하면 안 되는 당뇨병 환자에게 감미제로 사용하며 카스텔라, 스펀지 케이크 등에 보습효과를 주는 재료로 사용된다.

### (5) 유당(Lactose)

설탕의 감미도를 100으로 했을 때 유당의 감미도는 16 정도로 유당은 당류 중 감미도가 가장 낮으며 용해도가 낮아 결정화가 빠르며 포유동물의 유즙에 들어 있다. 냉수에 용해되지 않는 환원당으로 단백질의 아미노산에 의해 갈변반응을 일으켜 껍질색을 진하게 하며, 빵에서 이스트에 의해 발효되지 않아 잔류당으로 남는다.

### (6) 물엿(Corn Syrup)

녹말이 산이나 효소의 작용으로 분해되어 만들어진 반유동체의 감미물질이다. 설탕에 비해 감미도는 낮지만 점조성, 보습성이 높아 감미제보다는 제품의 조직을 부드럽게 할 목적으로 많이 사용한다. 여러 종류의 빵·과자 제품에 사용되는데 롤, 번, 단과자빵류, 파이 충전물, 머랭, 케이크류, 쿠키류, 아이싱에 주로 사용된다.

### (7) 당밀(Molasses)

사탕무, 사탕수수에서 얻어지는 결정되지 않는 시럽상태의 물질이다. 수분과 비결정 설탕 및 무기질을 함유하고 있으며, 색깔은 원료에 따라 다르나 짙은 황색, 적갈색, 검은색 등의 3종류로 나뉜다. 외국에서는 당밀을 많이 사용하는데, 효과는 특유의 단맛이 생겨나고, 케이크를 오래도록 촉촉하게 보존하며, 특수 향료와 조화가 잘 이루어지는 것이 특징이다. 사탕수수의 당밀은 사탕무의 당밀보다 풍미가 좋아 식용하며 럼 제조에 사용된다.

### (8) 꿀(Honey)

당분이 많이 함유된 식품이다. 전화당의 종류로 꿀벌에 의해 얻어지며, 수분보유력이 높고 향이 우수하다.

### (9) 전화당(Invert Sugar)

자당이 가수분해하여 생기는 포도당과 과당이 동량인 혼합물이다. 감미가 강하여 케이크, 퐁당, 아이싱의 원료로 이용하며, 케이크 표면에 색깔이나 광택을 내는 데 사용한다.

### (10) 기타 감미제

감미제는 제과·제빵 제조에 많은 역할을 하는 중요한 재료이며, 용도와 특성에 따른 종류가 매우 다양하다. 사카린, 올리고당, 천연감미료, 아스파탐 등이 있다.

## 2) 제빵에서 감미제의 기능

① 수분보유력이 있어 노화를 지연시키고 저장성을 늘린다.

② 빵의 속결과 기공을 부드럽게 만든다.

③ 발효하는 동안 이스트의 먹이가 된다.

④ 이스트가 이용하고 남은 당은 갈변반응으로 껍질색을 낸다.

⑤ 발효가 진행되는 동안 이스트에 발효성 탄수화물을 공급한다.

## 3) 제과에서 감미제의 기능

① 감미제로 단맛을 내며 독특한 향을 낸다.

② 노화를 지연시키고 신선도를 오래 유지시킨다.

③ 갈변반응과 캐러멜화를 통해 껍질색을 낸다.

④ 밀단백질을 부드럽게 하는 연화작용을 한다.

⑤ 쿠키제품에서 향과 퍼짐성을 조절한다.

## 7. 달걀(Egg)

달걀은 크게 보면 껍질, 흰자, 노른자로 구성되어 있다. 비중은 달걀의 크기에 따라 다르며 껍질 10~12%, 흰자 55~63%, 노른자 26~33%이다. 달걀이 클수록 흰자의 비율이 높다.

달걀은 생달걀과 냉동달걀, 분말달걀 등이 있으며, 우리나라에서는 보통 생달걀을 많이 사용하고, 다른 나라에서는 냉동달걀과 분말달걀도 사용한다. 달걀에는 12.3%의 단백질과 11.2%의 지방이 포함되어 있고, 비타민 C와 섬유질 외에 모든 영양소가 들어 있다.

## 1) 달걀의 특성과 기능

(1) 기포성 흰자의 단백질인 글로불린에 의해서 교반하면 거품이 일어나는 성질이다. 달걀의 기포성을 이용하여 만드는 과자류는 머랭, 수플레, 무스, 스펀지 케이크, 마시멜로 등으로 응용범위가 매우 넓다.

(2) 유화성

달걀노른자 속의 레시틴 작용에 의해 나타나는 성질이다. 노른자로 만들 수 있는 대표적인 에멀션의 대표적인 제품이 마요네즈이다. 즉 레시틴의 유화력이 식초와 기름을 결합시켜 준다.

### (3) 열 응고성

단백질이 열에 의해 굳어지는 성질이다. 가열속도나 온도, 재료 배합에 따라서 응고상태가 다르다.

### (4) 구운 색

멜라노이딘반응에 의해 생기는 빛깔이다. 빵 반죽 표면에 달걀물을 칠하여 구우면 당분과 아미노산이 변화하여 갈색을 만든다.

### (5) 영향 · 풍미

달걀은 양질의 단백질원이고 제품의 풍미를 좋게 한다.

## 2) 제빵에서 달걀의 기능

달걀은 많은 종류의 광물질과 비타민을 포함하고 있기 때문에 높은 영양가를 지니고 있다. 흰자의 단백질 작용으로 제품의 골격 형성에 도움을 주고 노른자의 영향으로 빵 내상의 색깔, 담백한 맛과 향, 빵의 노화를 지연시킨다.

## 3) 제과에서 달걀의 기능

달걀은 제과에서 많이 사용하는 재료이고 케이크의 골격을 형성하는 데 도움을 주며, 기포성으로 부피를 형성하고 팽창제 역할을 한다. 또한 제품의 맛과 향, 조직, 식감 개선에 중요한 역할을 한다.

## 4) 신선한 달걀 및 취급

① 생산날짜를 확인하고 냉장에 진열된 제품 또는 유통과정도 냉장상태로 된 것을 고른다.
② 달걀 껍질은 거친 것이 좋으며 밝은 불에 비추어서 노른자가 선명하고 중심에 자리 잡고 있는 것이 신선하다.
③ 껍질에 묻은 이물질 등은 세척하고 살균하여 사용한다.
④ 식염수(6~10% 소금물 비중 = 1.08)에 가라앉는 상태의 달걀을 선택한다.
⑤ 달걀을 깼을 때 노른자가 터지지 않고 난황지수가 높아야 한다.

## 8. 우유(Milk)

우유는 영양가가 높은 완전식품으로 주성분은 단백질, 지방, 당질, 무기질, 비타민 등 많은 영양소로 구성되어 있으며, 달걀과 함께 중요한 식품이다.

① **단백질** : 우유 단백질의 주성분은 카세인이고, 산과 레닌효소의 작용을 받아 응고하며, 유장은 카세인을 뺀 나머지 단백질 락토알부민, 락토글로불린이 여기에 속한다.

② **지방** : 우유의 지방은 아주 작은 구상(球狀)인 지방구로서, 콜로이드 상태로 분산해 있다. 우유를 가만히 두면, 지방구가 표면에 떠올라서 크림층을 만든다. 이것을 모은 것이 크림이다.

③ **당질** : 우유의 당질은 대부분 젖당이다. 젖당은 갈락토오스(Galactose)와 글루코오스(Glucose)가 결합한 이당류이다.

④ **무기질** : 우유 속의 인과 칼륨의 비율이 이상적이다.

### 1) 제빵에서 우유의 기능

① 빵의 속결을 부드럽게 하고 글루텐의 기능을 향상시킨다.

② 맛과 향을 개선하고 흡수율을 증가시킨다.

③ 우유 속의 유당이 굽기 중 갈변반응으로 빵의 껍질색깔을 낸다.

④ 유단백질의 완충작용으로 이스트 발효를 억제한다.

### 2) 제과에서 우유의 기능

① 제품의 맛과 향을 개선시킨다.

② 굽기 중에 유당의 갈변반응으로 제품의 껍질색을 낸다.

③ 유당의 수분보유력으로 제품을 부드럽게 한다.

④ 우유의 단백질은 케이크 구조 형성에 도움을 준다.

## 9. 몰트 엑기스

싹이 난 보리를 끓여 추출한 맥아당(이당류)의 농축 엑기스로 흔히 몰트 시럽이라 부르기도 한다. 몰트 엑기스의 주성분은 맥아당이며, 대부분 베타아밀라아제라고 불리는 전분 분해효소 등이 들어 있다. 프랑스빵, 유럽빵 등 설탕이 들어가지 않는 하드계열 빵에 사용하며 밀가루 대비 소량(0.2~0.5%)만 첨가한다.

몰트 엑기스는 설탕이 들어가지 않는 반죽을 오븐에서 구울 때 빵의 색깔을 개선하고 이스트의 영양원이 되어 알코올 발효를 촉진시킨다.

## 10. 안정제(Stabilizer)

물과 기름, 기포, 콜로이드 분산과 같이 상태가 불안정한 혼합물에 더하여 안정시키는 물질이다. 식품에서 점착성을 증가시키고 유화 안전성을 좋게 하며, 가공 시 선도 유지, 형체 보존에 도움을 주며 미각에 대해서도 점활성을 주어 촉감을 좋게 하기 위하여 식품에 첨가하는 것으로 안정제, 겔화제, 농화제라고 한다. 밀가루 중의 글루텐, 찹쌀 중의 아밀로펙틴, 과일 중의 펙틴, 아라비아검, 트래거캔스검, 카라기난, 해조류의 알긴산, 한천, 우유의 카세인 등이 있다.

### 1) 안정제의 종류

#### (1) 젤라틴(Gelatin)

동물의 연골, 힘줄, 가죽 등을 구성하는 단백질인 콜라겐을 더운물로 처리했을 때 얻어지는 유도단백질의 하나이며, 응고제로 사용하고 찬물에는 팽윤하나 더운물에는 녹는다. 젤라틴은 가공형태에 따라 판 젤라틴과 가루 젤라틴이 있으며, 흡수량은 보통 젤라틴 중량의 10배이므로 물을 충분히 넣어 덩어리지지 않게 한다. 젤리, 아이스크림, 무스, 햄, 크림, 비스킷, 캐러멜 등에 널리 사용한다.

#### (2) 한천(Agar)

우뭇가사리를 조려 녹인 뒤 동결·해동·건조시킨 것으로 찬물에는 녹지 않으나 물에 잘 팽윤되어 20배의 물을 흡수하며, 응고력은 젤라틴의 10배이다. 끓는 물에서 잘 용해되어 0.5%의 저농도에서도 안정된 겔을 형성한다. 산에 약하여 산성용액에서 가열하면 당질의 연결이 끊어진다. 따라서 산미가 강한 과즙을 혼합할 때는 한천을 먼저 녹여 뜨거운 상태에서 과즙을 빠르게 혼합해야 한다. 젤리, 과자류, 유제품, 통조림, 양갱 등에 이용한다.

#### (3) 알긴산(Alginic acid)

다시마, 대황, 김 등의 갈조류(褐藻類)에 함유되어 있는 다당류의 하나이다. 찬물, 더운물 모두에 잘 녹고 더울 때나 냉각 시 같은 농화력을 가지나, 산이 있는 주스 등에서 조리 시 겔 형성 효과가 저하된다. 아이스크림, 유산균 음료 등에 유화 안정제로 이용되고, 젤리·셔벗·주스 등에 중점제로 이용된다.

## (4) 시엠시(Sodium carboxy methyl cellulose, CMC)

합성호료의 하나. 목재, 펄프를 원료로 하여 셀룰로오스에 아세트산을 작용시켜 만든 화학적 합성물이다. 유도체로서 냉수, 뜨거운 물에 모두 잘 녹으며 산에 대한 저항력은 약하고 pH 7에서 효과가 가장 좋다. 부패 변질이 없고 매우 안정하다. 아이스크림, 퐁당, 아이스 셔벗, 빵, 맥주 등에 안정제로 사용된다.

## (5) 아라비아검(Arabic gum)

콩과의 상록활엽교목인 아라비아 고무나무에서 얻은 점액을 굳힌 것이다. 물에 서서히 녹아 산성을 띠며 점조액이 되며, 제과에서는 아이스크림·시럽에 안정제로 사용한다. 또한 파스티야주(검 페이스트) 만드는 데도 이용된다.

## (6) 펙틴(Pectin)

과실, 채소와 같이 고등식물 세포벽에 붙어 있는 다당류로 감귤류와 사과에 많다. 응고제로서 잼, 마멀레이드, 과일젤리를 만들 때 젤리상태로 굳히는 성분이다. 펙틴은 메톡실기($OCH_3$)가 결합한 구조를 가지고 있는데 이 메톡실기의 양에 따라 펙틴의 성질이 변한다.

## 2) 제과·제빵에서 안정제 사용

① 다양한 젤리, 잼 제조에 사용한다.
② 아이싱 제조 시 끈적거림을 방지한다.
③ 머랭의 수분이 나오는 것을 억제시킨다.
④ 크림 토핑물의 거품을 안정시키고 부드러움을 제공한다.
⑤ 파이 충전물의 전분 일부를 검으로 대치하거나 타르트의 농화제로 사용한다.
⑥ 케이크·빵에서 흡수율을 증가시키고, 노화를 지연시켜 제품을 부드럽게 한다.
⑦ 제품의 포장성을 개선시킨다.
⑧ 아이싱을 견고하게 해서 부서지는 것을 방지한다.

## 11. 치즈(Cheese)

우유를 원료로 하여 여기에 젖산균 또는 단백질을 응고시켜 만든 제품이다. 즉, 살균된 우유에 젖산균스타터를 첨가하여 일정시간이 지난 뒤 적당한 산도에 도달하면 레닌(rennin) 응고효소를 첨가하여 15~90분 후 응고되면 절단하여 유장을 빼내고 다져서 성형한 뒤 발효시킨 것이다. 치즈는 원재료, 숙성여부, 수분함량 등에 따라 분류된다.

## 1) 자연치즈(Natural cheese)

우유를 젖산균이나 레닌으로 응고시키고 유장을 제거하여 만든 것으로 치즈를 숙성시키는 미생물, 산소, 온도, 습도에 따라 먹는 시기가 다르다.

## 2) 가공치즈(Process cheese)

자연치즈의 강한 향취를 우리 입맛에 맞도록 가공한 제품이다. 자연치즈 원료에 버터, 분유 같은 유제품을 첨가하여 만들며, 가공치즈는 위생적이며 보존성이 높고 품질이 안정되어 여러 형태의 모양으로 가공되어 있으므로 용도에 맞추어 골라서 사용할 수 있다.

## 12. 생크림(Fresh cream)

생크림은 크게 동물성 생크림과 식물성 생크림으로 구분하여 사용하고 있다. 제품의 특성에 따라 사용하는 생크림이 다르다. 또한 맛, 향, 가격, 작업성, 보관 관리 등 전반적인 것을 고려하여 사용한다. 생크림은 비중이 적은 지방분만을 원심분리하여 살균충전한 식품으로 제과제빵에 많이 사용한다. 주성분은 유지방이고 종류나 국가에 따라 그 함량이 다르다. 한국에서 생크림은 유지방 18% 이상인 크림을 말한다. 커피나 조리용은 10~30%, 휘핑용은 30% 이상으로 현재 국내에서 생산되어 사용하는 동물성 생크림은 36~38%이다. 아이스크림이나 버터의 원료로 사용할 크림은 79~89%의 유지방이 필요하다. 45% 이상은 휘핑용 크림으로 이용한다. 휘핑용 크림은 거품을 올려서 케이크의 장식용이나 차가운 디저트의 기본 재료로 쓰이므로 유지방 함량이 높은 것을 써야 한다. 생크림은 냉장 보관이 원칙이며, 보통 1~5℃에서 보관하며, 생크림으로 안정된 좋은 상태로 공기 포집을 위하여 10℃ 이하에서 작업한다.

## 13. 화학적 팽창제(Chemical Leavening)

제과류 제품의 반죽 제조나 굽는 과정에서 이산화탄소 또는 암모니아가 발생하여 부피를 팽창시키고 부드러움과 가벼운 식감을 주며, 일정한 모양을 갖추도록 특유의 조직을 형성하게 할 목적으로 사용되는 첨가물을 화학적 팽창제라고 한다. 제빵에서는 이스트(효모)를 사용하며, 제과에서는 베이킹파우더, 염화암모늄, 탄산수소나트륨 등이 있다.

베이킹파우더는 이산화탄소와 암모니아가스를 발생시켜 제품을 팽창시키는데 여기에서 생긴 가스는 알칼리성으로 제품의 색을 누렇게 변화시켜 풍미를 떨어지게 할 수 있기 때문에 산성물질을 첨가한 합성팽창제를 사용하면 결점이 보완된다. 이렇게 만든 것이 합성팽창제 즉 베이킹파우더이다.

화학팽창제는 많은 가스를 발생시켜야 하고, 제품 속에 남는 반응물질이 인체에 해로우면 안 되며, 맛과 냄새가 나도 안 된다.

### 1) 베이킹파우더(Baking Powder)

합성 팽창제로 BP로 표기하기도 한다. 베이킹파우더는 팽창제로 사용해 온 중조 즉 탄산수소나트륨을 주성분으로 하며, 각종 산성제를 배합하고 완충제로써 녹말을 더한 팽창제이다. 이것은 중조와 산성제가 화학반응을 일으켜서 이산화탄소(탄산가스)를 발생시키며, 기포를 만들어 반죽을 팽창시킨다.

베이킹파우더의 반응원리는 탄산수소나트륨이 분해되어서 이산화탄소, 물, 탄산나트륨이 되는 것이며, 베이킹파우더 무게의 12% 이상의 유효가스(이산화탄소)를 발생시켜야 한다.

베이킹파우더에는 지효성·속효성·산성 팽창제, 알칼리성 팽창제 등이 있으며, 만들고자 하는 제품의 특성에 맞는 것을 찾아 사용한다.

### 2) 염화암모늄

염화암모늄은 알칼리와 반응하여 이산화탄소, 가스를 발생시키고 제품의 색을 희게 한다.

### 3) 탄산수소나트륨(중조, 소다)

팽창제의 하나로 분자식은 $NaHCO_3$이며, 무색의 결정성 분말이다. 이것은 20℃ 이상에서 이산화탄소와 물을 발생시킨다. 반죽에 중조를 첨가하면 바로 탄산가스에 의해서 반죽이 팽창하고 탄산나트륨에 의해 제품이 노랗게 되며, 제품에 쓴맛과 좋지 않은 냄새가 나는 것이다.

---

## 제 3 절   제빵 반죽 제조방법

빵의 반죽 제조방법은 다양하다. 각 나라별 지역의 특성과 베이커리 주방규모에 따른 기계설비, 생산량, 제품종류 등의 특색에 따라 다르다.

반죽을 만드는 방법에 의한 물리적 숙성과 발효시키는 방법에 의한 화학적 · 생화학적 숙성을 기준으로 스트레이트법, 스펀지법, 액체발효법 등으로 나누고 그 이외의 제빵법들은 이 세 가지 제빵법을 약간씩 변형시킨 것이다.

## 1. 스트레이트법(Straight dough method)

제빵 제조방법의 하나로 직접법이라고도 하며, 재료 전부를 한번에 넣고 혼합하여 믹싱하는 방법이다. 유지는 물과 밀가루의 혼합으로 생기는 글루텐 형성을 방해하기 때문에 클린업 단계에서 넣고 반죽한다. 빵이 만들어져 나오는 시간이 비교적 짧기 때문에 소규모 베이커리 또는 가정에서는 대부분 이 방법으로 만들고 있으며, 직접반죽법에는 스트레이트법, 비상스트레이트법, 재반죽법, 노타임반죽법 등이 있다.

## 1) 스트레이트법 공정

(1) 반죽온도 : 통상 24~28℃, 단과자빵류 27℃, 하드계열 빵류 24℃

(2) 1차 발효온도 : 실온 27℃, 상대습도 : 75~80%

1차 발효 중 반죽에 펀치를 하여 다음과 같은 효과를 얻을 수 있다.
① 이스트 활동에 활력을 준다.
② 산소 공급으로 산화, 숙성을 촉진하고 $CO_2$가스 과다 축적에 의한 발효지연효과를 감소시키며, 발효속도를 증가시킨다.
③ 반죽온도를 균일하게 해주고 균일한 발효를 유도한다.

(3) 성형 : 분할 – 둥글리기 – 중간발효(15분 전후) – 정형 – 팬 넣기

(4) 2차 발효온도 : 32~40℃, 상대습도 : 80~90%

## 2) 스트레이트법의 장점(스펀지법과 비교)

① 제조공정이 단순하다.
② 제조장소, 제조장비가 간단하다.
③ 노동력과 시간이 절감된다.
④ 발효시간이 짧아 발효 손실이 감소된다.

## 3) 스트레이트법의 단점(스펀지법과 비교)

① 발효내구성이 약하다.

② 노화가 빠르다.

③ 반죽 잘못 시 반죽 수정하기가 어렵다.

④ 빵의 속결이 거칠고 빵 특유의 풍미와 식감이 부족하다.

## 2. 스펀지 도우법(Sponge dough method)

중종반죽법이라고도 하며, 흔히 스펀지법이라 불린다. 재료의 일부로 종을 만들고 충분히 발효시킨 뒤에 본반죽을 하는 방법이다. 즉 반죽과정을 두 번하는 반죽법으로 먼저 한 반죽을 스펀지(Sponge), 나중의 반죽을 도우(dough)라고 한다. 즉 밀가루(50~60%)에 물, 이스트, 이스트 푸드 등을 넣어 스펀지 반죽을 만들고 발효시킨 후 다시 남은 재료를 넣고 본반죽을 하는 것이다. 중종법으로 만든 반죽은 기계 내성이 우수하고 불안정한 발효조건에서도 안정도가 높아서 좋은 제품을 만들 수 있다. 중종반죽법은 오래전부터 많이 사용되던 반죽법으로 제품이 부드럽고 발효향이 좋다. 스펀지법의 종류에는 표준스펀지법, 100% 스펀지법, 단시간 스펀지법, 장시간 스펀지법, 오버나이트 스펀지법 등이 있다.

### 1) 스펀지 도우법 공정

(1) 스펀지 반죽온도 : 22~26℃(통상 24℃), 반죽시간 : 4~6분

(2) 1차 발효 : 27℃, 75~80%, 2~6시간 실온발효

(3) 도우 반죽온도 : 25~29℃(통상 27℃), 반죽시간 : 8~12분

(4) 플로어 타임

① 본반죽을 끝냈을 때 약간 처진 반죽을 팽팽하게 만들어 분할하기 쉽도록 하는 것

② 스펀지에 도우 밀가루 사용비율을 감안하여 플로어 타임을 조정한다.

③ 실온 27℃, 습도 75~80%에서 25~35분간 발효한다.(시간보다 눈으로 보고 확인한다.)

④ 스펀지 반죽에 사용하는 밀가루양에 반비례한다.(밀가루양이 많으면 짧게, 적으면 플로어 타임을 길게 한다.)

## 2) 재료 사용범위

① 스펀지 밀가루 : 60~100% ; 물 : 스펀지 밀가루의 55~60% ; 이스트 : 1~3% ; 이스트 푸드 · 개량제 : 각 0~0.5%

② 본반죽(도우) – 밀가루 : 0~40% ; 물 : 전체 56~68% ; 이스트 : 0~2% ; 소금 : 1.5~2.5% ; 설탕 : 0~8% ; 유지 : 0~5% ; 탈지분유 : 0~8%

## 3) 스펀지 밀가루 사용량

밀가루 품질의 변경, 발효시간 변경, 품질 개선의 경우 스펀지에 사용하는 밀가루양을 조절할 수 있다.

스펀지에 밀가루 사용량을 증가시키면 나타나는 현상

1. 2차 믹싱(도우) 즉 본반죽의 반죽시간을 단축시킨다.
2. 스펀지 발효시간은 길어지고 본반죽 발효시간은 짧아진다.
3. 반죽의 신장성(스펀지성)이 좋아진다.
4. 성형공정이 개선된다.
5. 품질이 개선(부피 증대, 얇은 세포막, 풍미 증가, 부드러운 조직 등)된다.

## 4) 스펀지 도우법의 장점(스트레이트법과 비교)

① 작업공정에 대한 융통성이 있다.

② 잘못된 공정을 수정할 기회가 있다.

③ 발효에 대한 내구력이 좋아 풍부하게 발효시킬 수 있다.

④ 제품의 저장성 및 부피 개선이 좋다.

⑤ 빵의 조직과 속결이 좋다.

⑥ 발효향이 좋고 노화가 지연된다.

⑦ 오븐 스프링이 좋다.

## 5) 스펀지 도우법의 단점(스트레이트법과 비교)

① 발효손실이 증가된다.

② 시설, 노동력, 장소 등 경비가 증가된다.

③ 믹싱 내구력이 약하다.

## 3. 액종법(Pre-ferment and dough method)

　　액종을 이용한 제빵법으로 설탕, 이스트, 소금, 이스트 푸드, 맥아에 물을 섞고 완충제로 분유를 넣어 액종을 만들어 이용한 것이다. 분유를 사용하는 목적은 이스트와 설탕의 생성물인 알코올과 탄산가스에 초산, 젖산 등 유기산이 생성되어 pH가 4~5.2로 낮아지며, 분유는 발효 중 발생하는 유기산에 대한 완충제 역할을 한다. 액종법으로 만든 반죽은 발효시간이 짧아서 발효에 의한 글루텐 숙성이 어려우므로 어느 정도의 기계적인 숙성이 필요하며, 액종 관리에는 고도의 능력이 필요하므로 연구실의 기능을 갖춘 공장에서 이용이 가능하다. 그러나 발효시간이 짧아 발효에 따른 글루텐의 숙성과 풍미, 좋은 식감은 기대할 수 없다.

　　액종법의 종류는 완충제로 탈지분유를 사용하는 아드미법(ADMI, 미국 분유협회가 개발한 액종법)과 완충제로 탄산칼슘을 배합해서 넣는 브루액종법이 있다.

### 1) 액체발효법

　　액종용과 본반죽(도우)용으로 구분

### 2) 재료 사용범위

- 액종 만들기 : 분유 0.4%, 이스트, 맥아, 설탕, 이스트 푸드에 물을 넣고 섞는다.
- 본반죽 : 액종, 밀가루, 물, 설탕, 소금, 유지 등

### 3) 공정

① **액종발효** : 30℃에서 2~3시간 발효, 분유는 발효 중에 생기는 유기산에 대한 완충제 역할을 한다.

② **도우 믹싱** : 스펀지 도우보다 25~30% 정도 더 믹싱하며, 반죽온도 약 30℃(반죽양이 많으면 조금 낮은 온도로 맞춘다.)

③ **플로어 타임** : 발효 15분 전후(눈으로 확인)

④ 분할 이후의 모든 과정은 동일하다.

### 4) 액종법의 장점(스트레이트법과 비교)

① 한번에 많은 양을 발효시킬 수 있다.(대형 발효통과 펌프 이용)
② 중종법에 비하여 발효시간이 짧다
③ 제품의 품질이 일정하다.
④ 대량생산에 적합하다.
⑤ 발효손실에 따른 생산손실을 줄일 수 있다.

### 5) 액종법의 단점(스트레이트법과 비교)

① 산화제 사용량이 늘어난다.
② 연화제가 필요하다.

## 4. 연속식 제빵법(Continuous dough mixing system)

액종법을 더욱 진전시킨 방법으로 기계의 힘을 이용하여 계속적·자동적으로 반죽을 제조하는 제빵법이다. 큰 규모의 공장에서 많은 종류의 생산보다는 단일품목을 대량으로 생산하기에 알맞은 방법이다. 액체발효법으로 발효시킨 액종과 본반죽용 재료를 예비 혼합기에서 섞은 후 반죽기 분할기로 보내면 자동으로 반죽, 분할, 패닝이 이루어진다.

### 1) 산화제 용액기

디벨로퍼에서 30~60분간 숙성시키는 동안 공기가 결핍되므로 기계적 교반과 산화제에 의해 발달되며, 브롬산칼륨과 인산칼슘을 사용한다.

### 2) 액종에 밀가루 사용량을 증가시키면 나타나는 현상

① 물리적 성질을 개선한다.(스펀지 성질 양호, 슬라이스 용이)
② 부피가 증가된다.
③ 발효 내구성을 높인다.
④ 본반죽 발전에 요구되는 에너지 절감, 디벨로퍼의 기계적 에너지 절감
⑤ 제품의 품질과 향이 좋아진다.

### 3) 연속식 제빵법의 장점

① 전체적인 설비를 단일설비로 감소시킬 수 있다.

② 공장면적을 일반 공장면적보다 줄일 수 있다.

③ 공장설비가 잘 되어 있기 때문에 인력을 감소시킬 수 있다.

④ 발효손실을 줄일 수 있기 때문에 원가를 줄일 수 있다.

### 4) 연속식 제빵법의 단점

① 초기 설비투자에 비용이 많이 발생한다.

② 제품을 대량생산하여 많이 판매되어야 한다.

## 5. 비상반죽법(Emergency dough method)

발효를 촉진하는 조치를 취하여 제조시간을 단축하는 제빵법으로 갑작스럽게 주문이 들어와서 빨리 만들어야 할 경우와 기계 고장 등 비상상황이 발생한 경우, 계획된 작업이 늦어져 제조시간을 단축하고자 대처할 때 유용하게 사용할 수 있다.

**표준 스트레이트법 → 비상스트레이트법**

| 구분 | 조치 | 내용 |
|---|---|---|
| 필수<br>조치 | 이스트를 50% 증가시킨다. | 발효를 촉진시킨다. |
| | 반죽온도를 30~31℃ 상승시킨다. | 발효를 촉진시킨다. |
| | 흡수율을 1% 증가시킨다. | 반죽되기와 반죽발달을 조절 |
| | 설탕을 1% 감소시킨다. | 짧은 발효와 잔류당 증가로 진한 껍질색 |
| | 1차 발효를 15~30분 이상 한다. | 발효공정 단축 |
| | 반죽믹싱시간을 25~30% 증가시킨다. | 기계를 사용한 반죽의 발달로 글루텐 숙성 보완 |
| 선택<br>조치 | 분유사용량을 1% 감소시킨다. | 완충제 역할로 발효가 저해되므로 감소시킨다. |
| | 소금을 1.75% 감소시킨다. | 삼투압에 의한 이스트 활동 저해감소 |
| | 이스트 푸드의 사용량을 0.5% 증가시킨다. | 이스트 활동 증진하여 발효촉진 |
| | 식초를 0.5% 첨가한다. | 짧은 발효로 pH 하강 부족, 산 첨가 |

## 6. 재반죽법

　재반죽법은 스펀지법의 장점을 바탕으로 스펀지법보다 짧은 시간에 모든 공정을 마무리할 수 있다. 반죽할 때 전 재료를 한번에 넣고 반죽하는 법과 소금을 나중에 넣는 후염법, 물을 10% 정도 남겨 재반죽할 때 사용하는 방법이 있다. 대체적으로 오븐에서 오븐 스프링이 많이 나지 않기 때문에 2차 발효를 충분히 하는 것이 좋다.

## 1) 재반죽하는 방법

　① 8~10%의 물은 남겨두었다가 재반죽에 사용한다.

　② 반죽온도 : 26~28℃, 습도 80~85%에서 2시간 정도 한다.(눈으로 확인한다.)

　③ 이스트 : 2~2.5%, 이스트 푸드 0.5%, 소금 1.5~2%

　④ 발효시간 : 2시간 후 나머지 물을 넣고 재반죽한다.

　⑤ 플로어 타임 : 15~30분(눈으로 확인)

　⑥ 제2차 발효를 15% 정도 증가시킨다.

## 2) 재반죽법의 장점

　① 공정상 기계내성이 좋다.

　② 균일한 제품으로 식감이 좋다.

　③ 스펀지 도우법과 비교해서 짧은 시간에 생산이 가능하다.

　④ 색상이 좋다.

## 7. 노타임반죽법(No time dough method)

　1차 발효를 하지 않고 분할·성형하는 방법. 직접법의 일종으로 무발효법 또는 비상반죽법이라고도 하며, 산화제와 환원제를 사용하여 단시간 내에 발효시켜 제조하는 방법이 특징이다.

## 1) 산화제와 환원제 사용

　① 환원제의 사용으로 밀가루 단백질 사이의 S-S결합을 환원시켜 반죽시간을 25% 정도 단축시킨다.

　② 발효에 의한 글루텐 숙성을 산화제의 사용으로 대신함으로써(발효내구성이 다소 약한 밀가루를 유리하게 적용) 발효시간을 단축한다.

## 2) 산화제와 환원제의 종류와 역할

① 산화제는 브롬산칼륨(화학식 $KBrO_3$) : 지효성 작용(장시간 내), 요오드산 칼륨(화학식 $KIO_3$) : 속효성 적용(단시간 내)

② 믹싱 후 공정과정을 거치는 동안 밀가루 단백질의 SH결합을 SS결합으로 산화시켜 글루텐의 탄력성과 신장성을 증대시킨다.

③ 환원제는 프로테아제(Protease) : 단백질 분해효소로 믹싱과정 중에 영향이 없고 2차 발효 중 일부 작용을 한다.

④ L-시스테인(L-cysteine) : SS결합을 절단하는 작용이 빨라 믹싱시간을 25% 정도 단축시킨다.

## 3) 노타임반죽법의 장점

① 반죽시간을 단축시킨다.

② 생산수율을 증가시킨다.

③ 발효시간(발효손실)을 단축시킨다.

## 4) 노타임반죽법의 단점

① 발효향이 나쁘고 저장성이 떨어진다.

② 노화가 빠르고 전분에 대한 효소활성이 적기 때문에 품질이 고르지 못하다.

③ 재료비가 많이 든다.(이스트, 산화제, 환원제)

④ 1차 발효가 짧아 반죽 정형이 좋지 않다.

## 8. 냉동반죽법(Frozen dough method)

일반적으로 제빵에서 냉동반죽이라 하면 가맹본부의 공장이나 전문 생산업체에 의해 양산되어 납품되는 반죽을 말한다. 최근에는 소규모 업체에서도 많은 종류의 빵을 매일 반죽하여 구워내는 데 현실적으로 어려움이 따르고, 장시간의 노동과 높아진 인건비를 감당하기가 부담스럽기 때문에 반죽할 때 한번에 많은 양을 반죽하여 성형한 다음 바로 냉동실에 넣고 필요에 따라 꺼내어 해동하고 2차 발효한 후 바로 구우면 판매가 가능하기 때문에 가장 많이 사용하는 방법이다. 전문 베이커리가 아닌 카페 매장에서도 냉동반죽을 반입하여 활용하면 제빵관련 많은 설비나 큰 인력 없이도 바로 구운 빵을 내놓을 수 있다. 만드는 과정은 믹싱한 반죽을 1차 발효 후 −40℃에서 급속 냉동하여 −18~−25℃에 냉동 저장하여 필요한 경우에는 도우컨디셔너(dough conditioner)에서 해동하여 사용할 수 있도록 하는 반죽법이다.

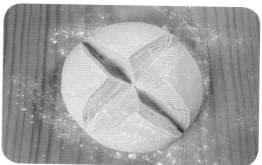

**(냉동반죽법) 크루아상**

## 1) 냉동저장 시 반죽의 변화

① 이스트 세포가 사멸하여 가스 발생력이 저하된다.
② 이스트가 사멸하므로 환원성 물질인 글루타치온이 생성되어 반죽이 퍼진다.
③ 가스 보유력이 떨어진다.

## 2) 냉동반죽 시 주의사항

① 환원성 물질이 생성되어 퍼지게 되므로 반죽을 되직하게 해야 한다(수분을 줄일 것).
② 냉동 중 이스트가 죽어 가스 발생력이 떨어지므로 이스트 사용량을 2배로 늘린다.
③ 반죽 온도를 20℃로 맞춘다.
④ 저장온도는 −18~−25℃에서 보관한 후에도 도우 컨디셔너에서 해동하여 사용한다.
⑤ 냉동저장 시 환원성 물질이 생성되므로 산화제(비타민 C, 브롬산칼륨 등)를 첨가해야 한다.

## 3) 냉동반죽법의 장점

① 야간, 휴일 등 작업을 미리 대비한다.
② 소비자에게 신선한 빵을 제공한다.
③ 다품종 소량생산이 가능하다.
④ 제품의 노화가 지연, 운송·배달이 용이하다.

### 4) 냉동반죽법의 단점

① 이스트가 사멸하여 가스 발생력이 감소된다.

② 가스 보유력이 떨어진다.

③ 반죽이 퍼지기 쉽다.

## 9. 오버나이트 스펀지법(over night sponge dough method)

12~24시간 정도 발효시킨 스펀지를 이용하는 방법으로 반죽은 신장성이 아주 좋고, 발효 향과 맛이 강하며, 빵의 저장성이 높아진다. 반면 발효시간이 길어 발효 손실(3~5%)이 크다. 오버나이트 스펀지법에서 발효시간을 늘리려면 이스트 양을 감소시키고, 발효시간을 줄이려면 이스트 양을 증가시켜야 한다.

## 10. 오토리즈(Aurolyse) 반죽법

오토리즈는 프랑스빵이나 유럽빵 등 저배합 빵에서는 반드시 필요한 방법 중의 하나로 프랑스의 제빵사인 레이몬드 칼벨(Raymond Calvel)에 의해서 처음으로 고안된 제법이다. 영어로는 'Autolyse'라고 불리며, 자기분해라는 뜻이다. 밀가루 속에 있는 효소가 전분, 단백질을 분해시켜 전분은 설탕으로 바뀌고 단백질은 글루텐으로 결성된다. 오토리즈는 물과 밀가루만 저속으로 2~3분간 믹싱하여 최소 30분에서 최대 24시간 반죽을 수화시킨 다음에 나머지 재료를 넣고 다시 반죽하는 방법이다. 휴지하는 동안 밀가루와 물이 충분한 수화를 이루게 되고 여기서 최대의 수율을 얻을 수 있고 그 과정에서 반죽의 신장성이 좋아지고 글루텐을 활성화하여 믹싱시간이 짧아져 무리하게 믹싱을 하지 않아도 좋은 반죽을 만들 수 있다.

## 11. 폴리쉬 제법

폴리쉬는 폴란드에서 처음 만들어진 반죽으로 빈에서 파리를 거쳐 20세기 초 프랑스 전역으로 퍼져나갔으며, 프랑스빵의 전통적인 제법이 되었다. 물과 밀가루를 1:1 비율에 이스트를 소량 넣고 짧게는 2시간, 길게는 24시간 발효시킨 후, 본반죽에 넣고 다시 반죽하는 방법이다. 일반적으로 가장 많이 사용하는 방법이며 프랑스빵, 유럽빵 스타일의 저배합 빵에 사용하면 볼륨과 빵의 풍미가 좋으며, 믹싱시간이 짧아져 좋은 결과물의 빵을 얻을 수 있다.

## 12. 비가(Biga)반죽법

비가는 '사전반죽'이라는 의미로 이탈리아에서 주로 사용하는 반죽법이다. 비가는 글루텐의 탄력을 좋게 하고 빵에 풍미와 특별한 맛을 준다. 이탈리아에서 생산되는 밀은 빵을 만들기에 힘이 부족한 편이라 비가종 방법을 이용하여 반죽의 탄력을 줄 수 있다. 이탈리아에서는 반죽할 때 묵은 반죽을 가끔 사용하는데 이것을 비가라고 부르기도 한다. 일반적으로 밀가루 양 대비 1~2%의 생이스트와 60% 정도의 수분으로 만든다. 적정한 실내온도 26℃에서 10~18시간 발효시킨 후에 사용한다.

## 13. 탕종법

최근 찰식빵을 만들면서 쫄깃쫄깃한 식감을 만들기 위하여 밀가루에 뜨거운 물로 가열하여 전분을 호화시킨 후, 본반죽에 넣어 사용한다.

## 14. 천연효모(Levain naturel)

천연효모에는 이스트뿐만 아니라 세균이 들어 있다. 발효력이 약하나 여러 세균의 활동으로 부산물인 유기산에 의해서 빵이 구워졌을 때 독특한 향과 특유의 신맛이 난다. 천연효모는 호밀이나 밀 등 곡물이나, 건포도나 무화과 등 과일에서 얻는다. 국내에서 흔히 사용하는 천연효모는 호밀이나 밀, 사과, 맥주, 요구르트, 건포도를 이용한 것이 많으며, 천연효모에 밀가루와 물 등을 섞어 사용하기 쉽게 배양한 것이 천연발효종이다. 프랑스어로는 르방(levain), 영어로는 사워도우(sour dough) 독일에서는 안자츠, 미국과 영국에서는 스타터 반죽이라고 한다. 사워도우란 시큼한 반죽이란 뜻하며, 발효가 되어 산도가 높아지므로 빵에서 특유의 신맛이 나며, 또한 과일이나 곡물 등을 재료로 발효종을 배양해 얻은 효모를 장시간 발효시켜 만들기 때문에, 소화가 잘 되고 빵의 풍미를 개선할 수 있다.

## 1) 천연 발효종 만들기

### (1) 건포도 액종

**재료** : 건포도 200g, 물 500g, 설탕 15g

① 건포도를 따뜻한 물에 씻은 다음 찬물에 넣고 다시 한 번 씻어준다.

② 용기를 깨끗이 씻어서 물기가 없도록 한 다음 건포도를 용기에 담는다.

③ 물을 넣고 뚜껑을 닫아서 재료가 섞일 수 있도록 흔들어주고 실온 26℃ 정도에서 발효시킨다.

④ 일정한 온도에서 보관하면서 하루에 두 번씩 흔들어주어 윗면에 곰팡이 생기는 것을 방지한다. 이렇게 반복하면 건포도는 위로 뜨고 색깔은 점점 갈색으로 변하게 된다.

⑤ 발효가 끝나면 깨끗한 체에 건포도를 걸러낸다. 발효기간은 여름에는 3~4일, 겨울에는 5~6일 정도 소요된다.

⑥ 건포도 액종은 다른 깨끗한 용기에 넣어 냉장고에 보관하면서 사용한다. 냉장고에서 6~7일 보관 가능하다.

1일차          2일차          3일차

4일차(아침)          4일차(오후)          걸러준다

깨끗한 용기에 넣어 냉장고에서 3~4일 보관 가능

## 2) 호밀종 만들기

### (1) 호밀종 1일차 르방 만들기

**재료** : 강력 50g, 호밀 10g, 몰트액 5g, 물 60g

① 강력분에 호밀가루 몰트액 물을 넣고 덩어리가 풀어질 정도로 섞어준다.

② 실내온도 22~24℃에서 24~26시간 발효한다.

### (2) 호밀종 2일차 르방 만들기

**재료** : 호밀종 1일차 종 125g, 강력 42g, 호밀 28g, 물 70g

① 24시간이 지나면 섬유질이 나타나며, 2일차 반죽을 한다.

② 호밀종 1일차 종에 강력 호밀 물과 덩어리 없이 잘 섞어준다.

③ 1일차보다는 조금 빠르게 발효가 진행된다.

④ 실내온도 22~24℃에서 20~23시간 발효한다.

### (3) 호밀종 3일차 르방 만들기

**재료** : 호밀종 2일차 종 265g, 강력 84g, 호밀 56g, 물 140g

① 20시간이 지나면 섬유질이 잘 형성되며, 3일차 반죽을 한다.

② 호밀종 2일차 종에 강력 호밀, 물을 넣고 덩어리 없이 잘 섞어준다.

③ 실내온도 22~24℃에서 17~20시간 발효한다.

### (4) 호밀종 4일차 르방 만들기

**재료** : 호밀종 3일차 종 545g, 강력 168g, 호밀 112g, 물 280g

① 16시간이 지나면 섬유질이 잘 형성된 것이 보이며, 4일차 반죽을 한다.

② 호밀종 3일차 종에 강력 호밀, 물을 넣고 덩어리 없이 잘 섞어준다.

③ 실내온도 22~24℃에서 15~17시간 발효한다.

### (5) 호밀종 5일차 르방 만들기

**재료** : 호밀종 4일차 종 1105g, 강력 330g, 호밀 220g, 물 550g

① 12시간이 지나면 섬유질이 잘 형성된 것이 보이며, 5일차 반죽을 한다.

② 호밀종 4일차 종에 강력 호밀 물을 넣고 덩어리 없이 잘 섞어준다.

③ 실내온도 22~24℃에서 10~12시간 발효 후 사용 가능하다.

④ 5일간의 공정이 끝나면 냉장고에서 4일까지 보관이 가능하다.

⑤ 4일 이후에는 5일차 반죽을 리프레시하면서 계속 사용한다.

⑥ 예) 남은 반죽이 100g이면 강력분 83g, 호밀 55g, 물 138g을 사용한다.

강력분에 호밀가루, 몰트액, 물을 넣고 덩어리가 풀어질 정도로 섞어준다.

2일차

1일차 호밀종과 재료 혼합

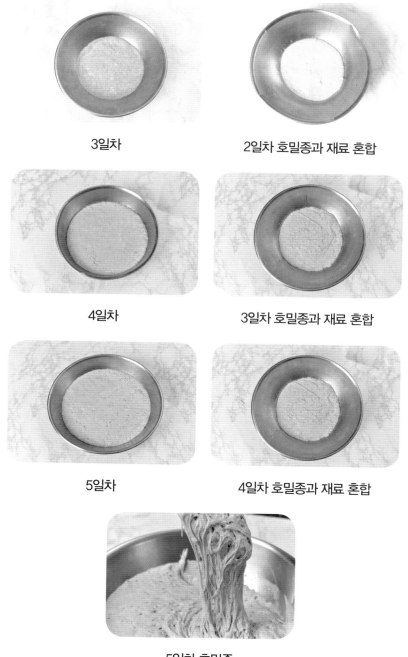

3일차

2일차 호밀종과 재료 혼합

4일차

3일차 호밀종과 재료 혼합

5일차

4일차 호밀종과 재료 혼합

5일차 호밀종

① 5일간의 공정이 끝나면 냉장고에서 4일까지 보관이 가능하다.

② 4일 이후에는 5일차 반죽을 리프레시하면서 계속 사용한다.

③ 예) 남은 반죽이 100g이면 강력분 83g, 호밀 55g, 물 138g을 사용한다.

## (6) 호밀르방(액종 사용) 이어가는 방법 예시

3일차 르방 만들기와 같은 방법으로 반복하면서 사용한다.

**재료** : 사용재료 전날 사용하고 남은 르방 500g, 호밀가루 200g, 강력 300g, 물 400g

① 전날 사용하고 남은 르방과 호밀가루 강력분 물을 믹서볼에 넣고 저속 2분 정도 하여 섞어주기만 한다.

② 26℃ 실온에서 섬유질이 형성되기 시작하면 표면에 호밀가루를 뿌리고 공기가 들어가지 않도록 덮어서 냉장고에 보관한다.

③ 계절에 따라서 온도차가 많이 나기 때문에 여름에는 만들어 1시간 뒤 냉장고에 넣고 겨울에는 6~7시간, 봄·가을에는 3~4시간 뒤 냉장고에 넣는다.

④ 계절과 날씨 온도에 따라서 섬유질 형성되는 시간이 다르기 때문에 발효상태를 눈으로 확인하면서 관리해야 좋은 르방을 유지할 수 있다.

## 제 4 절  제빵의 제조공정

빵을 제조하는 순서를 공정이라 부르며, 실제 작업 시작부터 오븐에서 구워 나와 소비자에게 판매되기까지는 많은 과정을 거쳐야 하고 그에 따른 많은 시간을 소요해야만 가능하다. 다음은 제빵의 공정순서이다.

> 제빵법 결정 → 배합표 작성 → 재료계량 → 재료 전처리 → 반죽(믹싱) → 1차 발효하기 → 분할하기 → 둥글리기하기 → 중간발효하기 → 성형(정형) → 팬닝(패닝) → 2차 발효하기 → 굽기 → 냉각 → 포장

## 1. 제빵법 결정

제빵 반죽법을 결정하는 기준은 노동력, 제조량, 기계설비, 제조시간, 판매형태, 고객의 기호도 등이다. 일반적으로 개인이 운영하는 소규모에서는 스트레이트법을 가장 많이 사용하며, 규모가 큰

대형 양산업체는 스펀지법이나 액종법을 많이 사용한다. 최근 들어 천연발효종을 사용한 빵이 인기를 얻으면서 장시간 발효하는 다양한 스펀지 발효 반죽법을 사용하고 있다.

## 2. 배합표 작성

배합표란 빵을 만드는 데 필요한 재료량의 비율이나 무게를 숫자로 표시한 것을 말하며 레시피(Recipe)라고도 한다.

① **배합표 단위** : 배합표에 표시하는 숫자 단위는 %이다. 이것을 응용해서 g 또는 kg으로 변경하여 작성한다.

② **Tree Percent(T/P)** : 재료 전체의 양을 100%로 보고 각 재료가 차지하는 양을 %로 표시한다.

③ **베이커스 퍼센트(Baker's Percent)** 로 표시한 밀가루의 양을 100% 기준으로 하여 각 재료가 차지하는 밀가루양에 대한 비율로 계산하여 그 양을 표시한 것으로 현장에서 많이 사용하는 유익한 계산방법이다.

④ **배합량 계산법**

· 각 재료의 무게(g) = 밀가루 무게(g) × 각 재료의 비율(%)

· 밀가루의 무게(g) = $\dfrac{\text{밀가루 비율(\%)} \times \text{총반죽무게(g)}}{\text{총배합률(\%)}}$

· 총반죽무게(g) = $\dfrac{\text{총배합률(\%)} \times \text{밀가루 무게(g)}}{\text{밀가루 비율(\%)}}$

## 3. 재료 계량하기

준비한 모든 재료의 양을 배합표에 따라 정확히 계량해서 사용해야 원하는 제품을 만들 수 있다. 액체재료는 계량컵이나 메스실린더 같은 부피측정기구를 사용한다. 빵·과자 공장에서 사용하는 저울은 대부분 전자식 저울을 사용하고 있으며, 저울 사용 시 움직임이 없고 평평한 곳에 놓은 뒤 저울의 영점을 확인한 후 재료 계량을 시작한다.

## 4. 재료 전처리하기

① 호두, 아몬드, 피칸 등의 견과류는 오븐에 살짝
　구워서 사용한다.

② 건포도, 크랜베리, 살구, 자두 등의 드라이 과일
　은 물이나 럼에 전처리하여 사용한다.

③ 밀가루는 체에 내리고, 유지가 단단하면 잘게
　잘라서 사용한다.

## 5. 반죽(Mixing)하기

　밀가루에 물, 소금, 이스트 또는 부재료를 넣고 반
죽하면 밀가루 단백질에 수분이 흡수되어 글루텐이
형성되며, 이 글루텐이 전분과 함께 빵의 골격을 만
들고 발효 중에 발생되는 가스를 보유하여 빵의 맛
과 모양을 유지하는 것이다.

### 1) 반죽의 목적

① 밀가루를 비롯한 다른 재료들을 물과 균일하게 혼합한다.

② 밀가루전분에 물을 흡수시켜 주는 수화작용을 한다.

③ 밀 단백질 중 불용성 단백질이 물과 결합하여 글루텐을 형성시킨다.

④ 글루텐을 발전시켜 반죽의 탄력성, 가소성, 점성을 최적인 상태로 형성한다.

### 2) 반죽의 믹싱단계

(1) 픽업단계(Pick-up stage)

　밀가루와 그 밖의 가루재료가 혼합되고 수분이
흡수되는 단계로 저속으로 1~2분 한다. 보통 덴마
크 타입의 데니시 페이스트리, 폴리쉬, 오토리즈 등
살짝 섞어놓는 반죽은 여기서 멈춘다.

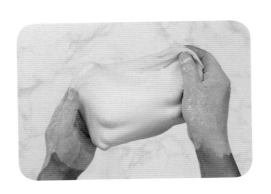

### (2) 클린업 단계(Clean-up stage)

중속 또는 고속으로 믹싱하여 반죽이 한덩어리가 되어서 믹싱 볼(믹서볼)이 깨끗한 상태가 된다. 수화가 완료되어 반죽이 다소 건조해 보이며, 반죽의 글루텐이 조금씩 형성된다. 이 단계에서 유지를 넣고(후염법일 경우도 이 단계에서 소금을 넣어준다.) 긴 시간 발효시키는 독일빵 등의 반죽은 여기서 그친다.

### (3) 발전단계(Development stage)

중속 또는 고속으로 믹싱하여 반죽이 건조해지고 매끈한 상태로 되는 단계이다. 반죽의 신장성과 탄력성이 가장 큰 상태가 되며, 믹서의 에너지가 최대로 요구된다. 버라이어티 브레드, 프랑스빵, 유럽빵 반죽은 여기서 그친다.

### (4) 최종단계(Final stage)

탄력성과 신장성이 최대가 되는 단계이다. 믹싱 볼에 반죽이 부딪히는 소리가 발전단계보다 약하며, 반죽이 부드럽고 윤기가 생긴다. 반죽을 떼어내 잡아 늘리면 깨끗한 글루텐 막이 형성되어 찢어지지 않고 얇게 늘어나며, 대부분의 단과자빵류와 식빵류 반죽은 여기서 멈춘다.

### (5) 렛다운 단계(Let down stage)

최종단계에서 믹싱을 계속하여 글루텐 구조가 약해져 반죽의 탄력성을 상실하기 시작하고 신장성이 커져 고무줄처럼 늘어지며, 점성이 많아진다. 이 단계의 반죽을 흔히 오버믹싱(Over mixing) 반죽이라고 한다. 틀을 사용하는 빵이나 잉글리시 머핀, 햄버거 반죽은 이 단계까지 한다.

### (6) 파괴단계(Break down stage)

렛다운 단계를 지나서 반죽을 계속하면 글루텐이 파괴되어 탄력성과 신장성이 전혀 없어 반죽이 힘이 없고 축 늘어지며 끊어진다. 빵을 만들어 구우면 오븐 팽창(스프링)이 되지 않아 표피와 속결이 거친 제품이 된다.

## 3) 반죽시간

빵 반죽으로서 적정한 상태로 만드는 데 걸리는 총시간을 말하며, 반죽하는 데 필요한 시간은 많은 변수가 따른다. 반죽의 양, 반죽기의 종류와 볼의 크기, 반죽기의 회전속도, 반죽온도 차이, 반죽의 되기, 밀가루의 종류 등에 따라서 반죽의 시간이 짧아지기도 하고 길어지기도 한다.

(1) 반죽시간에 영향을 미치는 요소

① 반죽양이 소량이고 회전속도가 빠른 경우 반죽시간이 짧다.

② 반죽온도가 높을수록 반죽시간이 짧아진다.

③ 반죽양은 많은데 회전속도가 느릴 경우 반죽시간이 길어진다.

④ 설탕양이 많은 경우 글루텐 결합을 방해하여 반죽의 신장성이 높아지고 반죽시간이 길어진다.

⑤ 탈지분유는 글루텐 형성을 늦추는 역할을 하여 반죽시간이 길어진다.

⑥ 흡수율이 높을수록 반죽시간이 짧아진다.

(2) 반죽과 흡수에 영향을 주는 요인

① 반죽온도가 높으면 수분흡수율이 감소한다.

② 밀가루 단백질의 질이 좋고 양이 많을수록 흡수율이 증가한다.

③ 반죽온도가 높으면 흡수율이 줄어든다.

④ 연수는 글루텐이 약해져서 흡수량이 감소하고 경수는 흡수율이 높다. 반죽에 적정한 물은 아경수 120~180ppm이다.

⑤ 기존 사용량보다 설탕 사용량이 5% 증가하면 흡수율이 1% 감소한다.

⑥ 유화제는 물과 기름의 결합을 가능하게 한다.

⑦ 소금과 유지는 반죽의 수화를 지연시킨다.

⑧ 스펀지법이 스트레이트법보다 흡수율이 더 낮다.

⑨ 탈지분유 1% 증가 시 흡수율도 1% 증가한다.

## 4) 반죽의 온도 조절

반죽온도란 반죽이 완성된 직후 온도계로 측정했을 때 나타나는 온도이며, 반죽온도에 영향을 미치는 많은 변수가 있다. 즉 밀가루 온도, 작업실 온도, 기계성능, 물의 온도 등에 따라 변한다. 그러므로 온도 조절이 가장 쉬운 물로 반죽의 온도를 조절한다. 반죽온도의 고저에 따라 반죽의 상태와 발효속도가 다르다. 여름에는 차가운 물 또는 얼음물을 사용해야  하며, 겨울에는 물의 온도를 높여서 온도를 조절한다. 반죽온도는 보통 27℃가 적정하며, 이스트가 활동하는 데 가장 알맞다. 그러나 프랑스빵 또는 저배합률의 빵은 데니시 페이스트리 24℃, 퍼프 페이스트리 20℃ 등 빵의 종류와 특성에 따라 반죽의 온도가 다르다.

(1) 스트레이트법에서의 반죽온도 계산법

① **마찰계수(friction factor) 구하기** : 스트레이트법 마찰계수 = 반죽결과온도 × 3 − (실내온도 + 밀가루온도 + 수돗물온도)

② **사용할 물 온도 계산법** : 스트레이트법으로 계산된 물 온도(사용할 물 온도) = 희망온도 × 3 − (실내온도 + 밀가루온도 + 마찰계수)

(2) 스펀지법에서의 반죽온도 계산법

① 마찰계수 = 반죽결과온도 × 3 − (실내온도 + 밀가루온도 + 수돗물온도)

② 스펀지법으로 계산된 물 온도(사용할 물 온도) = (희망온도 × 4) − (밀가루온도 + 실내온도 + 마찰계수 + 스펀지반죽온도)

③ 얼음 사용량 = $\dfrac{\text{물 사용량(수돗물온도 − 사용할 물의 온도)}}{80 + \text{수돗물온도}}$

# 6. 1차 발효(First fermentation)

1차 발효는 글루텐을 최적으로 발전시켜 믹싱이 끝난 반죽을 적절한 환경에서 발효시킨다. 발효란 용액 속에서 효모, 박테리아, 곰팡이가 당류를 분해하거나 산화·환원시켜 탄산가스, 알코올, 산 등을 만드는 생화학적 변화이다. 즉 효모(이스트)가 빵 반죽 속에서 당을 분해하여 알코올과 탄산가스가 생성되고 그 물망 모양의 글루텐이 탄산가스를 포집하면서 반죽을 부풀게 하는 것이다.

## 1) 발효의 목적

① 반죽의 팽창작용을 위함이다.

② 효소가 작용하여 부드러운 제품을 만들고 노화를 지연시킨다.

③ 발효에 의해 생성된 빵 특유의 맛과 향을 낸다.

④ 발효에 의해 생성된 아미노산, 유기산, 에스테르 등을 축적하여 빵으로서 상품성을 가진다.

⑤ 반죽의 산화를 촉진시켜 가스유지력을 좋게 한다.

## 2) 1차 발효상태 확인하기

① 일반적으로 처음 반죽했을 때 부피의 3~3.5배 정도 부푼 상태

② 반죽을 들어 올렸을 때 반죽발효 내부가 직물구조 형성(망상구조)

③ 반죽을 손가락으로 눌렀을 때 손자국이 그대로 있는 상태

## 3) 발효에 영향을 미치는 요인

① **이스트양** : 이스트의 양과 발효시간은 반비례한다. (이스트양이 많으면 발효시간은 짧아지고 이스트양이 적으면 발효시간은 길어진다.)

② 이스트가 활동하기에 최적의 온도는 24~28℃이며, 대부분의 빵 반죽온도가 이 범위에 속한다.

③ **반죽의 온도** : 온도가 낮으면 발효가 지연되고 발효시간은 연장된다.

④ 반죽온도가 높을수록 가스 유지력은 약해지고 불안정하다.

⑤ 정상범위 내 반죽온도가 0.5℃ 상승할 때마다 발효시간은 15분씩 단축된다.

| 7℃ 이하 | 활성 증가 → | 38℃ | 활성 감소 → | 63℃ |
|---|---|---|---|---|
| 효모 휴지 | | 활성 최대 | | 효모 사멸 |

⑥ 반죽 pH

- 발효과정에서 초산균, 유산균은 초산과 유산을 생성한다.
- 발효산물인 알코올은 유기산으로 전환하여 pH를 하강시킨다.
- 글루텐 단백질의 등전점은 pH 5.0~5.5에서 가스보유력이 최대가 된다.

⑦ 이스트 푸드 : 황산암모늄 등은 이스트에 필요한 질소를 공급하여 이스트의 활력을 증대시키고 발효를 촉진시키며, 산화제는 반죽의 단백질을 산화형태로 만들어 반죽의 탄력성과 신장성을 증대시켜 가스를 함유하는 능력을 증대시킨다.

⑧ 삼투압

- 무기염류, 당, 가용성 물질은 삼투압을 높인다.
- 설탕을 5% 이상 사용하면 가스 발생력이 약해져 발효시간에 영향을 준다.
- 소금 표준량을 1% 이상 사용하면 이스트 작용에 영향을 준다.

⑨ 탄수화물 효소

- 이스트는 탄수화물을 이용하여 발효되어 당을 생성한다.
- 적정 탄수화물과 효소가 공존하여 발효를 촉진시킨다.
- 발효성 탄수화물(단당류) 치마아제가 $CO_2$와 알코올을 생성시킨다.

### 4) 가스보유력에 영향을 주는 다양한 요소

① 밀가루에 들어 있는 단백질의 질과 양에 따라서 가스보유력이 커진다.
② 반죽의 산화제 사용량이 적정할 때 가스보유력이 높아진다.
③ 반죽에 들어가는 유지의 양과 종류, 이스트의 양, 유제품, 달걀, 당류, 소금 등이 영향을 미친다.
④ 반죽의 산화 정도가 지나치게 낮으면 반죽의 수축으로 가스가 날아가며, 동시에 반죽이 갈라지기 때문에 가스보유력이 저하된다.
⑤ 반죽이 질면 전분의 수화에는 좋지만 효소작용이 활발하여 물리성이 저하되어 가스를 장시간 보유하기 어렵다.
⑥ 반죽의 산도가 pH 5.0~5.5 글루텐의 등전점에서 가스보유력이 최대가 된다.

## 7. 펀치하기

펀치의 목적은 반죽을 해서 반죽의 부피가 2.5~3배로 부풀었을 때 펀치를 하여 발효 중에 발생한 가스를 빼내주고 생지의 기공을 세밀하고 균일하게 만드는 것이며, 글루텐의 조직을 자극하여 느슨해진 생지를 다시 모으고 반죽온도를 균일하게 하고 이스트 활동에 활력을 주기 위한 것이다.

## 1) 펀치하기의 목적 및 발효상태

① 이스트 발효에 의해 발생하는 가스를 최대로 보유할 수 있는 반죽을 만들어 양호한 기공, 조직, 껍질색, 부피를 지향하며, 제품이 완성되어 나왔을 때 뛰어난 품질을 얻기 위한 것이다.

② 발효의 상태에 따라서 직물구조가 다르게 나타난다. 발효가 부족한 경우에는 무겁고 조밀하며 저항성이 부족하고, 적정한 발효에는 부드럽고 건조하며 유연하게 신장한다. 발효과다는 거칠고 탄력이 적고 축축하다. 따라서 빵의 품질에는 발효가 매우 중요한 역할을 한다.

## 8. 분할(Dividing)하기

제품의 일관성을 유지하기 위해서 1차 발효가 끝난 반죽을 정해진 크기, 무게, 모양에 맞추어 반죽 생지를 나누는 공정으로 크게 사람의 손으로 하는 손 분할과 기계 분할로 나눌 수 있다. 손 분할은 기계 분할에 비하여 부드러운 반죽(진 반죽)을 다룰 수 있고, 분할속도가 느리기 때문에 인력이 많이 필요하고 주로 소규모 빵집에서는 손 분할을 한다. 기계 분할은 규모가 큰 곳 즉 호텔이나 양산업체에서 주로 사용하며, 분할속도가 빠르고, 노동력과 시간이 절약된다. 분할 중에도 발효가 계속되므로 식빵류는 20분 이내, 과자빵은 30분 이내로 빠른 시간에 끝낸다.

분할 시 주의할 점은 반죽의 무게를 정확히 해야 하며, 분할하는 동안에 반죽의 표면이 마르지 않도록 신경 쓰는 것이다.

## 9. 둥글리기(Rounding)하기

분할한 반죽의 표면을 공 모양으로 매끄럽고 둥글게 하는 공정이다.

## 1) 둥글리기의 목적

① 분할로 흐트러진 글루텐의 구조를 재정돈한다.

② 연속된 표피를 형성하여 정형할 때 끈적거림을 막아준다.

③ 중간발효 중에 생성되는 이산화탄소를 보유하는 표피를 만들어준다.

④ 반죽형태를 일정한 형태로 만들어서 다음 공정인 정형을 쉽게 한다.


주의할 점은 둥글리기할 때 덧가루를 과다 사용할 경우 제품에 줄무늬가 생기거나 이음매 봉합을 방해하여 중간발효 중 벌어질 수 있다는 것이다. 또한 둥글리기 형태는 만들고자 하는 제품의 모양에 따라서 원형, 타원형 등 변형된 모양으로 둥글리기하여 성형작업을 할 때 편리하게 할 수도 있다.(성형할 때 길게 만드는 빵은 타원형)

## 10. 중간발효(Intermediate proof)

둥글리기한 반죽을 정형에 들어가기 전 휴식 또는 발효시키는 공정이다. 벤치타임(bench time) 또는 오버 헤드 프루프(over head proof)라고도 한다.

### 1) 중간발효의 목적

① 글루텐 조직의 구조를 재정돈하고, 가스 발생으로 유연성을 회복한다.

② 탄력성, 신장성을 확보하여 밀어 펴기 과정 중 반죽이 찢어지지 않아 다음 공정인 정형하기가 용이해진다.

③ 반죽 표면에 엷은 표피를 형성하여 끈적거림이 없도록 한다.


중간발효는 보통 분할 중량에 따라 다르나 대체로 10~20분으로 하며, 27~30℃의 온도와 70~75%의 습도가 적당하다. 작업대 위에 반죽을 올리고 실온에서 수분이 증발하지 않도록 비닐이나 젖은 헝겊 등으로 덮어서 마르지 않도록 주의한다.

## 11. 성형(Moulding)하기

중간발효가 끝난 반죽을 밀어 펴서 일정한 모양으로 만든다. 즉 최종적인 빵의 모양을 내는 공정으로 반죽생지의 크기에 따라 가하는 힘의 세기를 조절한다. 일반적으로 하드계열 빵은 소프트계열 빵에 비해 약한 힘으로 성형을 해준다.

## 1) 밀어 펴기(Sheeting)

중간발효가 끝난 반죽을 밀대나 기계로 원하는 두께와 크기로 밀어 펴서 만드는 공정이다. 매끄러운 면이 밑면이 되도록 하고 점차 얇게 밀어 펴서 반죽 내에 있는 가스를 빼준다. 너무 강하게 밀어서 반죽이 찢어지지 않도록 주의해야 하며, 덧가루를 많이 사용하면 제품 내에 줄무늬가 생기고 제품의 품질이 저하될 수 있으므로 알맞게 사용한다. 생지를 밀어서 접어 성형하는 제품은 끝부분의 이음매 부분을 잘 봉한다.

## 2) 말아서 만들기(Folding)

밀어 편 반죽을 원하는 각 제품형태로 균일하게 말아주는 공정이다. 충전물이 들어가는 제품은 충전물이 새지 않도록 단단하게 싸준다.

## 3) 이음매 봉하기

공기를 제거하고 팬의 형태에 맞도록 모양을 만들어 마지막 이음매가 벌어지지 않도록 단단하게 붙이는 공정이다. 충전물이 들어가는 제품은 충전물이 새지 않도록 단단하게 봉해준다.

## 12. 팬에 넣기(패닝, 팬닝, Panning)

정형한 반죽을 평철판 또는 다양한 빵 틀에 넣는 공정이다. 평철판 패닝 시에는 2차 발효·굽기 과정 중에 반죽이 발효되어 달라붙지 않도록 간격 조정을 잘해서 놓는 것이 중요하다. 빵이 오븐에서 나왔을 때 붙어 있으면 상품의 가치가 없게 된다. 또한 정해

진 일정한 틀에 넣을 경우 반죽이 동일하게 놓이도록 하고 이음매가 틀의 바닥에 오도록 한다. 패닝 시 팬의 온도는 49℃ 이하, 적정온도는 32℃가 가장 좋으며, 온도가 높으면 반죽이 처지는 현상이 나타나고 온도가 낮으면 반죽이 차가워져 발효가 지연된다.

## 1) 팬 오일

① 팬 기름은 발연점(Smoking point)이 높은 기름을 적정량만 사용한다.

② 산패에 강한 기름을 사용하여 나쁜 냄새를 방지한다.

③ 면실유, 대두유, 쇼트닝 등 식물성 기름의 혼합물을 사용한다.

④ 기름 사용량은 반죽무게에 대해 0.1~0.2% 사용한다.

⑤ 기름을 많이 사용하면 밑껍질이 두껍고 옆면이 약하게 되고, 적게 사용하면 반죽이 팬에 붙어 표면이 매끄럽지 못하고 빼기가 어렵다.

⑥ 팬의 코팅 종류로는 실리콘레진, 테프론 코팅이 있으며, 이를 사용할 경우 반영구적으로 팬 기름 사용량이 크게 감소하고 작업이 간편하고 빠르다.

## 13. 2차 발효(Second fermentation)

최종 발효로 성형과정에서 부분적으로 가스가 빠진 글루텐 조직을 회복시켜 주고 적정한 부피와 균형, 보기 좋은 외형과 풍미를 가진 품질이 우수한 빵을 얻기 위하여 이스트의 활성을 촉진시켜 완제품의 모양을 형성해 나가는 과정이다.

 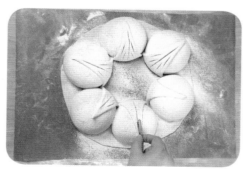

## 1) 2차 발효의 목적

① 온도와 습도를 조절하여 이스트의 발효작용이 왕성해지며, 빵 팽창에 충분한 $CO_2$가스를 생산한다.

② 성형공정을 거치는 동안 흐트러진 글루텐조직을 정돈한다.

③ 유기산이 생성되고 반죽의 pH 하강 탄력성이 없어지고 신장성을 증대시킨다.

④ 발효산물인 유기산, 알코올, 방향성 물질을 생성한다.

⑤ 2차 발효실 온도는 제품에 따라 다르나 26~38℃ 사이의 온도에서 발효시키며, 일반적으로 32~38℃, 상대습도는 75~85%에서 발효시킨다.

⑥ 소프트계열 빵으로 부드러운 식감을 주고 싶다면 약간 높은 온도에서 발효하고, 발효를 통한 풍미를 중요시하는 하드계열의 빵은 약간 낮은 온도에서 발효시킨다.

## 2) 제품에 따른 온도

① 발효온도에 영향을 주는 요인에는 밀가루의 질, 배합률, 유지의 특성, 반죽상태, 발효상태, 성형상태, 산화제와 개량제, 제품의 특성 등이 있다.

### 제품의 종류에 따른 온도와 특징

| 제품의 종류 | 온도 | 특징 |
|---|---|---|
| 일반 단과자빵류, 식빵류 | 32~38℃ | 반죽온도보다 높게 한다. |
| 하스 브레드 | 30~32℃ | 프랑스빵, 독일빵 등(하드계열) |
| 데니시 페이스트리, 크루아상 | 26~32℃ | 유지가 많은 제품 브리오슈 등 |
| 도넛 등 튀김류 | 30℃ | 건조발효 습도(60~65%) |

② 2차 발효시간은 제품의 특성에 따라 다르며, 대체로 20~60분간 한다. 정해진 시간보다 눈으로 직접 보고 확인해야 하며, 부피로 판단할 경우 완제품의 70~80%나 손가락으로 눌렀을 때 자국이 남는 정도로 한다.

### 발효과다와 발효부족(제품의 특성에 따라 차이가 있다.)

| 발효과다 | 발효부족 |
|---|---|
| 일반 단과자빵류, 식빵류 | 반죽온도보다 높게 한다. |
| 벌집처럼 기공이 거칠고 속결이 나쁘다. | 미발효 잔류당 껍질색이 짙어진다. |
| 잔류당 감소로 껍질색이 여리다. | 옆면이 터지기 쉽다. |
| 유기산의 과다생성으로 신 냄새가 많이 나고 향이 나쁘다. | 글루텐 신장성 부족으로 제품의 부피가 작다. 제품이 딱딱하다. |
| 과도한 오븐팽창 노화촉진 가능, 식감이 안 좋다. | 윗면이 거북이 등처럼 되며, 균형이 맞지 않다. |

### 3) 2차 발효 완료시점 판단

① 철판에 놓고 굽는 제품들은 형태, 부피감, 투명도, 촉감 등으로 판단한다.

② 처음 부피의 3~4배로 크기가 변했을 때

③ 완제품의 70~80% 부피로 부풀었을 때

④ 반죽의 탄력성이 좋을 때

⑤ 틀 용적에 맞게 적정한(80% 정도) 부피로 올라왔을 때

## 14. 굽기(Baking)

2차 발효가 끝난 반죽을 오븐에서 굽는 과정으로 반죽에 열을 가하여 가볍고 향이 있으며, 소화하기 쉬운 제품으로 만드는 최종의 공정으로 제빵에서 매우 중요한 과정이라 할 수 있다. 모든 공정을 마무리하고 완성품이 나와 빵의 최종적인 가치를 결정짓는다.

### 1) 굽기의 목적

① 빵의 껍질부분에 색깔이 나게 하여 맛과 향을 낸다.

② 전분을 호화시켜 소화하기 쉬운 빵을 만들기 위한 것이다.

③ 발효에 의해 생성된 탄산가스에 열을 가하여 팽창시킨 뒤 빵의 모양을 형성시킨다.

### 2) 굽기 방법

① 반죽의 배합과 사용하는 재료의 종류, 분할무게, 성형방법, 원하는 맛과 속결, 제품의 특성에 따라 오븐에서 굽는 방법이 다르다.

② 일반적으로 무겁고 부피가 큰 고율배합 빵은 175~200℃의 낮은 온도에서 장시간 굽는다.

③ 무게가 가볍고 부피가 작은 고율배합은 180~210℃의 낮은 온도에서 단시간 굽는다.

④ 일반적으로 무겁고 부피가 큰 저율배합 빵은 210~230℃의 높은 온도에서 장시간 굽는다.

⑤ 가볍고 부피가 작은 저율배합 빵은 220~250℃의 높은 온도에서 짧은 시간 굽는다.

⑥ 당 함량이 높은 과자 빵이나 4~6%의 분유를 넣은 식빵은 낮은 온도에서 굽는다.

⑦ 처음 굽기 시간의 25~30%는 반죽 속의 탄산가스가 열을 받아서 팽창하여 부피가 급격히 커지는 단계이다.

⑧ 오븐에 들어가는 팬의 종류와 반죽의 양에 따라 간격이 달라져 굽는 시간이 달라진다.

## 3) 오븐의 종류

오븐은 생산규모와 생산하는 제품의 종류 등 업장의 특성에 따라 다양한 오븐을 선택하여 사용한다.

① 형태에 따른 분류 : 컨벡션 오븐, 데크 오븐, 로터리 오븐, 터널 오븐 등

- 컨벡션 오븐 : 종류는 다양하지만 공통점은 안쪽에 팬이 달려 있고 이 팬이 전기를 사용해 열을 순환시켜 주는 역할을 하며, 열순환이 뛰어나기 때문에 베이커리 주방에서 많이 사용한다.
- 데크 오븐 : 소규모 베이커리 주방에서 가장 많이 사용하는 오븐 중 하나로 위아래로 열선(히터봉)이 장착되어 있다. 데크 오븐으로 구운 빵은 컨벡션 오븐으로 구운 빵보다 수분의 손실이 더 적고 촉촉한 느낌을 주며, 빵의 노화가 느리다.
- 로터리 오븐 : 오븐 안에서 랙이 돌아가면서 제품을 구워내는 오븐으로 바퀴가 달린 랙에 만든 제품을 패닝하여 끼우고 로터리 오븐에 통째로 밀어 넣고 열을 가하여 굽고 빼낼 수 있는 오븐이다.
- 터널 오븐 : 오븐의 길이가 길고, 컨베이어 시스템으로 되어 있기 때문에 입구에서 준비된 팬을 넣으면 끝부분에서 제품이 구워져 나오는 오븐으로 피자 전문점이나 규모가 큰 베이커리 공장에서 사용한다.

② 열원에 따른 분류 : 석탄오븐, 전기오븐, 가스오븐
③ 가열방법에 따른 분류 : 직접가열식 오븐, 간접가열식 오븐

## 4) 굽기과정 중의 변화

### (1) 오븐팽창(Oven spring)

오븐에 넣은 빵 속의 내부온도가 49℃에 도달하기까지 짧은 시간 동안 급격히 부풀어 원래 반죽

부피의 1/3 정도가 급격히 팽창(5~8분)하는데 이것을 오븐 스프링이라 한다. 오븐 열에 의해 반죽 내에 가스압과 증기압이 발달하고, 알코올 등은 79℃에서 증발하며 이스트 세포는 63℃에서 사멸한다.

### (2) 오븐 라이즈(Oven rise)

반죽의 내부온도가 아직 60℃에 이르지 않은 상태로 이스트가 활동하여 가스가 만들어지므로 반죽의 부피가 조금씩 커진다.

### (3) 전분의 호화

전분입자는 40℃에서 팽윤하기 시작하여 56~60℃에서 호화되며, 전분의 호화는 주로 수분과 온도에 영향을 받는다.

### (4) 글루텐의 응고

글루텐 단백질은 전분입자를 함유한 세포간질을 형성하고 빵 속의 온도가 60~70℃가 되면 전분이 열 변성을 일으키기 시작하여 물이 호화하는 전분으로 이동하고 74℃ 이상에서 반고형질 구조를 형성하며, 굽기 마지막 단계까지 계속 이루어진다.

### (5) 효소의 활성

전분이 호화하기 시작하면서 효소가 활동하며, 아밀라아제는 10℃ 온도상승에 따라 활성이 2배가 된다. 알파아밀라아제의 변성은 65~95℃에서 이루어지며, 베타아밀라아제의 변성은 52~72℃에서 2~5분 사이에 서서히 불활성화가 이루어진다.

### (6) 캐러멜화 반응

껍질색 및 향이 생성된다. 열에 의해 당류가 갈색으로 변화되어 캐러멜화 반응이 일어나고, 빵 껍질부위에서 발달한 향이 빵 속으로 침투하여 빵에 잔류한다.

### (7) 굽기 손실(Baking loss)

굽기 손실은 반죽상태에서 빵의 상태로 구워지는 동안 무게가 줄어드는 현상으로 여러 요인이 있다. 이는 배합률, 굽는 온도, 굽는 시간, 제품의 크기, 스팀분사 여부에 따라 다르다.

- 굽기 손실 = 반죽무게 − 빵무게
- 굽기 손실비율(%) = $\dfrac{\text{반죽무게} - \text{빵무게}}{\text{반죽무게}} \times 100$

## (8) 언더 베이킹과 오버 베이킹

굽기의 실패 원인에는 여러 요인이 있다. 언더 베이킹(under baking)은 너무 낮은 온도에서 구워 제대로 익지 않은 상태에서 꺼내어 수분이 많고 완전히 익지 않아서 가라앉기 쉽다. 오버 베이킹(over baking)은 너무 낮은 온도로 장시간 구운 상태로 제품에 수분이 적고 노화가 빠르다.

**오븐에서 제품 굽기 실패원인 및 제품에 나타나는 결과**

| 오븐 굽기 원인 | 오븐에서 나온 제품의 결과 |
| --- | --- |
| 오븐 온도가 낮은 경우 | 정해진 부피보다 빵의 부피가 크다. |
| | 빵 속의 기공이 거칠다. |
| | 굽기 손실이 발생한다.(굽는 시간 증가) |
| | 빵의 색깔이 연하다. |
| | 빵의 껍질이 두껍다. |
| 오븐 온도가 높은 경우 | 정해진 부피보다 빵의 부피가 작다. |
| | 껍질색이 진하다.(제품가치 하락) |
| | 빵의 옆면이 찌그러지기 쉽다. |
| | 식감이 바삭하다. |
| | 굽기 손실이 적다.(굽는 시간 감소) |
| 오븐 열의 분배가 부적절한 경우 | 빵이 고르게 익지 않는다. |
| | 슬라이스할 때 빵이 찌그러지기 쉽다. |
| | 빵의 색깔이 고르지 못하다. |
| | 노동력이 증가한다. |
| 증기가 너무 많은 경우 | 오븐 스프링을 좋게 한다. |
| | 빵의 부피를 증가시킨다. |
| | 질긴 껍질과 표피에 수포형성을 초래한다. |
| | 빵의 색깔이 잘 나지 않는다. |
| 증기가 너무 적은 경우 | 표피에 조개껍질 같은 균열을 형성한다. |
| | 빵의 껍질에 광택이 없다. |
| | 빵의 크기가 적절하지 않다. |
| | 빵의 껍질이 두껍다. |

## 15. 하드계열 빵 스팀 사용

### 1) 스팀 사용의 목적

① 빵의 볼륨을 크게 하고 크러스트(껍질 부분)가 얇아지고 윤기가 나며, 빵 속은 부드럽고 껍질은 바삭한 느낌의 빵을 만들기 위해 사용한다.

② 반죽을 구울 때 스팀 사용은 오븐 내에 수증기를 공급하여 반죽의 오븐스프링을 돕는 역할을 한다.

### 2) 스팀을 주입하는 제품의 특성과 굽기 관리

① 설탕 유지가 들어가지 않거나 소량 들어가는 하드계열의 빵에 스팀을 많이 사용한다.

② 반죽 속에 유동성을 증가시킬 수 있는 설탕, 유지, 달걀 등의 재료의 비율이 낮은(저율배합) 제품에 사용된다.

③ 오븐 내에서 급격한 팽창을 일으키기에는 반죽의 유동성이 부족하므로 반죽을 오븐에 넣고 난 직후에 수분을 공급하여 표면이 마르는 시간을 늦춰 오븐스프링을 유도하는 기능을 수행한다.

④ 하드계열의 빵은 제품의 형태와 겉부분의 껍질 특성을 살려주기 주기 위해 스팀과 높은 오븐 온도가 반드시 필요하다.

⑤ 대부분의 오븐들이 스팀 분사 능력과 굽는 온도가 동일하지 않기 때문에 사용하기 전에 체크한다.

⑥ 반죽의 배합률이 낮을수록 더 높은 온도에서 굽고 배합률이 높을수록 더 낮은 온도에서 굽는다.

⑦ 제품이 작을수록 더 높은 온도에서 구워 수분손실을 최소화한다.

⑧ 굽는 온도에 변화가 있으면 굽는 시간도 그에 따라서 적절하게 조정되어야 한다.

### 3) 스팀 사용량 조절하기

① 스팀은 사용하기 전 미리 오븐 온도를 높여 놓아야 반죽을 넣고 바로 원하는 스팀 양을 분사할 수 있다.

② 스팀은 외부에서 유입되는 물을 끓여 놓았다가 뜨거운 수증기를 오븐 내에 분사하는 것으로 제품의 종류와 크기에 따라 다르게 분사한다.

③ 스팀은 오븐 외부의 물이 파이프를 통해 오븐 안으로 연결되어 있고 사용하기 전 물의 공급 장치 개폐여부를 미리 확인해야 한다.

## 16. 하스(hearth) 브레드

하스란 '오븐 바닥'이란 뜻으로 반죽을 철판이나 틀을 사용하지 않고 오븐의 바닥에 직접 닿게 구운 빵을 말한다. 하스 브레드는 대부분 스팀을 사용하며, 배합은 빵의 필수재료인 밀가루, 물, 이스트, 소금으로 만들어지고 있고 필요에 따라서 부재료 달걀, 유지, 설탕이 들어가더라도 소량만 들어가는 저율배합이다. 따라서 유동성이 적고 색이 잘 나지 않기 때문에 높은 온도로 오븐 바닥에 직접 굽는다.

## 17. 제품별 굽기 시 고려할 사항

### 1) 식빵류, 특수빵류

① 식빵의 종류와 배합률 크기에 따라 굽는 온도를 다르게 한다.

② 2차 발효된 빵은 충격이 가지 않도록 조심해서 오븐에 넣어야 한다.

③ 제품의 특성에 따라 윗불, 아랫불을 맞추어 예열시킨 오븐에 넣는다.

④ 오븐에 넣을 때는 일정한 간격을 유지하여 넣고 균일한 색상이 나도록 구워내야 한다.

⑤ 오븐 바닥이 돌 오븐인 경우 사용법을 익혀 특수빵류를 구워내는 방법을 숙지한다.

⑥ 구워진 빵의 알맞은 부피와 기공분포, 모양이 일정한지를 확인한다.

⑦ 하드계열의 빵은 높은 온도에서 굽기 때문에 안전에 특히 유의한다.

### 2) 조리빵류, 과자빵류, 데니시 페이스트리류

① 충전물을 넣거나 토핑물을 올리고 표피에 다양하게(달걀물, 올리브오일, 우유 등) 바를 수도 있으므로 체크하고 오븐에 넣는다.

② 빵의 특성, 크기, 발효상태, 충전물, 반죽 농도에 따라 굽는 시간과 온도를 다르게 해야 한다.

③ 충전물과 토핑이 충분히 익었는지를 확인하고 충전물이 흘러내리지 않게 구워낸다.

④ 2차 발효된 빵은 충격이 가지 않도록 조심해서 오븐에 넣어야 한다.

⑤ 제품의 종류와 특성에 따라 윗불과 아랫불을 맞추어 예열시킨 오븐에 넣는다.

⑥ 일정한 간격을 유지하여 넣고 균일한 색상으로 구워내야 한다.

## 18. 제빵·제과류, 도넛 튀기기

기름을 열전도의 매개체로 사용하여 반죽을 익혀주고 색을 내는 것을 튀기기라고 한다. 튀기기에 사용되는 기물은 작은 가스레인지나 인덕션 레인지 위에 튀김그릇을 올려 소규모로 튀기는 방식과 튀김기 기계를 사용하는 방식으로 나눌 수 있다.

### 1) 가스레인지를 사용하여 튀기는 방법

① 튀기기를 위한 도구(가스레인지, 튀김그릇, 나무젓가락, 튀김기름, 건지개, 종이, 글레이징 설탕, 온도계)를 준비한다.

② 가스레인지 위에 튀김그릇을 올리고 튀김기름을 붓는다.

③ 튀김그릇 옆에 필요한 도구를 준비하고 가스레인지를 켜고 제품에 맞는 온도로 기름을 가열한다.

④ 한꺼번에 너무 많은 양의 내용물을 넣으면 온도가 내려가므로 적당하게 넣고 나무젓가락으로 뒤집어가면서 튀긴다.

⑤ 다 튀겨진 제품은 종이 위에 건져 기름을 뺀다.

⑥ 충분히 식힌 후 설탕 등 다양한 글레이징을 한다.

### 2) 튀김기름이 갖추어야 할 요건

① 좋은 튀김기름은 부드러운 맛과 엷은 색을 띤다.

② 향이나 색이 없고 투명하며, 광택이 있고 발연점이 높아야 한다.

③ 설탕의 색깔이 변하거나 제품이 냉각되는 동안 충분히 응결되어야 한다.

④ 가열했을 때 냄새가 없고 거품의 생성이나 연기가 나지 않고 열을 잘 전달해야 한다.

⑤ 형태와 포장 면에서 사용하기 쉬운 기름이 좋다.

⑥ 튀김기름은 가열했을 때 이상한 맛이나 냄새가 나지 않아야 한다.

⑦ 튀김기름에는 수분이 없고 저장성이 높아야 한다.

### 3) 튀기기에 적당한 온도와 시간

① 튀김기름의 표준 온도는 185~195℃이지만 튀김 제품의 종류와 크기, 모양, 튀김옷의 수분 함

량 및 두께에 따라 달라진다.

② 낮은 온도에서 장시간 튀기거나 튀기는 시간이 길수록 당과 레시틴 같은 유화제가 함유된 식품의 경우 수분 증발이 일어나지 않고 기름이 많이 흡수되어 튀긴 제품이 질척해진다.

③ 기름의 온도가 너무 높으면 도넛 속이 익기 전에 겉면의 색깔이 진하게 된다.

## 4) 튀김기름의 적정 온도 유지하기

① 반죽의 10배 이상의 충분한 양의 기름을 사용해야 튀김 시 기름의 온도가 많이 내려가지 않는다.

② 수분 함량이 많은 반죽을 넣으면 기름 온도를 낮추므로 조금 건조시킨 후에 튀긴다.

③ 기름에 너무 많은 반죽을 넣으면 기름 온도가 내려가므로 표면을 덮을 정도가 좋다.

## 5) 튀김기름의 4대 적

온도(열), 수분(물), 공기(산소), 이물질로서 튀김기름의 가수분해나 산화를 가속시켜 산패를 가져온다.

## 6) 도넛 튀기기 과정

① 한번에 너무 많은 양을 넣으면 온도 상승이 늦어져 흡유량이 늘어난다.

② 튀긴 뒤 흡수된 기름을 제거하기 위하여 반드시 기름종이를 사용한다.

③ 튀기는 제품의 크기를 작게 하여 제품 내외부의 온도 차가 크지 않게 한다.

④ 발효된 반죽은 윗부분이 먼저 기름에 들어가게 하여 약 30초 정도 튀긴 후 나무젓가락으로 뒤집고, 앞뒤로 튀겨 윗면과 아랫면의 색깔을 황금갈색으로 똑같이 튀겨서 꺼낸다.

⑤ 양쪽 면을 모두 튀기면 튀김의 가운데 부분에 흰색 띠무늬가 보여야 균형과 발효가 모두 잘된 상태다.

⑥ 도넛을 꺼낸 후 겹쳐 놓으면 형태가 변하고 기름이 잘 빠지지 않아 상품성이 떨어지므로 잘 펼쳐서 놓는다.

⑦ 어느 정도 식힌 뒤 감독관의 요구사항에 따라 계피설탕(계피 : 설탕＝1:9)에 묻혀낸다.

## 7) 도넛 튀길 때 주의사항

① 튀기기 전에 도넛의 표피를 약간 건조시켜 튀기면 좋다.

② 반죽의 크기, 모양에 따라 튀김기름의 온도와 시간을 확인하여 튀긴다.

③ 튀김기름의 산패여부를 판단하여 기름을 바꾸어야 한다.

④ 앞뒤 튀김의 색상을 황금갈색으로 균일하게 튀긴다.

⑤ 튀김기의 온도조절 방법을 숙지하고 조작기술을 익혀 안전에 유의한다.

⑥ 기름에 튀기는 제품이므로 발효실 온도와 습도를 조금 낮게 하여 발효를 실시한다.

⑦ 꽈배기, 팔자, 이중팔자 등과 같이 복잡한 성형을 거친 도넛은 일반 도넛에 비해 덧가루의 사용이 많으므로 기름에 덧가루가 혼입되는 것에 유의해야 한다.

## 19. 다양한 익히기

### 1) 베이글 데치기

① 냄비에 물을 담고 가열하여 90~95℃ 정도로 가열한다.

② 베이글 반죽은 2차 발효의 온도와 습도를 일반 제품보다 조금 낮게 하므로 발효실 온도 35℃, 습도 70~80%에 맞추어 발효한다.

③ 반죽을 손으로 집어서 물에 넣고 데쳐내야 하므로 2차 발효가 많이 되면 다루기가 어려워지고 다루는 과정에서 반죽이 늘어나 가스가 빠진다.

④ 발효실에서 조금 빨리 꺼내어 실온에서 반죽의 표면에 습기가 완전히 제거될 때까지 기다리면서 발효를 완료한다.

⑤ 한 면에 10~15초 정도 호화시킨 뒤 뒤집어서 양쪽을 모두 호화시킨다.

⑥ 표면이 호화된 베이글 반죽은 물기가 빠지도록 건지개를 이용하여 철판에 옮긴 다음 오븐에 넣고 굽는다(굽는 온도 210~220℃).

### 2) 찐빵 찌기

(1) 찌는 온도

① 찌는 온도는 100℃이지만 푸딩과 같이 조직이 부드러운 제품은 100℃보다 낮은 온도에서 쪄야 기포가 생기지 않고 부드럽다.

② 찌는 온도를 100℃보다 낮은 온도로 조절하려면 물이 조금 끓도록 불을 약하게 하고 뚜껑을 조금 열어 수증기가 빠지게 하면 되는데 이 경우 80℃ 정도까지 낮출 수 있다.

(2) 찐빵 찌는 방법

① 가스레인지에 찜통을 올리고 물을 부은 후 가열한다. 물은 찜통의 80% 정도 채운다.

② 물이 끓어 수증기가 올라오면 뚜껑을 열고 김을 빼내 찐빵 표면에 수증기가 액화되는 것을 방지한다.

③ 발효된 찐빵을 찜통에 넣는데 부풀어오르는 것을 감안하여 발효시키고 또한 충분한 간격을 두고 넣어야 붙지 않는다.

④ 뚜껑을 덮고 반죽이 완전히 호화될 때까지 익힌다.

⑤ 다 익은 찐빵은 실온에서 충분히 식힌다.

## 20. 빵 냉각(Bread cooling)하기

오븐에서 구운 제품은 대부분 나오자마자 바로 팬에서 분리하여 식힘으로써 제품의 온도를 낮추는 공정을 말한다.

식히는 방법은 냉각팬, 타공팬, 랙을 이용하여 실온에 두어 자연냉각을 하거나 선풍기 또는 에어컨을 이용한다. 오븐에서 바로 구워낸 뜨거운 빵은 껍질에 12%, 빵 속에 45%의 수분을 함유하고 있기 때문에 오븐에서 나온 제품을 바로 포장하면 수분 응축을 일으켜 곰팡이가 발생한다. 또한 제품의 껍질이나 속결이 연화되어 빵의 형태가 변형되고 사이즈가 큰 빵은 껍질에 주름이 생기며, 이런 현상을 방지하기 위해서 빵 속의 온도를 35~40℃, 수분함량을 38%로 낮추는 것이다.

냉각의 목적은 포장과 자르기를 용이하게 하며, 미생물의 피해를 막는 것이다. 그러나 너무 과도하게 냉각하면 제품이 건조해져서 식감이 좋지 않으며, 식히는 동안 수분이 날아감에 따라 평균 2%의 무게 감소 현상이 일어난다.

## 21. 포장(Packing)하기

냉각된 제품을 포장지나 용기에 담는 과정으로 유통과정에서 제품의 가치와 상태를 보호하기 위해 제품의 특성과 최근 포장 트렌드, 고객의 선호도 등에 따라 포장한다. 제품의 온도는 35~40℃가 되었을 때 포장하여 미생물 증식을 최소화하고 신속한 포장으로 향이 증발되는 것을 방지하여 제품의 맛을 유지하도록 한다. 그러나 하드계열의 빵은 대부분 포장하지 않는다.

## 1) 포장의 목적

① 제품의 수분 증발을 방지하여 노화를 지연시킨다.

② 상품의 가치를 향상시킨다.

③ 미생물이나 유해물질로부터 보호한다.

④ 제품의 건조를 방지하여 적절한 식감을 유지한다.

## 2) 포장용기의 위생성 및 포장효과

① 용기나 포장지 재질에 유해물질이 있으므로 식품에 옮겨지면 안 된다.

② 용기나 포장지에서 첨가제 같은 유해물질이 나와서 식품에 옮겨지면 안 된다.

③ 포장을 했을 때 제품이 파손되지 않고 안정성이 있어야 한다.

④ 포장을 했을 때 상품가치를 높일 수 있어야 한다.

⑤ 방수성이 있고 통기성이 없어야 한다.

⑥ 많은 양의 제품포장은 기계를 사용할 수 있어야 한다.

## 22. 빵의 노화

빵의 노화란 빵의 껍질과 속결에서 일어나는 물리적ㆍ화학적 변화로 빵 제품(전분질 식품)이 딱딱해지거나 거칠어져서 식감, 향이 좋지 않은 방향으로 악화되는 현상을 말한다. 곰팡이나 세균과 같은 미생물에 의한 변질과는 다르다.

## 1) 빵의 노화현상 및 원인

① 빵 속의 수분이 껍질로 이동하여 질겨지고 방향을 상실한다.

② 수분 상실로 빵 속이 굳어지고 탄력성이 없어진다.

③ 알파전분이 퇴화하여 베타 전분형태로 변한다.

④ 빵 속의 조직이 거칠고 건조하여 풍미가 없으며, 안 좋은 냄새가 난다.

### 노화에 영향을 미치는 요인

| | |
|---|---|
| 저장시간 | 빵은 오븐에서 꺼낸 직후부터 바로 노화현상이 시작된다. |
| | 제품이 신선할수록 노화속도가 빠르게 진행된다. |
| | 빵의 저장장소에 따라 노화속도가 달라진다. |

| | |
|---|---|
| **저장온도** | 빵은 냉장고에 보관할 때 노화가 가장 빠르다.(0~5℃) |
| | 빵은 냉동실 온도인 −18℃ 이하에서는 노화가 멈춘다. |
| | 빵의 보관온도가 높으면(43℃ 이상) 노화속도는 느리지만 미생물에 의해서 변질이 진행된다. |
| **배합률** | 제품에 수분이 많으면 노화가 지연된다. |
| | 밀가루 단백질의 양과 질이 노화속도에 영향을 준다. |
| | 펜토산은 수분보유능력이 높아 노화를 지연시킨다. |
| **노화에 영향을 주는 재료** | 밀가루의 단백질과 당의 맥아는 빵 속의 신선도를 개선시킨다. |
| | 유화제는 껍질의 신선도 개선과 빵 속의 신선도를 높인다. |
| | 유지는 껍질의 신선도를 감소시키고 빵 속의 신선도는 높인다. |
| | 소금은 신선도에 영향을 미치지 않는다. |
| | 유제품은 껍질의 신선도는 개선시키나 빵 속의 신선도는 떨어뜨린다. |

## 23. 빵의 부패

부패(putrefaction)란 단백질 식품이 미생물(혐기성 세균)의 작용을 받아 분해되고 악변하는 현상으로 유기물이 부패하면 악취가 나는 가스가 발생한다. 탄수화물이 분해되는 현상이 변패, 지방이 분해되는 현상은 산패, 단백질이 분해되는 것을 부패라고 한다. 부패에 영향을 주는 요소에는 온도, 습도, 산소, 수분함량, 열 등이 있다.

빵의 노화와 부패의 차이점은 노화는 수분이 이동·발산하여 껍질이 눅눅해지고 빵 속이 푸석한 것이며, 부패는 미생물이 침입하여 단백질 성분을 파괴시켜 악취가 나는 것이다.

## 24. 빵 제품 평가

제품 평가는 크게 외부평가, 내부평가, 식감으로 나누어 이루어진다. 외부평가는 빵의 부피(volume), 껍질색(crust color), 균형(symmetry), 내부평가는 빵의 조직(texture), 기공(grain), 내부색깔(crumb color) 등이며, 식감은 맛(taste), 향(aroma), 입안에서의 느낌(mouse feel) 등이다.

빵 제품의 평가는 다음과 같다.

① **빵의 색깔** : 오븐에서 나온 빵 제품의 껍질색은 진하거나 연하지 않은 먹음직스러운 황금갈색이 나야 하며, 윗면, 옆면, 밑면까지 색깔이 고르게 나야 한다.

② **빵의 부피** : 반죽의 무게에 맞게 전체적으로 빵의 부피가 적정해야 한다. 발효가 부족하거나 오버되면 안 된다.

③ **빵의 외부균형** : 제품의 종류에 따라 그에 맞는 모양과 크기가 일정하고 대칭을 이루어야 하며, 외부가 찌그러져 균형이 맞지 않으면 안 된다.

④ **빵의 내상** : 빵 속의 기공이 적절하게 있고 조직이 균일하고 부드러워야 한다.

⑤ **빵의 맛, 향** : 빵 특유의 은은한 향과 식감이 좋아야 한다.

# 제5장 제과이론

## 제1절 제과 · 제빵의 구분 기준

제과와 제빵을 구분하는 기준은 다양하나 그중에서도 이스트의 사용 유무가 제일 중요한 기준이며, 배합비율, 밀가루의 종류, 반죽상태, 제품의 주재료 등에 따라 분류한다.

## 제2절 팽창형태에 따른 분류

### 1. 화학적 팽창(Chemically leavened)

베이킹파우더, 증조, 암모늄 같은 화학 팽창제를 사용하여 제품을 팽창시키는 방법으로 반죽형 케이크가 대부분 여기에 속한다. 케이크 도넛, 과일 케이크, 파운드 케이크, 머핀 케이크, 쿠키류, 핫케이크 등이 있다.

## 2. 공기 팽창(Air leavened)

달걀을 사용해서 거품을 올려 포집된 공기에 의해 반죽의 부피를 팽창시키는 방법으로 스펀지 케이크 (Sponge cake), 시폰 케이크(Chiffon cake), 엔젤 푸드 케이크(Angel food cake), 머랭(Meringue), 마카롱(Macaron) 등이 있다.

## 3. 유지 팽창(Fat leavened)

밀가루 반죽에 충전용 유지를 넣고 밀어 펴기를 하여 결을 만들어 굽는 동안에 유지의 수분이 증발하여 반죽을 팽창시키는 방법으로 퍼프 페이스트리 (Puff pastry), 데니시 페이스트리(Danish pastry) 등이 있다.

## 4. 무팽창(Not leavened)

반죽에서 팽창하지 않는 방법으로 쿠키, 타르트의 기본반죽, 파이껍질 등이 있다.

## 5. 복합형 팽창(Combination leavened)

다양한 종류의 팽창형태를 겸한 것으로 공기팽창과 이스트, 공기팽창과 베이킹파우더, 이스트와 베이킹파우더 등 공기팽창과 화학팽창을 혼합하는 형태를 말한다.

## 제 3 절 ) 케이크 반죽에 따른 분류

케이크 반죽(Cake batter)은 제품의 외향이나 배합률, 제품의 특성에 따라 분류한다.

### 1. 반죽형 케이크

반죽형 케이크는 밀가루, 설탕, 달걀, 우유 등의 재료에 의하여 케이크 구조를 형성하고 상당량의 유지를 사용하며, 완제품의 부피는 베이킹파우더와 같은 화학적 팽창제에 의존하며, 부피 정도에 따라 식감이 다르다. 파운드 케이크, 레이어 케이크, 과일 케이크, 컵케이크, 바움쿠헨, 초콜릿 케이크, 마들렌 등이 있다.

### 1) 크림법(Creaming method)

반죽형 케이크의 대표적인 반죽법으로 유지와 설탕을 부드럽게 만든 후 달걀 등의 액체재료를 서서히 투입하면서, 부드러운 크림을 만들고 마지막으로 체 친 가루재료를 넣고 가볍게 혼합하는 전통적인 방법의 믹싱법으로 부피가 큰 제품을 얻을 수 있는 장점과 유연감이 적은 단점이 있다.

### 2) 블렌딩법(Blending method)

유지와 밀가루를 믹싱 볼에 넣고 밀가루가 유지에 의해 가볍게 코팅되도록 한 후 다른 건조재료와 액체재료를 일부 넣고 부드럽게 혼합한다. 마지막으로 나머지 액체재료 등을 넣으면서 덩어리가 없는 균일한 상태의 반죽을 만드는 방법이다. 밀가루는 액체와 결합하기 전에 유지로 코팅되어 글루텐이 형성되지 않기 때문에 제품의 조직을 부드럽게 하고, 유연감은 좋으나 부피가 작다. 파이 껍질 등 부피가 많이 형성되지 않는 제품을 만들 때 사용한다.

### 3) 설탕물법(Sugar water method)

설탕 2 : 물 1로 액당을 만들고 건조재료 등과 달걀을 넣어 반죽하는 것으로 양질의 제품 생산과 운반의 편리성으로 규모가 큰 양산업체에서 사용하며, 대량생산이 가능하고 설탕 입자가 없으므로 제품이 균일하고 속결이 고운 제품, 포장공정 단축, 포장비 절감 등의 장점이 있으나 액당 저장탱크, 이송파이프 등 시설비가 많이 드는 단점이 있다.

## 4) 단단계법(Single stage method)

제품에 사용되는 모든 재료를 한꺼번에 넣고 반죽하는 방법으로 노동력과 제조시간이 절약되고 대량생산이 가능하다. 단점으로는 성능이 우수한 믹서를 사용해야 하고, 팽창제나 유화제를 사용하는 것이 좋으며, 믹싱시간에 따라 반죽의 특성을 다르게 해야 하는 것이다.

### 반죽형 케이크 작업 시 주의사항

● ● ● ● ● ● ● ● ● ● ● ● ● ● ● ● ● ● ● ● ● ● ● ● ● ● ● ● ● ● ● ● ● ●

① 볼에 유지와 설탕을 넣고 충분히 크림화(5~8분)한 후 반죽의 색깔이 변화되면 달걀을 소량씩 나누어 넣는 것이 중요하며, 한번에 많이 넣으면 분리가 일어난다. 쿠키류를 제외한 일반 대부분의 제품은 설탕을 완전히 용해시켜야 한다.
② 날씨가 추워서 또는 냉장 보관한 단단한 유지를 바로 사용해야 할 때는 가스불 혹은 전자레인지를 사용해 녹지 않을 정도로 부드러운 상태가 되어야 크림화가 잘 이루어진다.
③ 균일한 반죽을 얻기 위해서는 반죽하는 과정에서 볼 측면과 바닥을 고무주걱으로 수시로 긁어주는 것이 중요하다.
④ 많은 양의 달걀을 빠른 시간 안에 넣을 때는 소량의 분유 또는 밀가루를 첨가하면 수분을 흡수해 크림이 분리되는 것을 막을 수 있다.
⑤ 밀가루와 유지를 섞을 때는 천천히 골고루 혼합하여, 밀가루가 날리지 않게 하고 덩어리가 지지 않도록 조심한다.

## 2. 거품형 케이크(Foam type)

달걀 단백질의 교반으로 신장성과 기포성, 변성에 의해 부피가 팽창하여 케이크 구조가 형성되며, 일반적으로 유지를 사용하지 않으나 유지를 사용할 경우 반죽의 최종단계에 넣어 마무리한다. 거품형 케이크의 특징은 해면성이 크며 제품이 가벼운 것이다. 스펀지 케이크, 젤리 롤 케이크, 엔젤 푸드 케이크, 버터스펀지 케이크, 달걀흰자만 사용하는 머랭(meringue) 등이 있다.

## 1) 공립법

달걀흰자와 노른자를 다 같이 넣고 설탕을 더하여 거품을 내는 방법으로 공정이 간단하며, 더운 반죽법(hot sponge method)과 찬 반죽법(cold sponge method)이 있다.

더운 반죽법은 달걀과 설탕을 중탕한 뒤 저어 38~45℃까지 데운 후 거품을 올리는 방법이다. 고율배합에 사용하며 기포성이 양호하고 설탕의 용해도가 좋아 껍질색이 균일하다. 찬 반죽법은 현장에서 가장 많이 사용하는 방법으로 달걀에 설탕을 넣고 거품을 내는 형태로 베이킹파우더를 사용할 수도 있으며, 반죽온도는 22~24℃로 저율배합에 적합하다.

## 2) 별립법

달걀의 노른자와 흰자를 분리하여 각각에 설탕을 넣고 거품을 올리는 방법으로 기포가 단단하기 때문에 짤주머니로 짜서 굽는 제품에 많이 사용하며, 다른 재료와 함께 노른자 반죽, 흰자 반죽을 혼합하여 제품의 부피가 크고 부드럽다.

별립법 반죽은 다음과 같은 방법으로 한다.

- 볼에 흰자와 노른자를 나눠 각각에 설탕을 따로따로 넣고 거품을 올린다.
- 노른자 거품에 머랭의 1/3 또는 1/2을 넣고 섞어준 후 가루재료와 혼합한다.
- 나머지 머랭을 넣고 가볍게 혼합한다.

## 3) 제누아즈법

스펀지 케이크 반죽에 버터를 녹여서 넣고 만든 방법으로 달걀의 풍미와 버터의 풍미가 더해져 맛이 뛰어나며, 제품이 부드럽다. 버터는 중탕으로 50~60℃로 녹여서 사용하며 반죽의 마지막 단계에 넣고 가볍게 섞는다.

## 4) 시폰형 케이크(Chiffon type)

별립법처럼 달걀을 흰자와 노른자로 나누어 믹싱을 하나 노른자는 거품을 내지 않고 다른 재료와 섞어 반죽형으로 하고 흰자는 설탕과 섞어 머랭을 만들어 화학팽창제를 첨가하여 팽창시킨 반죽이다. 즉 반죽형과 거품형을 조합한 방법으로 제품의 기공과 조직의 부드러움이 좋으며, 레몬시폰 케이크, 녹차시폰 케

이크, 초코시폰 케이크 등이 있다.

## 5) 머랭(Meringue)법

거품형 케이크의 일종으로 달걀흰자만을 이용하여 과자와 디저트에 많이 쓰이며, 설탕을 넣는 방법에 따라 특성이 달라진다. 익힌 것과 익히지 않은 것에 따라, 크게 프렌치 머랭, 이탈리안 머랭, 스위스 머랭 등으로 나뉜다.

### (1) 이탈리안 머랭(Italian meringue)

① 알루미늄 자루냄비에 물, 설탕을 넣고 끓인다.
   (116~118℃)

② 거품 올린 흰자에 끓인 설탕시럽을 부어주면서
   머랭을 만든다.

③ 무스 케이크와 같이 굽지 않는 케이크, 타르트,
   디저트 등에 사용하며, 버터크림, 커스터드크림
   등에 섞어 사용하기도 한다.

### (2) 스위스 머랭(Swiss meringue)

① 스위스 머랭은 달걀흰자와 설탕을 믹싱 볼에 넣고 잘 혼합한 후 중탕하여 45~50℃가 되게 한다.

② 달걀흰자에 설탕이 완전히 녹으면 볼을 믹서에 옮겨 팽팽한 정도가 될 때까지 거품을 낸다.

③ 슈거파우더를 소량 첨가하여 각종 장식 모양(머랭꽃, 머랭동물, 머랭쿠키 등)을 만들 때 사용한다.

### (3) 찬 머랭(Cold meringue)

① 달걀흰자 거품을 올리면서 설탕을 조금씩 넣어주며 만드는 머랭이다.

② 만드는 목적에 따라 설탕과 흰자의 비율이 달라지며, 머랭의 강도를 조절하여 만든다.

③ 머랭의 강도는 젖은 피크(50~60%), 중간피크(70~90%), 강한 피크(90% 이상)로 나눌 수 있다.

### (4) 더운 머랭(Hot meringue)

① 설탕과 흰자를 중탕하여 설탕의 입자를 녹인 후 거품을 충분히 올린다.

② 결이 조밀하고 강한 머랭이 만들어진다.

## 머랭 만들 때 주의할 사항

① 흰자를 분리할 때 노른자가 들어가지 않도록 한다.
② 믹싱 볼이 깨끗해야 한다.(기름기나 물기가 없어야 함)
③ 거품을 올릴 때는 빠르게 하고 나중에는 속도를 줄여 기포를 작게 하여 단단한 머랭이 되도록 한다.

## 거품형 케이크 작업 시 주의사항

① 달걀흰자로 머랭을 제조할 때 사용하는 도구에는 기름기가 없게 한다.
② 중탕온도가 45℃ 이상 되면 달걀이 익어서 완제품의 속결이 좋지 않고 부피가 줄어들 수 있으므로 주의한다.
③ 달걀 거품은 저속 → 중속 → 고속 순으로 믹싱하다가 다시 중속으로 믹싱하여 기포를 균일하게 한 뒤 내려서 반죽한다.
④ 가루재료, 밀가루, 베이킹파우더 등은 체 친 후 덩어리가 생기지 않게 섞어준다. 반죽을 많이 할 경우 글루텐 발전이 생겨 부피가 작고 단단한 제품이 될 수 있으니 유의한다.
⑤ 식용유나 용해한 버터를 넣을 때는 반죽을 조금 덜어 섞은 다음 전체 반죽에 넣는다. 많은 양의 액체재료를 넣을 때는 비중이 높아 액체가 가라앉기 때문에 위아래 부분을 골고루 잘 섞어준다.
⑥ 거품형 케이크는 수분 증발로 수축이 심하게 발생하게 되는데, 오븐에서 꺼내는 즉시 바닥에 약간 내리쳐서 충격을 주면 수축을 줄일 수 있다. 팬 사용 시 제품을 빠른 시간 내에 빼내야만 수축하는 것을 방지할 수 있다.

## 제 4 절 제과반죽에서 재료의 기능

### 1. 밀가루

구조 형성은 밀가루와 달걀 등의 단백질이 제품의 뼈대를 형성하며, 보통 단백질 함량 7~9%, 회분함량 0.4 이하, pH 5.2의 박력분을 사용한다.

### 2. 설탕

- 감미 : 설탕 고유의 단맛을 내는 감미제로 전체 제품의 맛을 좌우한다.
- 껍질색 : 캐러멜화 또는 갈변반응에 의해 제품의 껍질색을 낸다.
- 수분보유력을 높여 노화를 지연시키고 신선도를 유지한다.
- 연화작용을 하여 제품을 부드럽게 한다.

### 3. 유지

- 크림성 : 믹싱 시 공기를 혼입하여 크림이 되는 성질로 반죽형 케이크에서 크림법 제조 시 사용한다.
- 쇼트닝성(기능성) : 제품을 부드럽게 하거나 바삭함을 주는 성질(쿠키, 크래커)이다.
- 신장성 : 파이 제조 시 유지를 반죽에 감싸 밀 때 반죽 사이에서 밀어 펴지는 성질(퍼프 페이스트리 충전용 버터)이다.
- 안정성 : 유지가 산소에 의해 산패에 견디는 성질(튀김류)이다.
- 가소성 : 온도 변화에 상관없이 항상 그 형태를 유지하려는 성질(페이스트리 충전용 버터)이다.

### 4. 달걀

달걀의 단백질이 밀가루와 구조를 형성하고 전란의 75%가 수분이므로 수분을 공급하며, 커스터드 크림 제조 시 결합제 역할을 한다. 또한 거품형 케이크 제조 시 믹싱 중 공기를 흡입하여 팽창작용을 하며, 노른자에 함유된 레시틴은 유화작용을 한다.

## 5. 우유

우유 속에 들어 있는 유당은 다른 당과 함께 껍질색을 내며, 수분을 보유하여 제품의 노화를 지연시키고 제품을 신선하게 오래 보관할 수 있게 해준다.

## 6. 물

반죽의 되기를 조절하고, 제품의 식감을 조절한다. 또한 글루텐 형성에 필수적이며, 재료를 물에 넣고 녹여서 만들어야 하는 제품에는 일관성을 부여한다.

## 7. 소금

다른 재료들의 맛을 나게 하며, 설탕이 많을 때는 단맛을 순화시켜 주고 적을 때는 단맛을 증진시켜 준다.

## 8. 향료 · 향신료

특유의 향냄새로 인해 제품을 차별화시키고 향미를 개선한다.

## 9. 베이킹파우더

제품에 부드러움을 주는 연화작용과 팽창작용에 의한 기공과 크기를 조절해 준다. 산성재료이므로 완제품의 색과 맛에 영향을 미친다.

## 제 5 절 ) 제과의 제조공정

반죽법 결정-배합표 작성-재료 계량-전처리-반죽-정형-패닝-굽기, 튀기기-장식-포장

## 1. 반죽법 결정

제품의 종류와 특성이 들어가는 재료에 따라 반죽법을 결정한다.

## 2. 배합표 작성과 재료 계량하기

① 원하는 제품을 만들기 위해서는 제품의 특성을 파악하고 필요한 재료의 양을 정확하게 계산해야 하며, 재료의 기능과 역할을 이해하고 배합표의 작성이 필요하다.

② 배합표 작성은 제품 생산량에 따라 필요한 양을 조절할 수 있어야 한다.

③ 배합량 계산법

- 밀가루의 무게(g) = $\dfrac{\text{밀가루 비율(\%)} \times \text{총반죽무게(g)}}{\text{총배합률(\%)}}$

- 각 재료의 무게(g) = $\dfrac{\text{총배합률(\%)} \times \text{밀가루 무게(g)}}{\text{밀가루 비율(\%)}}$

- 총반죽무게(g) = $\dfrac{\text{총배합률(\%)} \times \text{밀가루 무게(g)}}{\text{밀가루 비율(\%)}}$

- 트루퍼센트 = $\dfrac{\text{각 재료의 중량(g)}}{\text{총재료 중량(g)}} \times 100$

## 3. 제과 반죽온도

반죽온도는 케이크 제조 시에 매우 중요하다. 반죽온도에 영향을 미치는 요인은 사용하는 각 재료의 온도와 실내온도, 장비온도, 믹싱법 등이며 이에 따라 반죽온도가 다르게 나타난다.

① 반죽온도는 제품의 굽는 시간에 영향을 주어 수분, 팽창, 표피 등에 변화를 준다.

② 낮은 반죽의 온도는 기공이 조밀하고 부피가 작아지며 식감이 나쁘고, 높은 온도는 열린 기공으로 조직이 거칠고 노화되기 쉽다.

③ 반죽형 반죽법에서 반죽온도는 유지의 크림화에 영향을 미치는데 유지의 온도가 22~23℃일 때 수분함량이 가장 크고 크림성이 좋다.

## 4. 제과 반죽온도 계산법

- 계산된 물 온도 = 희망반죽온도 × 6 − (실내온도 + 밀가루온도 + 설탕온도 + 달걀온도 + 쇼트닝온도 + 마찰계수)

- 마찰계수 = 결과반죽온도 × 6 − (밀가루온도 + 실내온도 + 설탕온도 + 쇼트닝온도 + 달걀온도 + 수돗물온도)

- 얼음 사용량(g) = 물 사용량 × (수돗물온도 + 사용할 물의 온도) / 80 + 수돗물온도

## 5. 반죽온도의 영향

제품을 만드는 과정에서 믹싱하는 동안 반죽온도는 반죽의 공기포집 정도와 점도에 영향을 주어 반죽과 최종제품의 품질에 영향을 미친다.

**반죽온도가 제품에 미치는 영향**

| 반죽온도가 정상보다 낮다 | 반죽온도가 정상보다 높다 |
|---|---|
| 제품의 내상기공이 조밀하고 서로 붙어 있다. | 열린 기공으로 내상이 좋지 않다. |
| 제품의 부피가 작다. | 거친 조직으로 노화가 가속된다. |
| 굽는 시간이 길어지고 껍질이 좋지 않다. | 유지의 유동성 부족으로 공기포집력이 저하된다. |
| 식감이 나쁘다. | |

## 6. 반죽의 비중(Specific gravity)

반죽의 공기 혼입 정도를 수치로 나타낸 값을 말한다. 즉 같은 용적의 물무게에 대한 반죽무게(물무게 기준)를 나타낸 값을 비중이라고 한다. 비중은 제품의 부피와 외형에도 영향을 주지만 내부 기공과 조직에도 밀접한 관계가 있기 때문에 반드시 적정한 비중을 만들어주는 것이 중요하다. 비중이 높을수록 기공이 조밀하고 조직이 무거우며, 구워 나왔을 때 제품이 단단하고 부피가 작다. 비중이 낮을수록 열린 기공으로 제품의 기공이 크고 조직이 거칠며, 부피가 큰 제품이 나온다.

제품의 종류에 따라 반죽의 비중이 다르기 때문에 그에 맞는 비중을 맞추어야 한다. 또한 비중은 일정한 무게로 제품을 만들 때 부피에 많은 영향을 미치며, 제품의 유연성과 조직, 기공, 맛, 향에도 중요한 인자이다.

### 비중계산법

비중컵을 이용하여 비중을 측정하며 비중 계산 시에 컵의 무게는 빼고 반죽무게와 물의 무게로만 계산한다.

$$\text{비중} = \frac{(\text{컵무게} + \text{반죽무게}) - \text{컵무게}}{(\text{컵무게} + \text{물무게}) - \text{컵무게}} = \frac{\text{반죽무게}}{\text{물무게}}$$

## 7. 반죽과 pH(Batter pH)

케이크 각 제품은 각기 고유의 pH범위를 가지며, pH가 낮은 반죽(산성)으로 구운 제품은 신맛이 나며, 기공이 열리고 두껍다. pH가 높으면 소다맛과 비누맛이 나고, 조밀한 내상과 내부 기공이 작아 부피가 작은 제품이 된다. 많이 사용하는 재료가 pH에 영향을 주며 주석산, 시럽, 주스, 버터밀크, 특수한 유화제, 과일, 산염 등은 pH를 낮춘다. 코코아, 달걀, 소다 등은 pH를 높인다. 반죽의 pH는 팽창제에 의해 조절된다. pH의 경우 알칼리성은 색과 향을 강하게 하며(진한 색), 산성은 색과 향을 여리게 한다.(밝은 색)

산도란 용액 속에 들어 있는 수소이온의 농도를 나타내며, 범위는 pH 1~14로 표시한다. 최상의 제품을 만들기 위해서는 각 제품의 특성에 맞는 적정한 산도를 맞춰야 하며, 제품별 적정산도와 특성은 아래와 같다.

### 제품별 적정산도

| 제품의 종류 | 적정산도 |
|---|---|
| 엔젤 푸드 케이크 | pH 5.2~6.0 |
| 파운드 케이크 | pH 6.6~7.1 |
| 옐로 레이크 | pH 7.2~7.6 |
| 스펀지 케이크 | pH 7.3~7.6 |
| 초콜릿 케이크 | pH 7.8~8.8 |
| 데블스 푸드 케이크 | pH 8.5~9.2 |

### 산도가 적정범위를 벗어난 경우(일반적 특성)

| 산성이 강한 경우 | 알칼리성이 강한 경우 |
|---|---|
| 제품의 부피가 작다. | 소다맛이 난다. |
| 제품 속의 기공이 곱다. | 제품 속의 기공이 거칠다. |
| 향이 연하다. | 제품의 내상 색깔이 어둡다. |
| 쏘는 맛이 난다. | 향이 강하다. |
| 껍질색 옅다. | 껍질색이 진하다. |

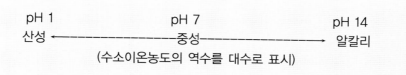

pH 1           pH 7           pH 14
산성 ←————————— 중성 —————————→ 알칼리
(수소이온농도의 역수를 대수로 표시)

## 8. 성형 및 팬 부피

제품의 종류와 각각의 반죽특성 및 모양에 따라 접어서 밀기, 찍어내기, 짜내기, 다양한 몰드에 채우기 등 여러 가지 방법이 있다.

## 1) 팬닝(패닝)

반죽무게 구하는 공식은 다음과 같다.

- 반죽무게 $= \dfrac{\text{물 부피}}{\text{비용적}}$

## 2) 팬 부피

케이크의 종류에 따라 반죽의 특성이 다르고 비중이 다르기 때문에 동일한 팬 부피에 대한 반죽의 양도 다르다. 팬 부피에 비하여 반죽양이 너무 많거나 적은 양의 반죽을 분할하여 구우면 오븐에서 나왔을 때 모양이 예쁘지 않고 상품으로서의 가치가 없어져 판매가 어려워 재료 손실과 매출액에 영향을 미친다.

## 3) 케이크 굽기

케이크 반죽은 분할하여 팬닝이 끝나면 빨리 오븐에 넣어야 한다. 대부분의 반죽에 베이킹파우더가 들어가기 때문에 시간이 지나면 이산화탄소가 방출되어 굽기가 끝나고 오븐에서 나왔을 때 부피가 작아지고 기공이 균일하지 않을 수 있다. 케이크는 반죽 내의 설탕, 유지, 밀가루, 액체류 등 사용량에 따라 반죽의 유동성이 다르고 팬의 크기와 부피, 무게에 따라 오븐에서 굽는 온도, 굽는 시간이 달라진다. 낮은 온도에서 오래 구우면 수분이 증발하여 부드럽지 못하고 노화가 빨라지며, 높은 온도에서 구우면 제품의 부피가 작고 껍질색이 진하고 옆면이 약해지기 쉽다.

## 4) 굽기 손실

굽기 손실은 반죽상태에서 케이크 상태로 구워지는 동안에 무게가 줄어드는 현상을 말하며, 그것은 발효산물 중 휘발성 물질이 날아가 수분이 증발하였기 때문에 발생한다.

- 굽기 손실 = 반죽무게 − 제품무게

- 굽기 손실비율(%) $= \dfrac{\text{반죽무게 − 제품무게} \times 100}{\text{반죽무게}} \times 100$

## 9. 도넛 반죽 튀기기

도넛은 크게 이스트 도넛과 케이크 도넛으로 나눈다. 이스트 도넛은 밀가루에 설탕, 달걀, 우유,

지방, 이스트를 넣어 만든 반죽을 둥글게 만들어 안쪽에 구멍을 뚫거나 링 모양으로 만들어 기름에 튀긴 빵이다. 주로 링형태로 만들지만 최근에는 다양한 모양으로 나오고 있다. 케이크 도넛은 밀가루, 설탕, 달걀, 유지, 베이킹파우더 등 이스트를 뺀 다양한 재료를 넣어 만들고 있으며, 케이크 도넛은 베이킹파우더로 부풀리기 때문에 반죽하여 모양을 만든 후 발효하지 않고 즉시 튀겨야 한다.

① 튀김기름의 적정한 온도는 185~195℃이며, 튀김기름의 온도가 높으면 제품의 색깔이 진하고 제품 자체가 익지 않을 수 있으며, 기름온도가 너무 낮으면 기름이 많이 흡수되어 맛이 많이 떨어진다.

② 반죽 튀기기 전 반죽의 표피를 약간 건조시킨 뒤에 튀겨야 좋으며, 튀김기름의 산패여부를 체크하고 적정 튀김온도가 맞는지 확인한 후 시작해야 한다.

## 10. 다양한 반죽하기

다양한 반죽하기란 앞에서 언급한 반죽형 반죽과 거품형 반죽 외에 다양한 방법으로 혼합하는 모든 반죽과 공예반죽을 말한다.

### 1) 파이반죽 제조법

파이반죽은 크게 접기형(아래 사진 左)과 반죽형(아래 사진 右)으로 구분할 수 있다.

(1) 접기형 퍼프 페이스트리 반죽(Puff Pastry dough)

파이반죽이라고도 불리는 퍼프 페이스트리는 제과영역에 포함된 제품으로 이스트를 사용하지 않고 만든다. 이스트 없이 부푸는 이유는 구울 때 반죽 사이의 유지가 높은 열에 녹아 생긴 공간이 수분의 증기압으로 부풀어오르기 때문이다. 반죽에 유지를 싸서 일정한 두께로 밀어 펴기와 접기를 반복함으로써 반죽의 층을 만들 수 있다. 좋은 층을 형성하기 위해서는 밀어 펴기 과정에서 반드시 냉장휴지를 시켜야 하며, 4회 또는 5회 접기를 하고 나서 밀어 펴서 원하는 크기만큼 자른 다음 오븐에 굽는다. 반죽을 한번에 다 사용하지 않고 냉동실에 보관 후 필요시 해동시켜 밀어서 원하는 모양으로 자른 다음 굽는다. 매우 바삭바삭한 것이 특징이다.

퍼프 페이스트리 반죽의 온도는 20℃가 적정하며, 작업장온도가 높지 않아야 한다.(20~23℃) 또한 퍼프 페이스트리 제품은 오븐에 넣고 굽는 도중에 오븐을 열지 않도록 주의한다.

(2) 반죽형 파이반죽(애플파이, 호두파이 등)

밀가루에 단단한 유지를 넣고 스크레이퍼를 사용하여 콩알만 한 크기로 자르고 물과 소금을 넣고 가볍게 반죽하여 비닐에 반죽을 싸서 냉장고에서 휴지시킨 후 작업대 위에 강력밀가루를 살짝 뿌리고 적당한 두께로 밀어서 사용하며, 주로 파이류(애플파이, 호두파이, 레몬머랭파이 등)에 사용한다.

## 2) 슈 반죽(Choux dough)

슈 반죽 하나로 여러 가지 제품을 만들 수 있는 유용한 제품으로 슈(Choux), 에클레르(Eclair), 파리 브레스트(Parisbrest) 등을 다양하게 만들 수 있다.

슈 반죽은 물, 유지, 밀가루, 달걀, 소금을 주재료로 하며, 냄비에 물, 소금, 유지를 넣고 끓인 다음 체 친 밀가루를 넣고 나무주걱으로 저어서 전분을 호화시킨 다음

불에서 내려 달걀을 나누어 넣으면서 반죽을 완료하며, 팬에 원하는 모양으로 반죽을 짜고 오븐에 넣기 전 물을 뿌린 뒤에 넣는다.

슈 반죽의 특징은 재료 전체를 섞어서 호화시킨 후 오븐에서 굽는 것인데, 굽는 중간에 오븐을 열지 않는 것이 중요하다. 슈 반죽은 수증기압에 의해 부푸는데, 중간에 오븐을 열면 수증기압이 떨어져 모양이 주저앉기 때문이다.

### 3) 밤과자 반죽(Chestnut pastry dough)

밤과자 반죽은 전란, 설탕, 물엿, 소금, 연유, 버터를 용기에 넣고 중탕으로 설탕과 버터를 완전히 용해시킨 후 온도를 내려 18~20℃ 정도에서 체 친 박력분과 베이킹파우더를 넣고 나무주걱으로 저어 혼합한 뒤 한덩어리의 반죽을 만들고 여기에 흰 앙금을 넣고 밤 모양으로 만든 과자이다.

### 4) 공예 반죽

#### (1) 초콜릿 공예 반죽

단단한 초콜릿 공예품을 만들기 위해서는 플라스틱 초콜릿을 제조하는 방법을 이해하고 있어야 작품을 만들 수 있다. 이 반죽의 유래는 1957년 스위스 코바(Coba)학교에서 처음 만들어진 것으로 알려져 있다. 만드는 방법은 다음과 같다.

---

**플라스틱 초콜릿(Plastic Chocolate) 제조**

..........................................................................

- 동절기 = 커버추어 초콜릿 200g, 액상포도당(물엿) 100g
- 하절기 = 커버추어 초콜릿 200g, 액상포도당(물엿) 60~70g

플라스틱 초콜릿 만드는 공정

- 초콜릿을 중탕하여 녹인다.(42~45℃)(화이트 초콜릿 : 36~38℃)
- 물엿의 온도를 42~45℃로 맞춘다.
- 초콜릿에 물엿을 넣고 가볍게 혼합한다.
- 비닐이나 용기에 담아서 포장 후 실온에서 24시간 동안 휴지 및 결정화시킨다.
- 매끄러운 상태가 될 때까지 치댄다.
- 밀폐용기에 담아서 보관한다.
- 사용할 때 치대서 다양한 모양의 초콜릿 공예를 한다.

(2) 마지팬 공예 반죽

　마지팬은 매우 부드럽고 색을 들이기도 쉽기 때문에 식용색소로 색을 내어 꽃, 과일, 동물 등의 여러 가지 모양으로 만든다. 특히 얇은 종이처럼 말아서 케이크에 씌우거나 가늘게 잘라서 리본이나 나비매듭 등의 여러 가지 다른 모양으로 만들기도 한다. 마지팬의 배합과 만드는 방법은 다양하나 크게 2종류가 있는데, 독일식 로마세 마지팬(Rohmasse-marzipan)은 설탕과 아몬드의 비율이 1:2로서 아몬드의 양이 많아 과자의 주재료 또는 부재료로써 사용된다. 프랑스식 마지팬(Marzipan)은 파트 다망드(pate d'amand)라고 하는데, 설탕과 아몬드의 비율이 2:1로서 설탕의 결합이 훨씬 치밀해 결이 곱고 색깔이 흰색에 가까워 향이나 색을 들이기 쉬워서 세공물을 만들거나 얇게 펴서 케이크 커버링에 사용한다.

로우 마지팬

· · · · · · · · · · · · · · · · · · · · · · · · · · · · · · · · · · · · · · · · · · · · · · · · · · · · ·

아몬드(충분히 건조시킨 것) ································· 2,000g
가루설탕 혹은 그라뉴당································· 1,000g
물           ································400~600ml


마지팬

· · · · · · · · · · · · · · · · · · · · · · · · · · · · · · · · · · · · · · · · · · · · · · · · · · · · ·

아몬드(충분히 건조시킨 것) ····························· 1,000g
가루설탕 혹은 그라뉴당································· 2,000g
물           ································400~600ml


## ※ 마지팬의 종류

마지팬도 혼당과 같이 여러 가지 부재료를 첨가하여 풍미를 변화시킬 수 있으므로 많은 종류의 마지팬을 만들 수 있다. 가장 중요한 것은 마지팬의 수분함량 조절이다.

마지팬에 풍미를 곁들이기 위해 필요한 것을 섞어 초콜릿 마지팬, 커피 마지팬 등을 만들 수 있고, 아몬드와 설탕가루를 롤러로 분쇄하는 단계에서부터 과즙을 넣고 만든 프루트 마지팬, 크림 마지팬 등이 있다. 즉, 풍미를 더하는 데 사용하는 경우 수분함량이 적으면 기본 마지팬에 섞는 것만으로 지장이 없지만, 수분이 많으면 마지팬이 너무 부드러워서 좋지 않다.

프레시 크림이나 과즙 등과 같이 풍미를 더하는 데 사용하는 경우 수분이 많으면 아몬드와 설탕가루로 마지팬을 만들 때 필요한 물을 그만큼 줄인다.

## (3) 설탕공예 반죽

설탕공예란 설탕을 이용하여 다양한 방법으로 여러 가지 꽃과 동물, 과일, 카드 등의 장식물을 만드는 기술이다. 일반적으로 케이크 장식에 널리 사용되면서 설탕공예가 발달했고, 현재는 테이블

세팅, 액자, 집안을 꾸미는 소품 등으로 다양하게 활용된다. 설탕공예는 크게 프랑스식 설탕공예와 영국식 설탕공예로 나누어볼 수 있다. 설탕을 녹여서 만드는 프랑스식 설탕공예와 설탕반죽을 이용하는 영국식 설탕공예는 큰 차이가 있다. 프랑스식은 동냄비에 설탕을 끓여 만들고, 영국식은 분당, 즉 가루설탕을 주재료로 사용하는 설탕공예로 영국의 웨딩케이크 역사에서 그 유례를 찾을 수 있다. 200여 년 전부터 영국에서는 과일 케이크 시트에 마지팬을 씌우고 그 위에 설탕반죽으로 만든 여러 가지 장식물을 얹어 케이크를 아름답게 장식했다.

## (4) 영국식 설탕공예 기본반죽

① **슈거페이스트(Sugar Paste)** : 케이크를 커버하거나 여러 가지 모형을 만들 때 사용한다. 주재료는 분당이며, 여기에 젤라틴, 물엿, 글리세린 등을 섞어서 만든다.

② **꽃 반죽(Flower Paste)** : 주로 꽃을 만들 때 사용하며, 슈거페이스트와 반반씩 섞어서 여러 가지 모형을 만드는 데 사용한다. 플라워 페이스트가 있으면 여러 가지 도구를 이용하여 우리가 흔히 볼 수 있는 거의 모든 꽃을 만들 수 있다.

## (5) 프랑스식 설탕공예 기본기법

① **쉬크르 티레(Sucre Tirer)** : 프랑스어로 티레는 잡아 늘인다는 뜻으로 즉 설탕을 녹인 뒤 치대어 반죽을 손으로 잡아 늘여서 꽃을 비롯한 다양한 모양을 만들 때 사용하는 기법이다. 동냄비에 물과 설탕을 넣고 중불에 끓여서 만든다.

② **쉬크르 수플레(Sucre Souffle)** : 설탕 반죽에 공기를 주입하는 기법으로 원형이나 과일, 새, 물고기 등과 같이 볼륨감 있는 것들을 만들 때 공기를 그 속에 주입하여 모양을 잡아주는 기법이다.

③ 쉬크르 쿨레(Sucre Coule) : 설탕용액을 끓인 후 바로 준비해 둔 여러 가지 모양 틀에 부어서 굳힌 후에 사용하는 기법이다.

 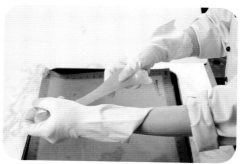

## 11. 과자류와 케이크 제품의 평가기준

① 외부적 평가

- **부피** : 정상적인 제품의 크기와 비교하여 적정하게 팽창해야 한다.
- **균형** : 오븐에서 구워 나온 제품이 균형을 이루고 있어야 한다.
- **껍질색** : 육안으로 제품을 체크했을 때 생동감 있고 보기가 좋아야 한다.

② 내부적 평가

- **맛** : 제품의 특성에 맞는 식감과 향이 조화를 이루어 맛이 있어야 한다.
- **내상** : 제품을 잘라서 속을 봤을 때 기공이 적절하고 고른 조직이 되어야 한다.
- **향** : 상큼하고 특성에 맞는 특유의 향이 나와야 한다.

## 12. 쿠키의 기본

한입에 먹을 수 있는 대표적인 과자가 쿠키이다. 쿠키의 어원은 네덜란드의 쿠오퀘에서 따온 말로 '작은 케이크'라는 뜻이다. 쿠키는 미국식 호칭이며, 영국에서는 비스킷, 프랑스에서는 사블레, 독일에서는 게베크 또는 테게베크(Teegebäck), 우리나라에서는 건과자라고 한다. 쿠키는 재료나 만드는 방법에 따라 여러 종류가 있다. 쿠키를 비롯하여 유럽식 과자들은 주로 식사 후의 디저트나 티타임의 간식으로 사랑받는다. 쿠키는 주로 홍차나 커피와 어울려 조화로운 맛을 내는 특성 때문에 오늘날에도 여전히 차의 파트너로 사랑받고 있다.

쿠키는 기본적으로 밀가루, 달걀, 유지, 설탕, 팽창제만 있으면 만들 수 있다. 여기에 코코아나 치즈로 풍미를 내거나 반죽에 초콜릿, 견과류, 과일 필을 섞어 구우면 종류가 무척 다양해진다. 쿠키는 제법과 반죽의 구성 성분에 따라 분류하면 짜는 쿠키, 모양 틀로 찍어내는 쿠키, 냉동쿠키로 나뉜다.

## 1) 제조특성에 따른 쿠키 분류

### (1) 짜는 형태의 쿠키 : 드롭쿠키, 거품형 쿠키

- 달걀이 많이 들어가 반죽이 부드럽다.
- 짜낼 때 모양을 유지시키기 위해서는 반죽이 거칠면 안 되기 때문에 녹기 쉬운 분당(슈거파우더)을 사용한다.
- 반죽을 짤 때에는 크기와 모양을 균일하게 짜준다.

### (2) 밀어서 찍는 형태의 쿠키 : 스냅쿠키, 쇼트브레드 쿠키

- 버터가 적고 밀가루 양이 많이 들어가는 배합이다.
- 반죽하여 냉장고에서 휴지시킨 다음 성형을 하면 작업하기가 편하다.
- 반죽은 덩어리로 뭉치기 쉬워야 하고 이것을 밀어서 여러 모양의 형틀로 찍어내어 굽는다.
- 과도한 덧가루 사용은 줄이고 반죽의 두께를 일정하게 밀어준다.

### (3) 아이스박스 쿠키(냉동쿠키)

- 버터가 많고 밀가루가 적은 배합이다.
- 반죽을 냉장고에서 휴지시킨 다음 뭉쳐서 밀대모양으로 성형하여 냉동실에 넣는다.
- 실온에서 해동한 후 칼을 이용하여 일정한 두께로 자른 다음 팬에 굽는다.

## 2) 쿠키 구울 때 주의사항

- 쿠키는 얇고 크기가 작으므로 오븐에서 굽는 동안 수시로 색깔을 보고 확인해야 한다.
- 반죽을 오븐에 넣을 때 적정온도가 되지 않으면 바삭한 쿠키가 나오지 않는다. 오븐온도가 낮으면 수분이 한번에 증발하지 않기 때문이다.
- 실리콘 페이퍼를 사용하면 쿠키반죽이 타지 않고 원하는 모양의 제품을 얻을 수 있다.

## 3) 쿠키의 기본 공정

### (1) 유지 녹이기

쿠키반죽을 하기 전에 유지류는 냉장고에서 미리 꺼내 실온에서 부드럽게(손으로 눌렀을 때 자연스럽게 들어가는 정도) 해서 사용한다.

### (2) 밀가루와 팽창제 체에 내리기

밀가루와 팽창제를 고운체에 내린다. 내리는 과정에서 이물질이 제거되고 밀가루 입자 사이에 공기가 들어가 바삭바삭한 쿠키를 만들 수 있다.

### (3) 팬닝 준비하기

구워진 쿠키가 달라붙지 않게 오븐 팬에 버터나 코팅용 기름을 바른다.

### (4) 유지 크림화하기

유지를 실온에 두어 부드럽게 한 후 볼에 넣고 크림상태로 만든다.

### (5) 설탕 넣고 반죽하기

유지에 설탕을 두세 번 나누어 넣으면서 섞는다.

### (6) 달걀 넣기

달걀을 조금씩 나누어 넣는다. 여러 번에 나누어 넣어야 유지와 달걀이 서로 분리되지 않고 잘 섞인다.

### (7) 바닐라향 넣기

바닐라향을 넣고 고루 섞는다. 바닐라향이 달걀의 비릿한 맛을 없애고 향을 돋운다.

### (8) 밀가루 넣고 섞기

체에 내린 밀가루를 넣고 밀가루가 보이지 않을 정도로 잘 섞는다. 고무주걱으로 천천히 섞어야 바삭한 쿠키가 된다.

## 4) 쿠키의 기본배합에 따른 분류

### (1) 설탕과 유지의 비율이 같은 반죽(Pate de milan)

· 밀가루 100%, 설탕 50%, 유지 50%

- 이탈리아 밀라노풍의 반죽이라 불리는 반죽이 쿠키의 표준반죽이다.

## (2) 설탕보다 유지의 비율이 높은 반죽(Pate sablee)

- 밀가루 100%, 설탕 33%, 유지 66%
- 설탕보다 유지의 양이 많은 반죽은 구운 후에 부스러지기 쉬우며 '사블레'라고도 한다.

## (3) 설탕보다 유지의 비율이 낮은 반죽

- 밀가루 100%, 설탕 66%, 유지 33%
- 유지보다 설탕 함량이 많은 반죽은 구운 후에도 녹지 않은 설탕 입자 때문에 약간 딱딱하다.

## 13. 초콜릿(Chocolate)

초콜릿의 주원료는 신의 음식이라 불리는 카카오나무의 열매다. 카카오나무 열매는 섭씨 20도 이상의 따뜻한 온도와 연 200ml 이상의 강수량이 유지되어야 하는 까다로운 성장환경을 가지고 있다. 카카오나무는 뜨거운 태양과 바람을 피하기 위해 주로 다른 나무 그늘 밑에서 자라며 100년이 넘도록 열매를 생산해 낼 수 있다. 카카오포드라고 불리는 열매 속에는 카카오빈이 들어 있는데 이 카카오빈을 갈아서 카카오버터, 카카오매스, 카카오분말 등에 다른 식품을 섞어 가공한 것을 초콜릿이라 한다.

## 1) 카카오의 유전학적 형질에 따른 종류

### (1) 크리올로(Criollo)

카카오의 왕자라고도 불리며 최고의 향과 맛을 가지고 있다. 전체 카카오 재배지역의 5% 이하로 병충해에 약하고 수확하기가 어렵다. 중앙아메리카의 카리브해 일대, 베네수엘라, 에콰도르 등에서 주로 재배된다.

### (2) 포레스테로(Forestero)

거의 모든 초콜릿제품의 원료로 쓰이면서 생산성이 높고 고품질인 이 제품은 세계적으로 가장 많이 재배되고 있다. 주로 브라질과 아프리카에서 재배되며 신맛과 쓴맛이 좀 강한 편이다.

### (3) 트리니타리오(Trinitario)

크리올로와 포레스테로의 장점을 혼합하여 만든 잡종으로 크리올로의 뛰어난 향과 포레스테로의 높은 생산성을 가지고 있다. 또한 여러 다른 종과 섞어서 다양한 맛의 초콜릿으로 변형하여 사용한다.

## 2) 초콜릿의 역사

초콜릿(Chocolate)이란 말은 마야의 언어 'Xocoatl'에서 유래하여 멕시코어로는 choco(foam : 거품)와 atl(water : 물)의 합성어이다.

기원전 1000년 이전부터 중앙아메리카에서 최초로 문명을 일으켰던 올멕(Olmecs)족은 멕시코만 접경의 고온다습한 저지대에 살았으며, 최초로 카카오를 이용한 방법을 알게 되었다. 이후 남부에 살고 있던 마야족 역시 카카오빈을 으깨어 음료로 마시고, 성벽의 돌에 카카오포드를 새겨 넣는 등 카카오를 이용했다.

그 후 1502년 크리스토퍼 콜럼버스가 처음으로 카카오빈(cacao bean)을 여러 종의 농산물과 함께 스페인으로 갖고 돌아온 것이 유럽으로의 첫 반입이 되었다. 하지만 당시 그는 카카오의 가치를 잘 몰랐다.

1519년 스페인의 에르난도 코르테스가 멕시코의 아즈텍을 점령하면서 카카오를 음료로 마시는 방법을 알게 되었고 그 가치가 상업적으로 발전하게 된 후 카카오빈은 스페인의 식민지였던 멕시코, 에콰도르, 베네수엘라, 페루, 자메이카, 도미니카공화국 등지로 그 생산지가 확대되어 전 세계로 퍼져나가게 되었다.

1580년에는 스페인에 카카오나무가 처음으로 심어졌고, 이후 유럽 전역에 퍼져 동남아시아, 라틴아메리카, 아프리카를 중심으로 그 생산지가 확대되었다.

당시 아즈텍 문명은 카카오빈을 화폐로 사용하여 공물이나 세금으로 내는 등 금전과 똑같이 취급하였고, 실제로 카카오빈 10알로는 토끼 한 마리를, 100알로는 노예 한 사람을 살 수 있었다고 한다. 또한 피로회복 음료와 자양강장제로 쓰이면서 그 가치가 더욱 높아졌다.

유럽으로 전해진 초콜릿은 왕족과 귀족 특권층만이 먹을 수 있었으며, 카카오 열매를 빻아서 물에 탄 음료수(초코라트)는 '신이 마시는 음식'이라 불리었다. 이후 쓴맛을 보완하기 위해 우유나 꿀, 향을 넣어 마시게 되었고, 유럽 사람들은 처음 본 초콜릿의 신선한 맛에 만족하게 되었다.

우리나라에서는 외국인 요리사 손탁 씨에 의해 대한제국 말기 황실에 처음 소개되었고, 그 후 일본제품과 미국제품들이 들어오게 되었다.

## 3) 초콜릿의 수확에서 포장까지의 공정

### (1) 수확

카보스(Cabosse, 카카오포드)라고 불리는 카카오 열매는 덥고 습한 열대우림지역(남·북위 20° 사이)에서 자라 일 년에 2번씩 열매를 맺는다. 럭비공 모양으로 자란 열매는 색과 촉감으로 완숙도를 파악하며 수확하는데 카카오빈은 아몬드 정도의 모양과 크기이며 한 개의 열매에 30~40개가량 들어 있다. 수확 후 카보스의 단단한 껍질을 쪼개 카카오원두만을 꺼낸 뒤 다시 원두를 한 알 한 알 수작업으로 따로따로 떼어낸다.

### (2) 발효

채취한 카카오 원두는 1~6일간의 발효과정을 거친다.(종자에 따라 시간이 다르다.) 발효는 다음의 세 가지 목적으로 한다.
- 카카오 원두 주위를 싸고 있는 하얀 과육을 썩혀서 부드럽게 만들어 취급하기 쉽게 한다.
- 발아하는 것을 막아 원두의 보존성을 좋게 한다.
- 카카오 특유의 아름다운 짙은 갈색으로 변하면 원두가 통통하게 충분히 부풀어 쓴맛, 신맛이 생겨 향 성분을 증가시킨다. 발효에는 충분한 온도(콩의 온도 50℃ 정도)가 필요하고 전체적으로 골고루 발효시키기 위해서는 공기가 고루 닿도록 원두를 정성껏 섞어야 한다.

### (3) 건조

발효시킨 카카오 원두는 수분량이 약 60% 정도지만 이것을 최적의 상태로 보존하기 위해서는 수분량을 8% 정도까지 내릴 필요가 있다. 그래서 이 작업이 필요하며, 카카오 원두를 커다란 판 위에 펼쳐 약 2주간 햇빛에 건조시킨다. 건조를 거친 카카오 원두는 커다란 마대자루에 담아서 세계 각지로 수출한다.

### (4) 선별, 보관

초콜릿 공장에 운반된 카카오 원두는 우선 품질검사부터 한다. 홈이 파인 가늘고 긴 통을 마대 자루 끝에 꽂아 그 안에 들어 있는 카카오 원두를 꺼내어 곰팡이나 벌레 먹은 것이 없는지, 발효가 잘 되었는지 자세히 살펴보고, 그 후 온도가 일정하게 유지되는 청결한 장소에 보관한다.

### (5) 세척

카카오 원두는 팬이 도는 기계에 돌려 이물질, 먼지를 제거하고 체에 쳐서 조심스럽게 닦는다.

### (6) 로스팅

카카오 원두를 로스팅한다. 이것은 수분과 휘발성분인 타닌을 제거하며, 색상과 향이 살아나게 한다. 카카오빈의 종류와 수분함량에 따라 차이를 두며 로스팅한다.

### (7) 분쇄

로스팅한 카카오 원두는 홈이 파인 롤러로 밀어 곱게 해준다. 주위의 딱딱한 껍질이나 외피는 바람으로 날리고, 카카오니브(Grue de Cacao)라고 불리는 원두부분만 남긴다.

### (8) 배합

초콜릿의 품질을 알 수 있는 중요한 과정의 하나가 블렌드 작업이다. 여러 가지 카카오의 선택과 배합은 각 제조회사에서 설정하여 만든다.

### (9) 정련

카카오니브에는 지방분(코코아버터)이 55%나 함유되어 있으며, 이것을 갈아 으깨면 걸쭉한 상태의 카카오 매스가 만들어진다. 블랙 초콜릿은 카카오 매스에 설탕과 유성분을, 화이트 초콜릿은 카카오버터에 설탕과 유성분을 넣어 기계로 섞어 만든다. 세로로 쌓인 실린더(Cylinder) 필름 모양의 매트가 붙은 롤러 사이에서 초콜릿이 으깨져 윗부분으로 감에 따라 고운 상태가 되고, 0.02mm의 입자가 될 때까지 섞어서 마무리한다. 별도의 작업으로 카카오 매스를 프레스 기계에 돌리면 카카오버터와 카카오의 고형분으로 만들어지는데 이 고형분을 다시 섞어서 한 번 냉각시켜 굳힌 뒤 가루상태로 만든 것을 카카오파우더라 한다.

### (10) 반죽, 숙성

반죽을 저어 입자를 균일하게 하는 공정으로 휘발성 향 제거, 수분 감소, 향미 증가, 균질화의 효과를 얻는다. 매끄러운 상태가 된 초콜릿은 다시 콩슈(콘치, Conche)라 불리는 커다란 통에 넣어 반죽을 한다. 통에서는 봉 두 개로 끊임없이 섞으면서 약 24~74시간 동안 50~80℃에서 숙성시킨다. 이 시점에서 초콜릿의 상태를 보아 좀 더 매끄러워야 할 경우에는 카카오버터를 첨가하며, 반죽하여 숙성하는 시간은 초콜릿의 종류에 따라 다르다. 특히 '그랑 크뤼(Grand dru)'라 불리는 고급 초콜릿을 만들기에 중요한 작업으로 벨벳 같은 촉감과 반지르르한 윤기는 이렇게 만든다.

### (11) 온도 조절과 성형

마지막으로 기계 안에서 초콜릿은 온도 조절(템퍼링)이 되고 안정화된 후, 컨베이어 시스템에 올려진 틀에 부어 냉각시킨 후 틀에서 꺼내 포장한다.

### (12) 포장 및 숙성

은박지나 라벨로 포장하여 케이스에 담고 적당히 조정된 창고 안에서 일정기간 숙성시킨다. 이렇게 해서 초콜릿이 완성되어 유통된다.

| 다크 초콜릿 | 화이트 초콜릿 | 밀크 초콜릿 |

## 4) 템퍼링(Tempering)

초콜릿의 생명은 템퍼링이다. 템퍼링이란 온도에 따라 변화하는 결정을 안정된 결정상태로 만들기 위해 온도를 맞추어주는 작업이다. 템퍼링을 하는 이유는 초콜릿에 함유되어 있는 카카오버터가 다른 성분과 분리되어 떠버리기 때문이다. 따라서 전체를 균일하게 혼합할 필요가 있다. 템퍼링 초콜릿의 온도는 30~32℃(초콜릿을 제조하기 위한 최적의 온도)로 유지시켜야 한다. 그래야 반유동성의 적당한 점성을 가진 피복하기 적합한 상태가 된다.

## 5) 템퍼링 방법

① 수냉법 : 초콜릿을 잘게 자른 다음 40~50℃ 정도에서 중탕으로 녹인다. 중탕시킬 때 물이나 수증기가 들어가면 안 되며, 물을 넣은 용기보다 초콜릿을 넣은 용기가 크면 안전하다. 차가운 물에 중탕하여 25~27℃까지 낮춘 다음 다시 온도를 올려 30~32℃로 올린다.(작업장 온도는 18~20℃까지가 좋다.)

② 대리석법 : 초콜릿을 40~45℃로 용해해서 전체의 1/2~2/3를 대리석 위에 부어 조심스럽게 혼합하면서 온도를 낮춘다. 점도가 세질 때 나머지 초콜릿에 넣고 용해하여 30~32℃로 맞춘다.(이때 대리석 온도는 15~20℃가 이상적임)

③ 접종법 : 초콜릿을 완전히 용해한 뒤 온도를 36℃로 낮추고 그 안에 템퍼링한 초콜릿을 잘게 부수어 용해한다.(이때 온도는 약 30~32℃까지 낮춘다.)

## 6) 초콜릿의 템퍼링 시 주의사항

① 템퍼링할 때에는 최대한 작업속도를 빠르게 한다.

② 커버추어(Coverture) 초콜릿을 잘라서 사용할 경우 균일하게 녹이기 위해서 최대한 같은 크기로 고르게 자른다.

③ 초콜릿 녹일 때 온도가 50℃ 이상 올라가면 완성된 제품의 광택이 좋지 않다.

초콜릿 만들 때 많이 사용하는
적외선 온도계

④ 템퍼링 작업을 시작하면 측면이나 바닥에 초콜릿이 붙지 않도록 계속 저어준다.

⑤ 템퍼링을 대리석 위에서 하는 경우 바닥의 수분을 깨끗이 제거한 후에 시작한다.

⑥ 초콜릿 볼에 물이나 수증기가 들어가지 않도록 한다.

⑦ 초콜릿은 온도에 민감하기 때문에 가급적 온도계를 사용해서 정확하게 한다.

## 7) 초콜릿의 템퍼링 효과

① 광택을 좋게 하고 입에서 잘 녹게 한다.

② 결정이 빠르고 작업이 용이하다.

③ 몰드에서 꺼낼 때 쉽게 빠진다.

## 8) 초콜릿의 블룸현상

① 팻블룸(Fat bloom) : 굳히는 속도가 느리고 충분히 굳히지 않을 경우 늦게 고화하는 지방의 분자들이 표면에 결정을 이뤄 초콜릿 표면에 흰 얇은 막이 생기며 곰팡이 핀 것처럼 보인다. 취급하는 방법이 적절하지 않거나 제품의 온도 변화가 심한 곳에 저장할 때도 생길 수 있다.

② 슈거블룸(Sugar bloom) : 습도가 높은 곳에 오래 보관하거나, 급격하게 식혔을 때 표면에 회색빛 반점이 생기는 현상이다. 초콜릿에 들어 있는 설탕이 습기를 빨아들여 녹아서 결정화가 생긴 것이다.

팻블룸                    슈거블룸

# 제6장 식재료 구매관리

식재료 구매란 제품 생산에 필요한 양질의 원재료, 부재료를 적기에 공급하기 위하여 최소한의 비용으로 구입하는 능력이다. 즉 재료 구입을 위하여 사전에 충분히 조사를 하고 계약을 체결해야 하며, 체결한 조건에 따라 재료를 인수하고 대금을 지불하는 전체과정을 재료 구매활동이라 하며, 경영목적에 부합하는 생산계획을 달성하기 위하여 필요한 특정물품을 구매할 수 있도록 계획하고 행동하며 통제하는 관리활동을 구매관리라고 한다.

## 제1절 구매계획 수립 시 시장조사 분석에 필요한 지식·기술·태도

- 원재료 사전 품질확인 방법
- 식재료 공급처 선정 및 계약에 관한 지식
- 식재료 주문 및 재고관리 방법
- 원재료의 유통환경과 공급업체 분석능력
- 식재료의 품질과 가격결정 능력
- 식재료 공급선 결정 검수능력
- 신선하고 품질 좋은 원재료 구매 의지
- 객관적인 공급업체 선정 태도
- 합리적인 원재료 가격결정 노력
- 고객 지향적 사고

## 제 2 절 구매활동의 기본조건

- 재료구매 계획은 생산계획에 기초하여 원료의 수급현황을 파악한다.
- 재료구매는 원활한 수급조절이 가능한 원료구매계획을 수립한다.
- 재료구매는 제품생산에 필요한 배합표를 기준으로 파악하여 원료의 종류와 품질, 수량을 구매할 수 있다.
- 재료구매 이후 원료수급이나 가격변동에 문제가 발생했을 경우 현재의 공급처를 기준으로 다른 공급처를 대처할 수 있는지 파악한다.
- 구매활동에 따른 검수와 저장, 원가관리 등의 통제관리 시스템을 수립한다.

## 제 3 절 구매단계와 식재료 결정 실행

### 1단계 : 구매경영을 위한 정책 수립의 결정

구매경영활동 계획 수립, 판매제품의 종류 결정, 메뉴 배합표의 준비 완료

### 2단계 : 식재료 구매계획 실행

식자재 필요시기, 필요한 장소에 적정한 가격으로 품질이 좋은 식자재를 공급 가능한지 체크하고 식자재품목 리스트를 작성하며, 상품의 판매가, 제품의 원가를 고려하여 결정한다.

### 3단계 : 식재료 재고조사와 구매결정

식재료 발주 전 재고량을 조사하여 적절한 발주량을 결정한다. 식재료의 적정관리는 매우 중요하며 손실에 따른 위험이 매우 크다.

### 4단계 : 식재료 공급처 결정

식재료 공급처를 결정하여 공급가격 및 계약에 명시된 조건으로 입고가 가능한지 파악한다.

## 5단계 : 식재료 구매명세서 작성

식재료의 특성을 파악하여 종류, 규격, 수량, 용도, 필요한 시기 등을 명확히 하여 작성한다.

## 6단계 : 식재료 구매발주서 작성

생산에 필요한 식재료를 주문서에 의거하여 정확한 수량, 규격, 입고 날짜 등을 기록하여 발주한다.

## 7단계 : 식재료 검수 및 수령

발주서에 의거하여 식재료를 확인한다. 유통기한, 식재료 상태를 체크하고 수령하며, 계약에 위배되는 식재료에 대해서는 반품 처리한다.

## 제 4 절 ) 식재료 저장관리 및 제품관리

식재료 저장관리의 목적은 식재료 구입 시에 원상태 유지와 손실, 폐기율을 최소화하고 체계적으로 식재료를 분류하여 보관하고 적정 재고량을 유지하여 원활한 입·출고업무를 수행하는 것이다. 식재료 제품관리는 도난 및 부패방지, 제품생산에 사용되는 재료, 반제품, 완제품의 품질이 변하지 않도록 실온, 냉장, 냉동 저장하고 적시에 제공할 수 있도록 하며, 실온 및 냉장, 냉동 보관 시 재료와 완제품의 저장 시 위생안전기준에 따라 생물학적, 화학적, 물리적 위해요소를 제거하고 관리하는 것을 말한다.

- 실온 및 냉장 보관 재료와 완제품의 저장 시 관리기준에 따라 온도와 습도를 관리한다.
- 식재료의 사용 시 선입선출기준에 따라 관리한다.
- 식재료와 완제품의 저장 시 작업편의성을 고려하여 정리정돈한다.
- 제품 유통 시 「식품위생법규」에 따라 안전한 유통기간 설정 및 적정한 표시를 한다.
- 제품 유통을 위한 포장 시 포장기준에 따라 파손 및 오염이 되지 않도록 포장한다.
- 제품 유통 시 관리 온도기준에 따라 적정한 온도를 설정한다.
- 제품 공급 시 배송조건을 고려하여 고객이 원하는 시간에 맞춰 제공한다.

# 제7장 개인위생 안전관리

개인위생 안전관리란 제품을 위생적이고 안전하게 제조하기 위해서 개인위생, 환경, 기기, 공정관리를 수행할 수 있는 상태를 관리하는 것이다.

## 제1절 개인위생 안전관리

- 「식품위생법」에 준해서 개인위생안전관리 지침서를 만든다.
- 식품의 안전한 관리를 위해서 위생복 및 복장, 개인건강, 개인위생 등을 지켜야 한다.
- 「식품위생법」에 준한 개인위생으로 발생하는 교차오염 등을 관리한다.
- 식중독의 발생요인과 증상 및 대처방법에 따라 개인위생에 대하여 점검 관리한다.
- 작업환경 위생안전관리를 위하여 「식품위생법규」에 따라 작업환경 위생안전관리 지침서를 작성하여 실행한다.
- 작업환경 위생안전관리를 위하여 작업장 주변 정리정돈 및 소독 등을 점검 관리한다.
- 작업환경 위생안전을 위해서 제품을 제조하는 작업장 및 매장의 온도와 습도관리를 통하여 미생물 오염원인, 안전위해요소 등을 제거한다.
- 작업환경 위생안전을 위해 방충, 방서, 안전관리를 한다.
- 작업환경 위생안전을 위하여 작업장 주변환경을 점검 · 관리한다.

## 제2절  개인위생 안전관리지침서

- 주방에서 정해놓은 청결한 위생복, 위생모, 위생(장)화를 착용한다.
- 위생모는 머리카락을 완전히 덮어야 한다.
- 연 1회 이상 건강진단(장티푸스, 폐결핵, 전염성, 피부질환 등)을 실시하고 건강진단 결과서를 보관한다.
- 손에 상처가 있을 때는 조리를 하지 않는다.
- 반지, 목걸이, 귀걸이, 시계 등의 장신구 착용은 지양한다.
- 매니큐어를 바르지 않고 손, 손톱 등은 항상 청결하게 유지한다.
- 정기적으로 실시한 안전 및 위생관리교육일지, 참석자서명 등을 보관해야 한다.
- 위생교육 실시기록, 참석자, 서명 확인 서류를 관리 보관한다.

## 제3절  손 씻기

우리 손에는 육안으로는 확인되지 않는 많은 미생물들이 존재하여, 조리작업 과정에서 식재료, 기구, 음식 등에 오염되어 식중독을 일으킬 수 있다. 이러한 미생물들을 제거하기 위해서는 올바른 손 씻기가 매우 중요하다. 이를 위해 합리적인 손 씻기 방법의 설정, 적절한 세제와 살균 소독제의 선택과 사용, 설정된 방법에 따른 충실한 손 씻기는 필수적이다.

### 1. 올바른 손 씻는 방법

- 손 표면의 지방질 용해와 미생물 제거가 용이하도록 38~40℃ 정도의 따뜻한 온수를 사용한다.
- 손을 적시고 비누 거품을 충분히 내어 팔 윗부분과 손목을 거쳐 손가락까지 깨끗이 씻고 반팔을 입은 경우에는 팔꿈치까지 씻는다. 고형비누보다는 액상비누가 더욱 효과적이다.(소량으로 효과 내고, 교차오염 방지 가능)
- 손톱솔로 손톱 밑, 손톱 주변, 손바닥, 손가락 사이 등을 꼼꼼히 문질러 눈에 보이지 않는 세균과 오물을 제거한다.
- 손을 물로 헹구고 다시 비누를 묻혀서 20초 동안 서로 문지르면서 회전하는 동작으로 씻는다.

비누 또는 세정제, 항균제 등과의 충분한 접촉시간이 필요하다.

- 흐르는 물로 비누거품을 충분히 헹구어낸다.
- 온풍건조기나 깨끗한 종이 등을 이용하여 충분히 건조시킨다.
- 손에 로션을 바르지 않는다. 로션은 세균에 필요한 수분과 양분을 공급하여 세균의 번식을 돕기 때문이다.
- 소독할 때는 에틸알코올을 손에 충분히 분무한 후 자연건조시킨다.
- 작업으로 돌아가기 전에 손을 오염시키지 않도록 주의한다.

## 2. 손을 씻어야 하는 경우

- 작업 시작 전, 화장실을 이용한 후에는 반드시 씻어야 한다.
- 작업 중 미생물 등에 오염되었다고 판단되는 기구 등에 접촉한 경우
- 쓰레기나 쓰레기통, 청소도구를 만졌을 경우
- 오염작업구역에서 비오염작업구역으로 이동하는 경우
- 귀, 입, 코, 머리 등 신체 일부를 만졌을 때
- 감염증상이 있는 부위를 만졌을 때
- 음식찌꺼기를 처리했을 때 또는 식기를 닦고 난 후
- 음식을 먹은 다음, 또는 차를 마시고 난 후
- 전화를 받고 난 후, 담배를 피운 후
- 식품 검수를 한 후 또는 다른 식품을 만졌을 경우
- 코를 풀거나 기침, 재채기를 한 후 등

## 3. 근무 중 올바르지 못한 개인행동

- 땀을 옷으로 닦는 행위
- 한번에 많은 양을 운반하기 위해 식품용기를 적재하는 행위
- 맨손으로 식품을 만지는 행위(1회용이나 조리용 고무장갑 사용)
- 식기 또는 배식용 기구 등의 식품접촉면을 손으로 만지는 행위
- 노출된 식품 쪽에 기침이나 재채기를 하는 행위
- 그릇을 씻거나 원재료 등을 만진 후 식품을 취급하는 행위
- 업무를 구분하거나, 한 사람이 2가지 이상의 작업을 해야 할 경우에는 소독한 후 다음 작업

수행

- 손가락으로 맛을 보거나 한 개의 수저로 여러 가지 음식을 맛보는 행위
- 조리실 내에서 취식하는 행위(별도 장소 마련해서 이용)
- 애완동물을 반입하는 행위
- 사용한 장갑을 다른 음식물의 조리에 사용하는 행위
- 식품 씻는 싱크대에서 손을 씻는 행위(손 씻는 전용 세면기 이용)

1. WET HANDS W/38℃ WATER
38도 정도의 물에 손을 적신다.

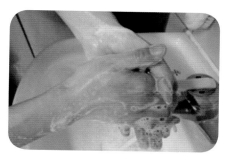

2. SCRUB W/SOAP FOR 20 SEC.
20초간 비누를 바른 후 문지른다.

3. RINSE W/38℃ WATER
38도 정도의 물로 비눗기를 씻어낸다.

4. DRY W/PAPER TOWEL
종이타월로 물기를 닦는다.

5. WATER OFF WITH TOWEL
물 잠그는 걸 주의해서 보세요.

6. SANITIZE
손 소독제로 마무리한다.

# 제8장 주방안전관리

주방안전관리는 주방이라는 일정한 공간을 중심으로 고객에게 제공될 상품을 가장 경제적으로 생산하여 최대의 이윤을 창출하는 데 필요한 인적 자원과 물적 자원을 안전하게 관리하는 과정이라고 할 수 있다. 즉 사전에 설정된 콘셉트를 바탕으로 주방의 크기와 위치를 결정하고, 주방의 시설과 배치, 저장고의 종류, 주방기물의 선정, 주방환경 등의 기본원칙을 바탕으로 특정한 업장의 상황적인 변수를 고려하여 기능적으로 계획한 후 디자인되고 실행되도록 관리하여야 한다. 또한 주방이란 공간에서 고객에게 제공될 상품을 가장 경제적이고 위생적으로 안전하게 생산하여 최대의 이윤을 창출하는 데 요구되는 사항을 구체적이고 체계적으로 관리하는 것을 말한다.

## 제1절 주방관리 지침서

- 주방 바닥은 물이 고이지 않고 잘 흐르도록 해야 한다.
- 주방 바닥은 타일, 콘크리트 등으로 내수처리, 파손되지 않도록 주의한다.
- 가스레인지의 기름때 및 오염물은 수시로 제거한다.
- 주방 개수대, 싱크대 등은 청결하게 유지한다.
- 배수로, 배수구, 배수관 등의 시설에 오수 및 쓰레기가 퇴적되지 않게 한다.
- 누적 찌꺼기 발생 여부를 확인하여 냄새가 나지 않도록 청결하게 관리한다.
- 외부오염 차단을 위해 주방 출입 시 손 세척 및 소독 후에 입실한다.
- 가스, 증기 등을 환기시킬 수 있는 시설을 설치한다.
- 환기시설은 파손된 부분이 없어야 하며, 먼지가 쌓이지 않도록 청결하게 관리한다.

# 제9장 냉장, 냉동고, 상온 식재료 관리 및 안전

    식재료 구매 시 철저한 검수를 거쳐 양질의 식품을 구매하였더라도 적정하게 보관하고 관리하지 않으면 식재료에 오염이 일어날 수 있다. 품질을 최적으로 유지하며, 위생적으로 보관하기 위해서는 신속하고 올바른 식재료 보관이 필수적이다.

## 제1절 냉장 · 냉동 보관방법

- 식재료를 적정량 보관함으로써 냉기순환이 원활하여 적정온도가 유지되도록 한다.(냉장·냉동고 용량의 70% 이하)
- 냉장고나 냉동고에 식재료를 보관할 경우에는 반드시 그 제품의 표시사항(보관방법 등)을 확인한 후 그에 맞게 보관한다.
- 오염방지를 위해 날 음식은 냉장실의 하부에, 가열조리 식품은 위쪽에 보관한다.
- 보관 중인 재료는 덮개를 덮거나 포장하여 보관 중에 식재료 간의 오염이 일어나지 않도록 유의한다.(교차오염)
- 냉동 · 냉장고 문의 개폐는 신속하고, 필요 최소한으로 한다.
- 모든 식재료는 선입선출의 원칙을 지킨다.
- 개봉하여 일부 사용한 캔 제품류, 소스류는 깨끗한 용기에 옮겨 담아 개봉한 날짜와 원산지, 제조업체 등을 표시하고 냉장 보관한다.

- 냉장고는 5℃ 이하, 냉동고는 −18℃ 이하의 내부온도가 유지되는지를 확인하고 기록하며, 이상이 있을 시 즉시 조치한다.

## 제 2 절  상온 보관방법

- 식자재는 사용하기 좋은 곳에 정해진 물품을 구분하여 보관한다.
- 식품과 식품 이외의 것을 각각 분리하여 보관한다.
- 선입선출을 하기 쉽도록 보관하고 관리한다.
- 식품보관 선반은 바닥, 벽으로부터 15cm 이상의 공간을 띄워 청소가 용이하도록 한다.
- 큰 단위의 제품포장을 나누어 보관할 때는 제품명과 유통기한을 반드시 표시한다.
- 여름 장마철 등 높은 온도와 습도에 의하여 곰팡이 피해를 입지 않도록 주의한다.
- 유통기간이 짧은 것부터 앞쪽으로 진열하며, 유통기한의 라벨이 보이도록 진열한다.
- 식재료 보관실에 세척제, 소독액 등의 유해물질을 함께 보관하지 않는다.

## 제 3 절  식중독 예방법

식중독이란 박테리아, 균류, 식물에서 생성된 독소 또는 화학적 물질에 오염된 음식을 섭취하여 생기는 질병이다. 식중독의 임상적 평가는 식품 감염과 중독을 구별하여 진단한다. 식품 감염은 병원체가 증식된 식품을 섭취함으로써 발생하며, 박테리아에 의한 식중독은 화학적 오염, 식물, 균류, 생선, 해산물 등에 의하여 발생한다. 베이커리 주방에서 위생관리는 경영에서 매우 중요한 부분을 차지한다. 종사원들은 위생의 중요성을 알고 세균이 많이 존재하는 손의 청결을 위해 손 씻기부터 시작해서 원자재 관리, 사용 중인 기물관리, 주방관리 등 식중독이 일어날 수 있는 모든 원인을 사전에 차단해야 한다. 따라서 베이커리 주방에서 식중독 발생에 대한 원인과 예방수칙을 준수하고 반드시 지켜야 한다. 단 한 번의 큰 실수로 식중독 사고가 발생하면 베이커리 이미지에 대한 고객들의 불신과 매출 하락으로 경영에 큰 타격을 받을 수 있기 때문이다.

온난화의 영향으로 더운 날이 많아졌기 때문에 특히 위생관리에 신경을 많이 써야 한다. 고온다

습한 날씨 탓에 박테리아나 바이러스 등이 빠르게 번식하기 때문이다. 이런 유해세균이나 바이러스를 음식 등을 통해 섭취할 경우 독소형 질환인 식중독에 걸릴 위험이 커진다. 복통, 구토, 발열 등의 증상을 유발하는 식중독을 예방하기 위해서는 다음과 같은 원칙을 지켜야 한다.

## 1. 손은 30초 이상 꼼꼼히 씻는다

손만 잘 씻어도 식중독의 70%를 예방할 수 있다. 화장실에 다녀온 후, 음식 만들기 전, 식사 전에는 흐르는 물에 손을 제대로 씻어야 한다. 올바른 손 씻기는 비누나 세정제를 사용해 손바닥뿐 아니라 손등, 손가락 사이, 손톱 밑 등을 30초 이상 꼼꼼하게 씻는 것이 중요하다.

## 2. 고객에게 제공되는 모든 음식은 충분히 가열한다

식중독균은 일반적으로 고온에서 증식이 억제된다. 따라서 조리할 때 85℃ 이상의 온도에서 1분 이상 가열한 후 제공하는 것이 좋으며, 특히 달걀, 유제품, 소스류 등은 냉장고에 보관한다. 그래도 제품이 상할 위험이 있으므로, 유통기한을 철저히 지키는 것이 식중독 예방에 도움이 된다.

## 3. 음식은 분리 보관한다

음식 간의 식중독균 전염을 막기 위해서는 조리한 음식과 익히지 않은 날 음식 간의 접촉을 피해야 한다. 특히 익히지 않은 육류의 경우 많은 균이 있기 때문에 날 음식을 놓은 곳에는 익힌 음식이나 곧 섭취할 음식을 놓지 말고, 장소를 분리해서 보관해야 한다.

## 4. 조리 후 1시간 이내에 냉장 보관한다

여름철에 조리한 음식을 상온에 보존하면 세균이 증식해 독소가 만들어질 수 있다. 따라서 먹고 남은 음식은 조리 후 1시간 이내에 냉장 보관하는 것이 좋으며, 냉장고에 보관할 때는 식품의 특성과 냉장고 온도, 보관량, 보관기간 등을 항상 체크해야 한다.

## 5. 식재료 관리를 잘해야 한다

식재료를 구매한 후에는 최대한 빠른 시간 내에 사용해야 하며, 선입선출을 반드시 지켜야 한다. 유통기한이 짧은 유제품류, 달걀, 햄 등은 가급적 필요한 만큼만 구매한다.

## 6. 판매하는 상품관리가 중요하다

베이커리에서 판매하는 모든 상품은 유효기간을 지켜야 한다. 기간이 지난 상품은 반드시 버리고 유효기간이 남아 있더라도 신선도가 떨어지거나 냄새가 나면 세균증식이 진행될 수도 있기 때문에 판매하지 않는 것이 좋다.

## 7. 개인위생관리를 잘하자

위생복 착용 및 두발을 청결하게 하고 모자를 착용하며, 반지, 목걸이, 귀걸이, 시계 등 장신구를 착용하지 않는다. 또한 손에 상처가 나거나 설사, 구토, 발열 등이 나타나면 주방 출입을 금지해야 한다.

## 8. 기계류 및 기구는 청결하게 관리해야 한다

주방에서 사용하는 소도구는 세척 소독한 후에 사용해야 하며, 칼, 도마는 과일용, 생선용, 육류용 등으로 나누어 용도에 맞게 구분하여 사용한다. 사용 후에는 깨끗이 닦고 소독하여 칼, 도마 소독기에 보관하고 관리해야 한다.

## 9. 주방의 바닥은 청결하고 건조한 상태를 유지해야 한다

주방의 바닥에 설치된 각종 기계류 밑바닥이나 주변은 항상 깨끗하게 유지하고 싱크대 주변, 청소도구 보관함은 세균의 생식장소이므로 정기적으로 청소하고 소독해야 하며, 항상 건조한 상태를 유지하여 세균의 번식을 사전에 막아야 한다.

## 10. 쓰레기 관리를 잘하자

주방에서 나오는 쓰레기는 분리수거하여 근무가 끝나면 주방에 두지 않고 바로 쓰레기장으로 이동시켜 보관한다.

# 제10장 제과·제빵 생산 및 관리

## 제 1 절  생산관리의 개념

생산관리란 제품을 생산하기 위하여 과정을 준비하고, 관리하며, 작업의 표준화 등의 활동을 계획, 조정, 통제하는 과정이다. 즉 사람, 재료, 자금의 3요소를 과정에 맞게 사용하여 좋은 제품을 저렴한 비용으로 필요한 물량을 필요한 시기에 만들어 내기 위한 관리 또는 경영을 말한다.

① 기업활동의 5대 기능
- 전진기능 생산 : 만드는 기능
- 전진기능 판매 : 판매기능
- 지원기능 재무 : 자금의 준비
- 지원기능 자재 : 자재의 조달
- 지원기능 인사 : 인재 확보

② 생산활동의 구성요소(5M) : 사람, 기계, 재료, 방법, 관리

③ 제1차 관리 : Man(사람 질과 양), Material(재료, 품질), Money(자금, 원가)

④ 제2차 관리 : Method(방법), Minute(시간, 공정), Machine(기계, 시설), Market(시장)

## 제 2 절 생산계획의 개요

수요 예측에 따라 생산의 여러 활동을 계획하는 일을 생산계획이라 하며, 상품의 종류, 수량, 품질, 생산시기, 실행 예산 등을 구체적이고 과학적으로 계획을 수립하는 것을 말한다.

① 연간 생산계획을 수립할 때 고려해야 하는 기본요소
- 과거의 생산 실적(주 단위, 월 단위, 연 단위, 제품의 종류별 등)
- 경쟁 회사의 생산 동향과 경영자의 생산 방침
- 제품의 수요 예측자료와 과거 생산비용의 분석자료
- 생산 능력과 과거 생산실적 비교

② 원가의 구성요소 직접비(재료비, 노무비, 경비)에 제조 간접비를 가산한 제조원가, 그리고 그것에 판매, 일반관리비를 가산한 총원가로 구성된다.

③ 직접비(직접원가) = 직접 재료비 + 직접 노무비 + 직접 경비

④ 제조원가(제품원가) = 직접비 + 제조 간접비

⑤ 총원가 = 제조원가 + 판매비 + 일반 관리비

⑥ 개당 제품의 노무비 = 인(사람 수) × 시간 × 시간당 노무비(인건비) ÷ 제품의 개수

## 제 3 절 원가를 계산하는 목적

양질의 제품은 품질(Quality)을 나타내며, 만드는 데 들어간 비용은 원가 또는 코스트(Cost)를 뜻한다. 필요한 양을 적기에 만들어 내는 것은 납기(delivery)로, 생산하는 능률을 말한다. 양과 능률도 중요하지만 최근에는 가치를 추구하는 데 중점을 두고 있다.

- 물건의 가치 = $\dfrac{\text{품질(Q) 또는 기능(F)}}{\text{원가(C) 또는 가격(P)}}$

- V = 가치(Value), Q = 품질(Quality), F = 기능(Function), C = 원가(Cost), P = 가격(Price)

① 이익을 산출하기 위해서 한다.
② 제품의 가격 결정을 위해서 한다.
③ 원가 관리를 위해서 한다.

## 제 4 절  이익을 계산하는 방법

① 제품 이익 = 제품 가격 − 제조원가(제품원가)

② 매출 총이익 = 매출액 − 총제조원가(제품원가)

③ 순이익 = 매출 총이익 − (판매비 + 관리비)

④ 판매가격 = 총원가 + 이익

## 제 5 절  제품 제조원가의 구성요소에 소요되는 실행 예산의 수립

① 실행 예산 계획 : 제품 제조원가를 계획하는 일

② 예산 계획 목표 : 노동생산성, 가치생산성, 노동 분배율, 1인당 이익을 세우는 일

## 제 6 절  생산 시스템의 개념

　베이커리에서 밀가루, 설탕, 유지, 달걀과 같은 원재료를 사용하는 것을 '투입'이라 하고, 제품 생산하는 활동을 통해서 나온 제품을 '산출'이라 하는데, 투입에서 생산 활동과 산출까지 전 과정을 관리하는 것을 '생산 시스템'이라 한다.

① 제과·제빵 제조 공정의 4대 중요 관리 항목 : 시간관리, 온도관리, 습도관리, 공정관리

## 제 7 절  생산가치와 노동 생산성

① 생산가치 : 생산금액에서 원가 및 제비용과 부대 경비를 제외하고 남은 것을 의미한다.

• 생산가치율(%) = 생산가치 / 생산금액 × 100

② **노동생산성** : 일정시간 투입된 노동량과 그 성과인 생산량의 비율

- 1인당 생산가치 = 생산가치 / 인원
- 노동 분배율(%) = 인건비 / 생산가치 × 100

## 제 8 절  원가를 절감하는 방법

### 1. 원료비의 원가절감

- 구매 관리는 철저히 하고 가격과 결제방법을 합리화시킨다.
- 제품의 배합표 제조 공정 설계를 최적 상태로 하여 생산 수율(원료 사용량 대비 제품 생산량)을 향상시킨다.
- 사용하는 재료의 선입선출 관리로 불량률 및 재료 손실을 최소화한다.
- 공정별 품질관리를 철저히 하여 불량률(%)을 최소화한다.
- 작업관리를 개선하여 불량률을 감소시켜 원가절감을 한다.
- 종사원의 태도, 작업 표준이나 작업 지시 등의 내용기준을 설정하여 수시로 점검한다.
- 기술 수준 향상과 숙련도를 높이고 적정 기술 보유자를 필요공정에 배치하거나 교육을 통해 개선한다.
- 작업 여건을 개선하고 작업 표준화를 실시하며, 작업장의 정리, 정돈과 적정 조명을 설치한다.

### 2. 노무비의 절감

- 표준화와 단순화를 계획한다.
- 생산의 소요시간을 줄이고 공정시간을 단축한다.
- 생산기술을 높이고 제조방법을 개선한다.
- 주방설비관리를 철저히 하여 기계가 멈추는 일이 없도록 한다.
- 교육, 훈련을 통한 직업윤리의 함양으로 생산 능률을 향상시킨다.

# Practical Lecture

# Confectionary & Baking

# 제빵기능사 Craftsman Breads Making 안내

■ 기본정보
(1) 자격분류 : 국가기술자격증
(2) 시행기관 : 한국산업인력공단
(3) 응시자격 : 제한 없음
(4) 홈페이지 : www.q-net.or.kr

■ 자격정보
(1) 자격 개요
　① 제빵기능사란 한국산업인력공단에서 시행하는 제빵기능사 시험에 합격하여 그 자격을 취득한
　　자를 말한다.
　② 제빵기능사는 경제성장과 국민소득이 증가함에 따라 식생활 변화 등으로 빵에 대한 소비가 늘
　　어남에 따라 빵에 관한 숙련기능을 가지고 빵의 제조와 관련된 업무를 수행할 수 있는 능력을
　　가진 전문기능인력을 양성하기 위해 제정된 국가기술자격이다.

(2) 자격 특징
　① 제빵기능사는 주로 이스트 같은 발효균을 사용하여 발효과정을 거치는 빵을 만드는 작업을 한
　　다. 제빵에 관한 숙련기능을 가지고 각 제빵제품 제조에 필요한 재료의 배합표 작성, 재료 계량
　　을 하고 각종 기계 및 기구를 사용하여 성형, 굽기, 장식, 포장 등의 공정을 거쳐 각종 제빵제품
　　을 만드는 업무를 수행한다.
　② 2017년도부터는 기존의 검정형 시험방법 외에 과정평가형으로도 제빵기능사 자격을 취득할 수
　　있다.

(3) 과정평가형 자격제도
　① 과정평가형 자격이란 국가직무능력표준(NCS)에 기반하여 일정 요건을 충족하는 교육 · 훈련 과
　　정을 충실히 이수한 사람에게 내부 · 외부평가를 거쳐 일정 합격기준을 충족하는 사람에게 국가
　　기술자격을 부여하는 제도를 말한다.
　② 과정평가형 자격취득 가능 종목 : 제빵기능사 자격의 검정방식은 기존의 검정형과 과정평가형
　　이 병행하여 운영되고 있다.

■ 제과·제빵기능사 필기시험 변경

| 종목 | 변경 전 | 변경 후 |
|---|---|---|
| 제과기능사 | 제조이론, 재료과학 영양학, 식품위생학 | 과자류 재료, 제조 및 위생관리 |
| 제빵기능사 | | 빵류 재료, 제조 및 위생관리 |

● 상세사항

1) 출제기준 변경에 의거 제과기능사와 제빵기능사 필기시험이 기존 "완전 공통(상호 면제)"에서 "분리 자격"으로 변경됩니다.

2) 이에 따라 '20년도부터는 제과기능사 자격은 제과 직무 중심의 문제가 출제되며, 제빵기능사 자격은 제빵 직무 중심의 문제가 출제됩니다.

3) 다만, 제과와 제빵의 직무가 동일하거나 유사한 출제기준의 내용은 "일부 공통"으로 출제될 수 있음을 참고하시기 바랍니다(상호 면제는 되지 않음).

■ 제과·제빵기능사 필기시험 변경

세부항목 기준의 "재료준비 및 계량", "제품 냉각 및 포장", "저장 및 유통", "위생 안전관리", "생산작업 준비" 등은 제과와 제빵의 직무내용 및 이론지식이 완전 일치 또는 유사함에 따라 문제가 일부 유사하게 출제될 수 있습니다.

예시) 기초재료과학, 재료가 빵 반죽(발효)에 미치는 영향, 케이크에서의 재료의 역할(기능), 빵 제품의 노화 및 냉각, 제과 제품의 변질, 제과제빵 설비 및 기기 등은 제과기능사와 제빵기능사 모두 출제될 수 있음을 참고하시기 바랍니다.

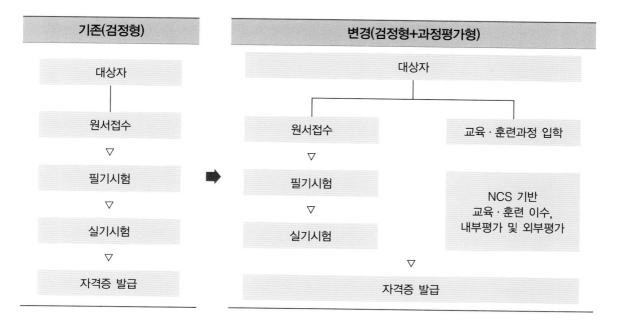

■ 시험정보

(1) 응시자격

① 응시자격에는 제한이 없다. 연령, 학력, 경력, 성별, 지역 등에 제한을 두지 않는다.

② 주로 제빵학원, 제빵직업전문학교, 조리고등학교 등에서 교육을 받고 자격증을 취득하고 있다.

(2) 시험과목 및 검정방법

| 구분 | 시험과목 | 검정방법 및 시험시간 |
|---|---|---|
| 필기시험 | 빵류 재료, 제조 및 위생관리 | 객관식 4지 택일형 60문항(60분) |
| 실기시험 | 제빵작업 | 작업형(2~4시간 정도) |

(3) 합격 기준

필기 · 실기 – 100점을 만점으로 하여 60점 이상

(4) 필기시험 면제

필기시험에 합격한 자에 대하여는 필기시험 합격자 발표일로부터 2년간 필기시험을 면제한다.


■ 활용정보

(1) 취업

① 프랜차이즈 베이커리 업체의 본사 및 체인점, 식빵류, 과자빵류를 제조하는 제빵 전문업체, 비스킷류, 케익(케이크)류 등을 제조하는 제과 전문업체, 빵 및 과자류를 제조하는 생산업체 등으로 취업할 수 있다.

② 호텔베이커리(제과부서), 손작업을 위주로 빵과 과자를 생산 판매하는 소규모 빵집이나 제과점 등으로 취업이 가능하다.

③ 대기업이 운영하는 제과 · 제빵부서, 백화점, 기업체 및 공공기관의 단체 급식소, 장기간 여행하는 해외 유람선이나 해외로도 취업이 가능하다.


■ 자격증 관계도

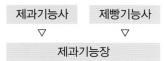

● 제과기능사 · 제빵기능사 : 제과 · 제빵기능사 시험은 제과 · 제빵에 대한 기초를 다루며 기능장 시험 응시에 도움을 준다. 제과 · 제빵기능사 자격을 취득한 후 동일 직무분야에서 7년 이상 실무에 종사하면 제과기능장 시험에 응시할 수 있다.

● 제과기능장 : 기능장은 최고급 수준의 숙련기능을 가지고 산업현장에서 작업 관리, 소속 기능 인력의 지도 및 감독, 현장훈련, 경영계층과 생산계층을 유기적으로 연계시켜 주는 현장관리 등의 역할을 수행한다.

■ 이 책의 특징

2020년에 변경된 품목과 2021년에 변경된 배합표 및 요구사항을 반영한 최신 제과·제빵기능사 실기품목과 최근 베이커리에서 유행하는 제품으로 구성되었다.

■ 제과·제빵기능사 실기시험 전 과정 수험자 공통 유의사항

1) 항목별 배점은 제조공정 55점, 제품평가 45점이며, 요구사항 외의 제조방법 및 채점기준은 비공개입니다.

2) 시험시간은 재료 전처리 및 계량시간, 제조, 정리정돈 등 모든 작업과정이 포함된 시간입니다 (감독위원의 계량확인 시간은 시험시간에서 제외).

3) 수험자 인적사항은 검은색 필기구만 사용하여야 합니다. 그 외 연필류, 유색필기구, 지워지는 펜 등은 사용이 금지됩니다.

4) 시험 전 과정 위생수칙을 준수하고 안전사고 예방에 유의합니다.
- 시작 전 간단한 가벼운 몸 풀기(스트레칭) 운동을 실시한 후 시험을 시작하십시오.
- 위생복장의 상태 및 개인위생(장신구, 두발·손톱의 청결 상태, 손씻기 등)의 불량 및 정리 정돈 미흡 시 위생항목 감점처리됩니다.

5) 다음 사항은 실격에 해당하여 채점 대상에서 제외됩니다.
   가) 수험자 본인이 수험 도중 시험에 대한 포기 의사를 표현하는 경우
   나) 위생복 상의, 위생복 하의(또는 앞치마), 위생모, 마스크 중 1개라도 착용하지 않은 경우
   다) 시험시간 내에 작품을 제출하지 못한 경우
   라) 수량(미달), 모양을 준수하지 않았을 경우
   - 요구사항에 명시된 수량 또는 감독위원이 지정한 수량(시험장별 팬의 크기에 따라 조정 가능)을 준수하여 제조하고, 잔여 반죽은 감독위원의 지시에 따라 별도로 제출하시오.
   - 지정된 수량 초과, 과다 생산의 경우는 총점에서 10점을 감점합니다.
   (단, 'O개 이상'으로 표기된 과제는 제외합니다.)
   - 반죽 제조법(공립법, 별립법, 시퐁법 등)을 준수하지 않은 경우는 제조공정에서 반죽 제조 항목을 0점 처리하고, 총점에서 10점을 추가 감점합니다.
   마) 상품성이 없을 정도로 타거나 익지 않은 경우
   바) 지급된 재료 이외의 재료를 사용한 경우
   사) 시험 중 시설·장비의 조작 또는 재료의 취급이 미숙하여 위해를 일으킬 것으로 감독위원 전원이 합의하여 판단한 경우

6) 의문 사항이 있으면 감독위원에게 문의하고, 감독위원의 지시에 따릅니다.

# 식빵 White bread 비상스트레이트법

식빵은 나라마다 규정이 다르며, 우리나라에서 식빵이라 하는 것은 틀에 넣어 구운 흰 빵을 말한다. 빵의 윗부분이 산봉우리처럼 둥글게 부풀어오른 것이 특징이며, 주로 구워서 잼이나 마멀레이드, 버터 등을 발라 먹는다. 흔히 토스트 식빵이라 부른다. 설탕, 유지를 많이 첨가한 고배합과 거의 첨가하지 않은 저배합 식빵이 있다.

## ■ 요구사항

다음 요구사항대로 식빵(비상스트레이트법)을 제조하여 제출하시오.
① 배합표의 각 재료를 계량하여 재료별로 진열하시오.(8분)
② 비상스트레이트법 공정에 의해 제조하시오.(반죽온도는 30℃로 한다.)
③ 표준분할무게는 170g으로 하고, 제시된 팬의 용량을 감안하여 결정하시오.(단, 분할무게×3을 1개의 식빵으로 함)
④ 반죽은 전량을 사용하여 성형하시오.

| 재료명 | 비상스트레이트법 | |
| --- | --- | --- |
| | 비율(%) | 무게(g) |
| 강력분(Hard flour) | 100 | 1,200 |
| 물(Water) | 63 | 756 |
| 이스트(Fresh yeast) | 5 | 60 |
| 제빵개량제(S-500) | 2 | 24 |
| 설탕(Sugar) | 5 | 60 |
| 쇼트닝(Shortening) | 4 | 48 |
| 탈지분유(Dry milk) | 3 | 36 |
| 소금(Salt) | 1.8 | 21.6(22) |
| 총배합률 | 183.8 | 2,205.6(2,206) |

## ■ 비상스트레이트법으로 전환 시 필수 조치사항

① 물 1% 감소시킨다.
② 이스트 2배 사용한다.
③ 설탕 사용량 1% 감소시킨다.
④ 반죽시간 20~25% 증가시킨다.
⑤ 반죽온도 30~31℃ 증가시킨다.
⑥ 1차 발효시간을 15~30분 시킨다.

■ 만드는 과정

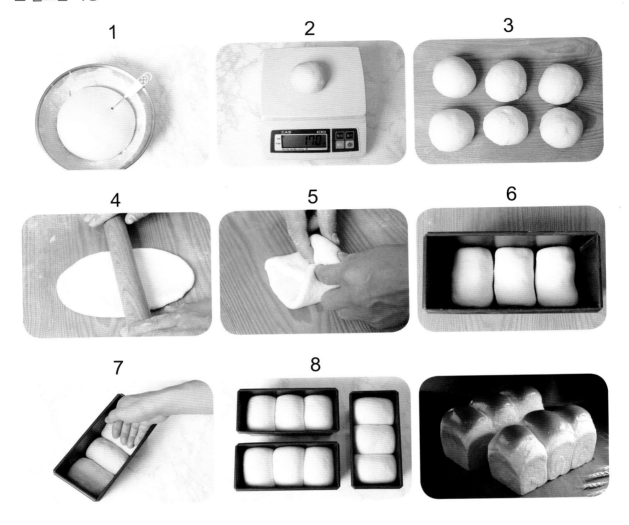

1  2  3
4  5  6
7  8

## ■ 만드는 과정

### 1. 재료계량

① 주어진 시간 내에 전 재료를 계량하여 작업대 위에 진열한다.(재료중량이 정확해야 하며, 재료손실이 많으면 감점된다.)

### 2. 반죽 제조하기

② 유지를 제외한 모든 재료를 믹싱 볼에 넣고 반죽한다.

③ 클린업 단계에서 유지를 넣고 계속 반죽한다.

④ 믹싱시간은 일반 식빵보다 20~25% 증가하고 최종단계 후기까지 믹싱을 한다.

⑤ 최종 반죽온도는 30℃±1℃가 되도록 한다.

### 3. 1차 발효하기

⑥ 발효실 온도 30℃, 상대습도 75~80% 전후의 조건에서 15~30분간 발효한다.(발효상태는 시간보다 눈으로 확인한다.)

### 4. 분할하기

⑦ 170g씩 12개 분할한다. 반죽 분할 시 어느 정도 무게를 짐작하여 한두 번의 감각으로 능숙하게 한다.

### 5. 둥글리기

⑧ 반죽표면이 매끄럽고 균일하게 둥글리기한다.

### 6. 중간발효하기

⑨ 반죽표면이 마르지 않도록 조치하고 10~15분간 발효한다.(비닐을 덮는다.)

### 7. 성형하기

⑩ 밀대를 이용하여 반죽의 두께가 일정하도록 밀어 펴서 가스를 뺀다.

⑪ 양면을 가운데로 3겹 접어서 손으로 눌러주며, 원통형으로 말아서 이음매를 잘 붙이고 좌우 대칭이 되도록 한다.

### 8. 팬닝(패닝)하기

⑫ 기름칠한 팬에 간격을 잘 맞추어 3개씩 넣고 이음매 부분은 아래를 향하도록 하여 가볍게 눌러서 팬의 구석까지 반죽이 차 보이게 팬닝한다.

### 9. 2차 발효하기

⑬ 발효실 온도 35~38℃, 상대습도 80~85% 조건에서 약 30~40분간 발효한다. 반죽이 팬 옆면과 같은 높이로 올라올 때까지 발효시킨다.(발효상태는 정해진 시간보다 육안으로 확인한다.)

### 10. 굽기

⑭ 2차 발효 후 윗불온도 178~180℃, 밑불온도 185℃에서 반죽이 팬에서 1.5cm 정도 올라오면 35분 전후에서 굽기한다.

---

| 제품평가 | |
| --- | --- |
| **색깔** | 오븐에서 구워 나온 제품의 껍질색은 진하거나 연하지 않은 먹음직스러운 황금갈색이 나야 하며, 윗면·옆면·밑면의 색깔이 고르게 나야 한다. |
| **부피** | 반죽의 중량과 팬의 크기에 맞게 부피가 적정해야 한다. 크거나 작으면 감점된다. |
| **외부균형** | 오븐에서 나온 제품의 외부가 찌그러져 균형이 맞지 않으면 감점된다. |
| **내상** | 빵을 자른 다음 내상을 체크했을 때 큰 기공이 없고 조직이 균일하고 부드러워야 한다. |
| **맛, 향** | 제품에서 식빵 특유의 은은한 향이 나고 식감이 좋아야 한다. |

# 우유식빵 Milk bread

식빵은 나라마다 규정이 다르며, 우리나라에서 식빵이라 하는 것은 틀에 넣어 구운 흰 빵이다. 빵의 윗부분이 산봉우리처럼 둥글게 부풀어오른 것이 특징이며, 주로 구워서 먹는다. 흔히 토스트 식빵이라 부른다. 반죽할 때 물을 사용하지 않고 우유를 넣고 반죽하는 것이 특징이다.

■ 요구사항

다음 요구사항대로 우유식빵을 제조하여 제출하시오.

① 배합표의 각 재료를 계량하여 재료별로 진열하시오.(8분)

② 반죽은 스트레이트법으로 제조하시오.(단, 유지는 클린업 단계에서 첨가하시오.)

③ 반죽온도는 27℃를 표준으로 하시오.

④ 표준분할무게는 180g으로 하고, 제시된 팬의 용량을 감안하여 결정하시오.(단, 분할무게×3을 1개의 식빵으로 함)

⑤ 반죽은 전량을 사용하여 성형하시오.

| 재료명 | 비율(%) | 무게(g) |
|---|---|---|
| 강력분(Hard flour) | 100 | 1,200 |
| 물(Water) | 29 | 348 |
| 우유(Milk) | 40 | 480 |
| 이스트(Fresh yeast) | 4 | 48 |
| 제빵개량제(S-500) | 1 | 12 |
| 소금(Salt) | 2 | 24 |
| 설탕(Sugar) | 5 | 60 |
| 쇼트닝(Shortening) | 4 | 48 |
| 총배합률 | 185 | 2,220 |

■ 만드는 과정

1

2

3

4

5

6

7

8

우유에 함유된 유당으로 인해 오븐에서 색깔이 조금 빠르게 나타날 수 있으므로 체크를 잘 해야 한다.
성형 시 좌우대칭이 잘 맞아야 완성된 제품이 잘 나온다.

## ■ 만드는 과정

### 1. 재료계량

① 주어진 시간 내에 전 재료를 계량하여 작업대 위에 진열한다.(재료중량이 정확해야 하며, 재료손실이 많으면 감점된다.)

### 2. 반죽 제조하기

② 유지를 제외한 전 재료를 믹싱 볼에 넣고 반죽한다.

③ 클린업 단계에서 유지를 넣고 계속 반죽한다.

④ 최종단계에서 믹싱을 완료하고 반죽온도는 27℃가 되도록 한다.

### 3. 1차 발효하기

⑤ 발효실 온도 27℃, 상대습도 75~80% 조건에서 50~60분간 발효한다.(반죽의 발효상태 확인은 처음 반죽 부피의 2.5~3배, 손가락 테스트, 섬유질 상태로 판단한다.)

### 4. 분할하기

⑥ 반죽을 180g씩 분할한다. 반죽 분할 시 어느 정도 무게를 짐작하여 한두 번의 감각으로 능숙하게 한다.

### 5. 둥글리기

⑦ 반죽표면이 매끄럽고 반죽이 균일하도록 둥글리기한다.

### 6. 중간발효하기

⑧ 10~15분간 발효하고 반죽표면이 마르지 않도록 덮어준다.(비닐을 사용한다.)

### 7. 성형하기

⑨ 밀대를 이용하여 타원형이 되도록 가스를 뺀다. 양면을 가운데로 3겹 접어서 손으로 눌러주며, 원통형으로 말아서 이음매를 잘 붙이고 좌우 대칭이 되도록 한다.

### 8. 팬닝(패닝)하기

⑩ 기름칠한 팬에 간격을 잘 맞추어 3개씩 넣고 이음매 부분은 아래를 향하도록 하여 손으로 가볍게 눌러서 팬의 구석까지 반죽이 차 보이게 팬닝한다.

### 9. 2차 발효하기

⑪ 발효실 온도 34~43℃, 상대습도 80~85%의 조건에서 30~40분간 발효한다. 반죽이 팬 옆면과 같은 높이로 올라올 때까지 발효시킨다.(발효상태는 정해진 시간보다 육안으로 확인한다.)

### 10. 굽기

⑫ 윗불온도 178~180℃, 밑불온도 180℃에서 30분 전후로 굽는다. 오븐의 특성에 따라 온도차이가 있으면 굽는 동안 팬의 위치를 돌려가면서 굽는다.

---

**제품평가**

**색깔** 오븐에서 나온 제품의 껍질색은 진하거나 연하지 않은 먹음직스러운 황금갈색이 나야 하며, 윗면·옆면·밑면의 색깔이 고르게 나와야 한다.

**부피** 반죽의 중량과 팬의 크기에 맞게 부피가 적정해야 한다. 크거나 작으면 감점된다.

**외부균형** 오븐에서 나온 제품의 외부가 찌그러져 균형이 맞지 않으면 감점된다.

**내상** 빵을 자른 다음 내상을 체크했을 때 큰 기공이 없고 조직이 균일하고 부드러워야 한다.

**맛, 향** 우유식빵 특유의 은은한 향이 나고 식감이 좋아야 한다.

# 풀만식빵 Pullman bread

시험시간
**3시간 40분**

빵의 윗부분이 산봉우리처럼 둥글게 부풀어오른 영국식 식빵과 반죽은 동일하나 반죽을 성형하여 넣을 때 뚜껑이 있는 식빵 팬을 사용하며, 2차 발효 후 오븐에 넣을 때 뚜껑을 덮고 굽는다. 구워 나오면 네모난 모양의 샌드위치용 식빵이 된다. 흔히 미국식 식빵을 말한다.

## ■ 요구사항

다음 요구사항대로 풀만식빵을 제조하여 제출하시오.
① 배합표의 각 재료를 계량하여 재료별로 진열하시오.(9분)
② 반죽은 스트레이트법으로 제조하시오.(단, 유지는 클린업 단계에서 첨가하시오.)
③ 반죽온도는 27℃를 표준으로 하시오.
④ 표준분할무게는 250g으로 하고, 제시된 팬의 용량을 감안하여 결정하시오.(단, 분할무게×2를 1개의 식빵으로 함)
⑤ 반죽은 전량을 사용하여 성형하시오.

| 재료명 | 비율(%) | 무게(g) |
|---|---|---|
| 강력분(Hard flour) | 100 | 1,400 |
| 물(Water) | 58 | 812 |
| 이스트(Fresh yeast) | 4 | 56 |
| 제빵개량제(S-500) | 1 | 14 |
| 소금(Salt) | 2 | 28 |
| 설탕(Sugar) | 6 | 84 |
| 쇼트닝(Shortening) | 4 | 56 |
| 달걀(Egg) | 5 | 70 |
| 분유(Dry milk) | 3 | 42 |
| 총배합률 | 183 | 2,562 |

■ 만드는 과정

1

2

3

4

5

6

7

8

TIP
반죽의 발효상태를 확인하고 팬의 80%까지 발효가 되어야 한다. 발효가 부족하면 사각형 모양이 나오지 않고 오버되면 뚜껑과 팬 사이로 반죽이 밀려 나올 수 있으므로 주의한다.

164

## ■ 만드는 과정

### 1. 재료계량

① 주어진 시간 내에 전 재료를 계량하여 작업대 위에 진열한다.(재료중량이 정확해야 하며, 재료손실이 많으면 감점된다.)

### 2. 반죽 제조하기

② 유지를 제외한 모든 재료를 믹싱 볼에 넣고 반죽한다.

③ 클린업 단계에서 유지를 넣고 계속 반죽한다.

④ 최종단계에서 믹싱을 완료하고 반죽온도는 27℃가 되도록 한다.

### 3. 1차 발효하기

⑤ 발효실 온도 27~28℃, 상대습도 75~80% 조건에서 50~60분간 발효한다.(반죽의 발효상태는 정해진 시간보다 다양한 방법으로 확인한다.)

### 4. 분할하기

⑥ 분할은 250g씩 한다. 팬의 크기가 다른 경우 감독관의 지시에 따라 분할 중량 및 개수를 정하고 풀만식빵의 비용적은 3.7~1.0cm³/g이다.

### 5. 둥글리기

⑦ 반죽표면이 매끄럽고 반죽이 균일하도록 둥글리기한다.

### 6. 중간발효하기

⑧ 10~15분 발효하고 반죽표면이 마르지 않도록 덮어준다.(비닐을 사용한다.)

### 7. 성형하기

⑨ 밀대를 이용하여 타원형이 되도록 가스를 뺀다. 양면을 가운데로 3겹 접어서 손으로 눌러주며, 원통형으로 말아서 이음매를 잘 붙이고 좌우 대칭이 되도록 한다.

### 8. 팬닝(패닝)하기

⑩ 기름칠한 팬에 간격을 잘 맞추어 반죽을 넣고 이음매 부분은 아래를 향하도록 하여 손으로 가볍게 눌러서 팬의 구석까지 반죽이 차 보이게 팬닝한다.

### 9. 2차 발효하기

⑪ 발효실 온도 38℃, 상대습도 85% 조건에서 35~50분간 발효한다. 팬 높이보다 1cm 정도 낮을 때 뚜껑을 덮는다.(팬 부피의 80% 정도 발효시킨다.) 발효상태는 정해진 시간보다 육안으로 확인해야 한다.

### 10. 굽기

⑫ 뚜껑을 덮고 윗불온도 180~185℃, 밑불온도 180~185℃에서 35분 전후로 굽는다. 일반 식빵보다 조금 더 길게 구워야 하며 꺼낸 후 주저앉지 않도록 주의한다.

---

**제품평가**

**색깔** 오븐에서 나온 제품의 껍질색은 진하거나 연하지 않은 먹음직스러운 황금갈색이 나야 하며, 윗면·옆면·밑면의 색깔이 고르게 나야 한다.

**부피** 반죽의 중량과 팬의 크기에 맞게 부피가 적정해야 한다. 발효가 부족하거나 오버되면 감점된다.

**외부균형** 오븐에서 나온 제품의 외부가 찌그러져 균형이 맞지 않으면 감점된다.

**내상** 빵을 자른 다음 내상을 체크했을 때 큰 기공이 없고 조직이 균일하고 부드러워야 한다.

**맛, 향** 식빵 특유의 은은한 향이 나고 식감이 좋아야 한다.

# 옥수수식빵 Corn bread

강력분 밀가루와 옥수수가루를 섞어 반죽하여 만든 빵으로 고소한 맛을 느낄 수 있다.
옥수수가루를 사용하기 때문에 일반 식빵에 비해 글루텐의 함량이 적어져서 쫄깃한 질감이
덜하고 건조한 느낌이 든다. 보통 밀가루 대비 옥수수가루는 20~30%를 사용하여 만든다.

## ■ 요구사항

다음 요구사항대로 옥수수식빵을 제조하여 제출하시오.

① 배합표의 각 재료를 계량하여 재료별로 진열하시오.(10분)

② 반죽은 스트레이트법으로 제조하시오.(단, 유지는 클린업 단계에서 첨
　가하시오.)

③ 표준분할무게는 180g으로 하고, 제시된 팬의 용량을 감안하여 결정하
　시오.(단, 분할무게×3을 1개의 식빵으로 함)

④ 반죽온도는 27℃를 표준으로 하시오.

⑤ 반죽은 전량을 사용하여 성형하시오.

| 재료명 | 비율(%) | 무게(g) |
|---|---|---|
| 강력분(Hard flour) | 80 | 960 |
| 옥수수분말(Corn flour) | 20 | 240 |
| 물(Water) | 60 | 720 |
| 이스트(Fresh yeast) | 3 | 36 |
| 제빵개량제(S-500) | 1 | 12 |
| 소금(Salt) | 2 | 24 |
| 설탕(Sugar) | 8 | 96 |
| 쇼트닝(Shortening) | 7 | 84 |
| 탈지분유(Dry milk) | 3 | 36 |
| 달걀(Egg) | 5 | 60 |
| 총배합률 | 189 | 2,268 |

■ 만드는 과정

1
2
3
4
5
6
7
8

TIP

옥수수식빵 반죽은 일반식빵 반죽보다 조금 짧게 믹싱한다. 오븐 스프링이 적기 때문에 2차 발효 시 반죽이 팬 높이보다 1cm 정도 높게 발효되도록 한다.

## ■ 만드는 과정

### 1. 재료계량

① 주어진 시간 내에 전 재료를 계량하여 작업대 위에 진열한다.(재료중량이 정확해야 하며, 재료손실이 많으면 감점된다.)

### 2. 반죽 제조하기

② 유지를 제외한 모든 재료를 믹싱 볼에 넣고 반죽한다.

③ 클린업 단계에서 유지를 넣고 계속 반죽한다.

④ 반죽온도는 27℃가 되도록 하고 보통 식빵 반죽의 90%에서 믹싱을 완료한다.

### 3. 1차 발효하기

⑤ 발효실 온도 27℃, 상대습도 75~80% 조건에서 50~60분간 발효한다.(반죽의 발효상태는 정해진 시간보다 다양한 방법으로 체크한다.)

### 4. 분할하기

⑥ 보통 식빵보다 분할량을 10~15% 늘려 180g씩 12개를 분할한다.

### 5. 둥글리기

⑦ 반죽표면이 매끄럽고 반죽이 균일하도록 둥글리기한다.

### 6. 중간발효하기

⑧ 10~15분간 발효하고 반죽표면이 마르지 않도록 한다.(비닐을 덮는다.)

### 7. 성형하기

⑨ 밀대를 이용하여 타원형이 되도록 가스를 뺀다. 양면을 가운데로 3겹 접어서 손으로 눌러주며, 원통형으로 말아 이음매를 잘 붙이고 좌우대칭이 되도록 한다.

### 8. 팬닝(패닝)하기

⑩ 기름칠한 팬에 간격을 잘 맞추어 성형한 반죽 3개를 넣고 이음매 부분은 아래를 향하도록 하여 손으로 가볍게 눌러서 팬의 구석까지 반죽이 차 보이게 팬닝한다.

### 9. 2차 발효하기

⑪ 발효실 온도 36~38℃, 상대습도 85% 조건에서 약 40~50분간 발효한다. 반죽이 팬의 옆면보다 조금 더 올라올 때까지 발효시킨다.(발효상태는 정해진 시간보다 육안으로 직접 확인한다.)

### 10. 굽기

⑫ 윗불온도 178~180℃, 밑불온도 185℃에서 30분 전후로 굽는다. 오븐의 특성에 따라 온도차이가 있으면 굽는 동안 팬의 위치를 돌려가면서 굽는다.

---

**제품평가**

**색깔** 오븐에서 나온 제품의 껍질색은 진하거나 연하지 않은 먹음직스러운 황금갈색이 나야 하고 윗면 · 옆면 · 밑면의 색깔이 고르게 나야 한다.
**부피** 반죽의 중량과 팬의 크기에 맞게 부피가 적정해야 한다. 발효가 부족하거나 오버되면 감점된다.
**외부균형** 오븐에서 나온 제품의 외부가 찌그러져 균형이 맞지 않으면 감점된다.
**내상** 빵을 자른 다음 내상을 체크했을 때 큰 기공이 없고 조직이 균일하고 부드러워야 한다.
**맛, 향** 옥수수 빵 특유의 은은한 향이 나고 식감이 좋아야 한다.

# 버터톱식빵 Butter top bread

버터톱식빵은 반죽에 버터가 많이 들어가는 빵으로 부드럽고 버터향이 많이 난다. 반죽 윗면에 칼집을 내고 사이에 버터를 짜 넣어 구운 부드러운 맛의 식빵이다.

## ■ 요구사항

다음 요구사항대로 버터톱식빵을 제조하여 제출하시오.

① 배합표의 각 재료를 계량하여 재료별로 진열하시오.(9분)

② 반죽은 스트레이트법으로 제조하시오.(단, 유지는 클린업 단계에서 첨가하시오.)

③ 반죽온도는 27℃를 표준으로 하시오.

④ 분할무게 460g짜리 5개를 만드시오.(한덩어리 : One loaf)

⑤ 윗면을 길이로 자르고 버터를 짜 넣는 형태로 만드시오.

⑥ 반죽은 전량을 사용하여 성형하시오.

| 재료명 | 비율(%) | 무게(g) |
|---|---|---|
| 강력분(Hard flour) | 100 | 1,200 |
| 설탕(Sugar) | 6 | 72 |
| 버터(Butter) | 20 | 240 |
| 소금(Salt) | 1.8 | 21.6(22) |
| 탈지분유(Dry milk) | 3 | 36 |
| 이스트(Fresh yeast) | 4 | 48 |
| 제빵개량제(S-500) | 1 | 12 |
| 물(Water) | 40 | 480 |
| 달걀(Egg) | 20 | 240 |
| 총배합률 | 195.8 | 2,349.6(2,350) |

## ※ 계량시간에서 제외

| 재료명 | 비율(%) | 무게(g) |
|---|---|---|
| 버터(바르기용) | 5 | 60 |

■ 만드는 과정

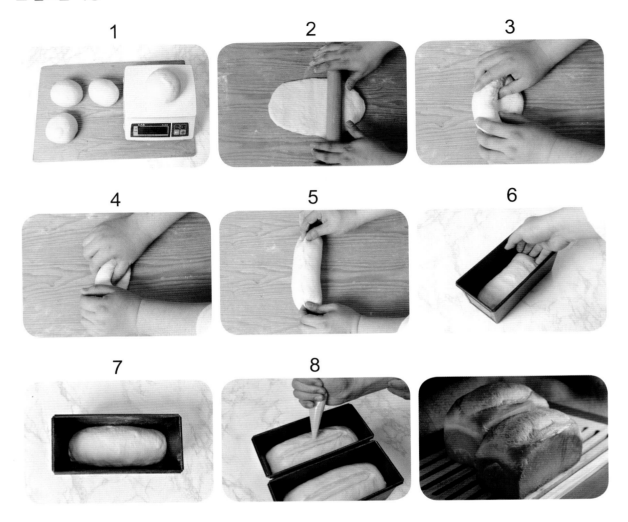

1

2

3

4

5

6

7

8

버터톱식빵은 2차 발효가 오버되지 않도록 체크를 잘해야 하며, 윗면에 짜는 버터는 부드러운 상태로 만들어 짤주머니에 담아서 짜준다.

# ■ 만드는 과정

### 1. 재료계량

① 주어진 시간 내에 전 재료를 계량하여 작업대 위에 진열한다.(재료중량이 정확해야 하며, 재료손실이 많으면 감점된다.)

### 2. 반죽 제조하기

② 버터를 제외한 모든 재료를 믹싱 볼에 넣고 반죽한다.

③ 클린업 단계에서 버터를 넣고 최종단계까지 믹싱을 하며, 반죽온도는 27℃가 되게 한다.

### 3. 1차 발효하기

④ 발효실 온도 27℃, 상대습도 75~80% 조건에서 50~60분간 발효한다.(반죽의 발효상태는 정해진 발효시간보다 다양한 방법으로 확인한다.)

### 4. 분할하기

⑤ 460g씩 분할한다. 반죽 분할 시 어느 정도 무게를 짐작하여 한두 번의 감각으로 능숙하게 한다.

### 5. 둥글리기

⑥ 반죽표면이 매끄럽고 반죽이 균일하도록 둥글리기한다.

### 6. 중간발효하기

⑦ 10~15분간 발효하고 반죽표면이 마르지 않도록 비닐을 덮어준다.

### 7. 성형하기

⑧ 밀대를 이용하여 반죽을 길게 밀어 가스를 빼고 둥글게 말아준다.

※ 한덩어리(One loaf)형으로 성형한다.

### 8. 팬닝(패닝)하기

⑨ 말아준 끝부분이 아래를 향하도록 팬닝한다. 손으로 가볍게 눌러서 팬의 구석까지 반죽이 차 보이게 한다.

### 9. 2차 발효하기

⑩ 발효실 온도 38℃, 상대습도 80~85%에서 약 30~40분간 2차 발효시킨다.(발효상태는 정해진 발효시간보다는 육안으로 확인한다.)

### 10. 굽기

⑪ 발효가 80% 정도 되면 반죽 중앙부분을 0.5cm 깊이로 칼집을 주고 버터를 짜준다.

⑫ 윗불온도 180~185℃, 밑불온도 185℃에서 30분 전후로 굽는다.

⑬ 오븐에서 나오면 녹인 버터를 식빵 윗면에 발라준다.(감독위원의 지시에 따른다.)

---

**제품평가**

**색깔** 오븐에서 나온 제품의 껍질색은 진하거나 연하지 않은 먹음직스러운 황금갈색이 나야 하며, 윗면·옆면·밑면의 색깔이 고르게 나야 한다.

**부피** 반죽의 중량과 팬의 크기에 맞게 부피가 적정해야 한다. 발효가 부족하거나 오버되면 감점된다.

**외부균형** 오븐에서 나온 제품의 외부가 찌그러져 균형이 맞지 않으면 감점된다.

**내상** 빵을 자른 다음 내상을 체크했을 때 큰 기공이 없고 조직이 균일하고 부드러워야 한다.

**맛, 향** 버터식빵 특유의 은은한 향이 나고 식감이 좋아야 한다.

# 밤식빵 Chestnut bread

강력분 밀가루와 중력분 밀가루를 사용하여 만든 반죽에 달콤한 밤을 넣고 만든 식빵이다. 윗면에 비스킷 토핑이 올라가기 때문에 버터나 잼을 바르지 않고 먹을 수 있는 간식용 식빵이다.

## ■ 요구사항

다음 요구사항대로 밤식빵을 제조하여 제출하시오.

① 배합표의 각 재료를 계량하여 재료별로 진열하시오.(10분)

② 반죽은 스트레이트법으로 제조하시오.

③ 반죽온도는 27℃를 표준으로 하시오.

④ 분할무게는 450g으로 하고, 성형 시 450g의 반죽에 80g의 통조림 밤을 넣고 정형하시오.(한덩어리 : One loaf)

⑤ 토핑물을 제조하여 굽기 전에 토핑하고 아몬드를 뿌리시오.

⑥ 반죽은 전량을 사용하여 성형하시오.

### 빵 반죽

| 재료명 | 비율(%) | 무게(g) |
|---|---|---|
| 강력분(Hard flour) | 80 | 960 |
| 중력분(Soft flour) | 20 | 240 |
| 설탕(Sugar) | 12 | 144 |
| 버터(Butter) | 8 | 96 |
| 소금(Salt) | 2 | 24 |
| 물(Water) | 52 | 624 |
| 이스트(Fresh yeast) | 4.5 | 54 |
| 제빵개량제(S-500) | 1 | 12 |
| 탈지분유(Dry milk) | 3 | 36 |
| 달걀(Egg) | 10 | 120 |
| 총배합률 | 192.5 | 2,310 |

### 토핑(충전용, 토핑 재료는 계량시간에서 제외)

| 재료명 | 비율(%) | 무게(g) |
|---|---|---|
| 마가린(Margarine) | 100 | 100 |
| 설탕(Sugar) | 60 | 60 |
| 베이킹파우더(Baking powder) | 2 | 2 |
| 달걀(Egg) | 60 | 60 |
| 중력분(Soft flour) | 100 | 100 |
| 아몬드 슬라이스(Almond slice) | 50 | 50 |
| 총배합률 | 372 | 372 |

| 재료명 | 비율(%) | 무게(g) |
|---|---|---|
| 밤다이스(Chestnut dices)(시럽 제외) | 35 | 420 |

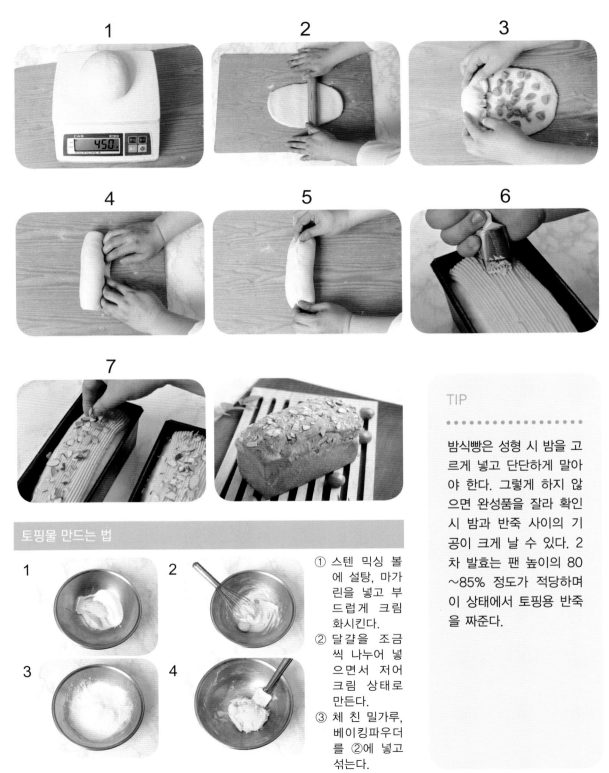

1

2

3

4

5

6

7

토핑물 만드는 법

1

2

3

4

① 스텐 믹싱 볼에 설탕, 마가린을 넣고 부드럽게 크림화시킨다.
② 달걀을 조금씩 나누어 넣으면서 저어 크림 상태로 만든다.
③ 체 친 밀가루, 베이킹파우더를 ②에 넣고 섞는다.

TIP
• • • • • • • • • • • • • •

밤식빵은 성형 시 밤을 고르게 넣고 단단하게 말아야 한다. 그렇게 하지 않으면 완성품을 잘라 확인 시 밤과 반죽 사이의 기공이 크게 날 수 있다. 2차 발효는 팬 높이의 80~85% 정도가 적당하며 이 상태에서 토핑용 반죽을 짜준다.

## ■ 만드는 과정

### 1. 재료계량

① 주어진 시간 내에 전 재료를 계량하여 작업대 위에 진열한다.(재료중량이 정확해야 하며, 재료손실이 많으면 감점된다.)

### 2. 반죽 제조하기

② 유지, 밤을 제외한 전 재료를 믹싱 볼에 넣고 반죽한다.

③ 클린업 단계에서 유지를 넣고 최종단계까지 반죽을 하며, 반죽온도는 27℃가 되게 한다.

### 3. 1차 발효하기

④ 발효실 온도 27℃, 상대습도 75~80% 상태에서 50~60분간 1차 발효한다.(반죽의 발효상태는 정해진 시간보다 다양한 방법으로 확인한다.)

### 4. 분할하기

⑤ 450g씩 분할한다. 반죽 분할 시 어느 정도 무게를 짐작하여 한두 번의 감각으로 능숙하게 한다.

### 5. 둥글리기

⑥ 반죽표면이 매끄럽고 균일하게 둥글리기한다.

### 6. 중간발효하기

⑦ 반죽표면이 마르지 않도록 비닐을 덮어 10~15분간 중간발효시킨다.

### 7. 성형하기

⑧ 밀대를 이용하여 반죽을 밀어 가스를 빼고 80g의 밤을 골고루 넣고 둥글고 단단하게 말아준다.(원로프형) 이음매를 잘 붙이고 좌우 대칭이 되도록 한다.

### 8. 팬닝(패닝)하기

⑨ 기름칠한 팬에 간격을 잘 맞추어 반죽을 넣고 이음매 부분은 아래를 향하도록 하여 손으로 가볍게 눌러서 팬의 구석까지 반죽이 차 보이게 팬닝한다.

### 9. 2차 발효하기

⑩ 발효실 온도 38℃, 상대습도 80~85% 상태에서 40~50분간 2차 발효한다.(빵의 발효상태는 정해진 발효시간보다 육안으로 확인한다.)

### 10. 굽기

⑪ 토핑물을 짤주머니에 담아 반죽을 윗면에 짜주고 슬라이스 아몬드를 뿌려서 굽는다.

⑫ 윗불온도 180~185℃, 밑불온도 180~190℃에서 30분 전후로 굽는다. 오븐의 특성에 따라 온도차이가 있으면 굽는 동안 팬의 위치를 돌려가면서 굽는다.

---

**제품평가**

**색깔** 오븐에서 나온 제품의 껍질색은 진하거나 연하지 않은 먹음직스러운 황금갈색이 나야 하며, 윗면·옆면·밑면의 색깔이 고르게 나야 한다.
**부피** 반죽의 중량과 팬의 크기에 맞게 부피가 적정해야 한다. 발효가 부족하거나 오버되면 감점요인이 된다.
**외부균형** 오븐에서 나온 제품의 외부가 찌그러져 균형이 맞지 않으면 감점된다.
**내상** 빵을 자른 다음 내상을 체크했을 때 큰 기공이 없고 조직이 균일하고 부드러워야 한다.
**맛, 향** 밤식빵 특유의 은은한 향이 나고 식감이 좋아야 한다.

---

# 쌀식빵 Rice bread

시험시간

**3시간 40분**

강력분 밀가루에 쌀가루를 섞어 만든 식빵으로 밀가루만 사용하여 만든 것보다 더 쫄깃한 맛을 느낄 수 있는 식빵이다. 최근 글루텐이 들어가지 않는 빵을 찾는 사람들을 위해 밀가루를 사용하지 않고 쌀가루만 사용하여 다양한 빵을 만들기도 한다.

## ■ 요구사항

다음 요구사항대로 쌀식빵을 제조하여 제출하시오.

① 배합표의 각 재료를 계량하여 재료별로 진열하시오.(9분)

② 반죽은 스트레이트법으로 제조하시오.(단, 유지는 클린업 단계에서 첨가하시오.)

③ 반죽온도는 27℃를 표준으로 하시오.

④ 분할무게는 198g씩으로 하고, 제시된 팬의 용량을 감안하여 결정하시오.(단, 분할무게×3을 1개의 식빵으로 함)

| 재료명 | 비율(%) | 무게(g) |
|---|---|---|
| 강력분(Hard flour) | 70 | 910 |
| 쌀가루(Rice flour) | 30 | 390 |
| 물(Water) | 63 | 819(820) |
| 이스트(Fresh yeast) | 3 | 39(40) |
| 소금(Salt) | 1.8 | 23.4(24) |

| 재료명 | 비율(%) | 무게(g) |
|---|---|---|
| 설탕(Sugar) | 7 | 91(90) |
| 쇼트닝(Shortening) | 5 | 65(66) |
| 탈지분유(Dry milk) | 4 | 52 |
| 제빵개량제(S-500) | 2 | 26 |
| 총배합률 | 185.8 | 2,415.4 (2,418) |

## ■ 수험자 유의사항

① 실격기준 : 시험시간을 초과할 경우
   전 과정을 응시하지 않을 경우
   지급재료 외의 재료를 사용했을 경우
   작품의 가치가 없을 정도로 타거나 익지 않은 경우

② 안전사고가 없도록 유의한다.

③ 의문사항이 있으면 감독위원에게 문의하고, 감독위원의 지시에 따른다.

④ 시험시간은 재료계량시간이 포함된 시간이다.

■ 만드는 과정

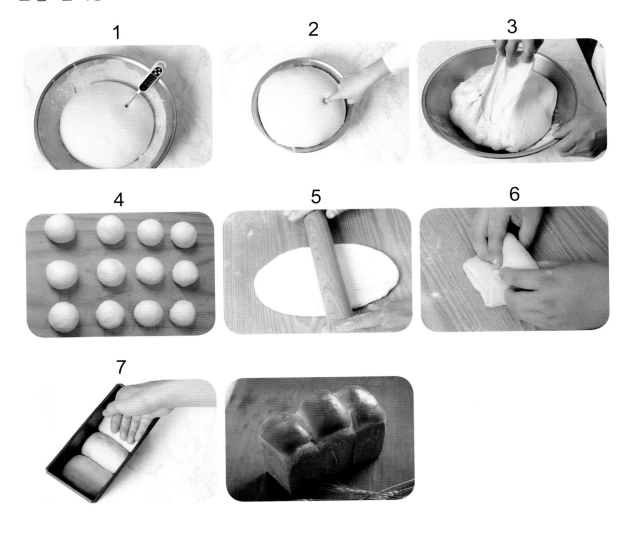

1

2

3

4

5

6

7

● ● ● ● ● ● ● ● ● ● ● ● ● ● ● ● ● ● ● ● ● ● ● ● ● ● ● ● ● ● ● ● ● ● ● ● ● ● ● ● ● ● ● ● ●

쌀가루의 특성을 이해하고 반죽을 해야 한다. 밀가루에 비해서 쌀가루는 수분함유율이 조금 부족하므로 반죽할 때 믹싱은 다른 식빵류보다 조금 짧게 해야 제품이 잘 나온다.

## ■ 만드는 과정

### 1. 재료계량

주어진 시간 내에 전 재료를 계량하여 작업대 위에 진열한다.(재료중량이 정확해야 하며, 재료손실이 많으면 감점된다.)

### 2. 반죽 제조하기

① 믹싱 볼에 유지를 제외한 전 재료를 넣고 저속으로 믹싱한다.

② 클린업 단계에서 유지를 넣고 계속 반죽한다.

③ 일반식빵보다 반죽은 조금 짧게 한다. 반죽온도는 27℃가 되도록 한다.

### 3. 1차 발효하기

④ 반죽의 건조를 막기 위하여 비닐을 덮어서 발효실 온도 27℃, 상대습도 75~80%로 맞추고 50~60분간 1차 발효를 한다.(반죽 발효상태는 정해진 시간보다 다양한 방법으로 확인한다.)

### 4. 분할하기

⑤ 1차 발효가 끝나면 198g씩 분할한다. 반죽 분할 시 어느 정도 무게를 짐작하여 한두 번의 감각으로 능숙하게 한다.

### 5. 둥글리기

반죽의 표면이 매끄럽게 둥글리기한다.

### 6. 중간발효하기

⑥ 10~15분간 중간발효를 한다.(비닐을 덮어놓는다.)

### 7. 성형하기

⑦ 밀대를 이용하여 타원형이 되도록 가스를 뺀다. 양면을 가운데로 3겹 접어서 손으로 눌러주며, 원통형으로 말아서 이음매를 잘 붙인다.

⑧ 좌우 대칭이 되도록 접어 단단하게 말아준다.

### 8. 팬닝(패닝)하기

⑨ 한 팬에 3개씩 넣는다. 넣을 때는 반죽의 이음매 부위가 바닥을 향하게 넣는다.

### 9. 2차 발효하기

⑩ 발효실 온도 35~40℃, 상대습도 80~90%의 조건에서 30~40분간 발효시킨다.(반죽 발효상태는 정해진 발효시간보다 육안으로 확인한다.)

### 10. 굽기

⑪ 반죽이 팬에서 1cm 정도 올라오면 윗불온도 178~180℃, 밑불온도 180~185℃에서 30분 전후로 굽는다.

---

**제품평가**

**색깔** 제품의 껍질색은 진하거나 연하지 않고 먹음직스러운 황금갈색이 나야 하며, 윗면·옆면·밑면의 색깔이 고르게 나야 한다.

**부피** 반죽의 중량과 팬의 크기에 맞게 부피가 적정해야 한다. 발효가 부족하거나 오버되면 감점된다.

**외부균형** 오븐에서 나온 제품의 외부가 찌그러져 균형이 맞지 않으면 감점된다.

**내상** 빵을 자른 다음 내상을 체크했을 때 큰 기공이 없고 조직이 균일하며, 부드러워야 한다.

**맛, 향** 쌀식빵 특유의 은은한 향이 나고 식감이 좋아야 한다.

# 그리시니 Grissini

시험시간
**2시간 30분**

그리시니(grissini)는 밀가루에 물과 소금, 이스트, 올리브오일 등 다양한 재료를 함께 반죽하여 만든 형태로 가늘고 긴 연필 모양으로 구운 이탈리아 빵이다. 오븐에 굽기 전 소금이나 세몰리나 가루를 뿌려 다양한 맛을 낼 수 있다.

## ■ 요구사항

다음 요구사항대로 그리시니를 제조하여 제출하시오.

① 배합표의 각 재료를 계량하여 재료별로 진열하시오.(8분)

② 전 재료를 동시에 투입하여 믹싱하시오.(스트레이트법)

③ 반죽온도는 27℃를 표준으로 하시오.

④ 1차 발효시간은 30분 정도로 하시오.

⑤ 분할무게는 30g, 길이는 35~40cm로 성형하시오.

⑥ 반죽은 전량을 사용하여 성형하시오.

| 재료명 | 비율(%) | 무게(g) |
|---|---|---|
| 강력분(Hard flour) | 100 | 700 |
| 설탕(Sugar) | 1 | 7(6) |
| 건조 로즈메리(Dry rosemary) | 0.14 | 1(2) |
| 소금(Salt) | 2 | 14 |
| 이스트(Fresh yeast) | 3 | 21(22) |
| 버터(Butter) | 12 | 84 |
| 올리브유(Olive oil) | 2 | 14 |
| 물(Water) | 62 | 434 |
| 총배합률 | 182.14 | 1,275(1,276) |

■ 만드는 과정

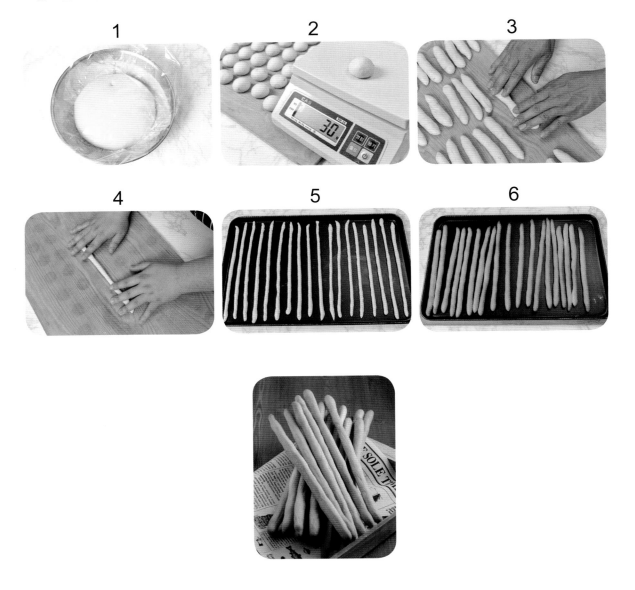

반죽의 단계를 지켜야 한다. 반죽을 많이 하면 수축성이 심해서 성형하기 어려우며, 한 번이 아닌 두 번에 나누어 밀어서 성형한다. 오븐에서는 바삭한 느낌이 나도록 굽는다.

## ■ 만드는 과정

### 1. 재료계량

① 주어진 시간 내에 전 재료를 계량하여 작업대 위에 진열한다.(재료중량이 정확해야 하며, 재료손실이 많으면 감점된다.)

### 2. 반죽 제조하기

② 모든 재료를 믹싱 볼에 넣고 저속과 중속으로 믹싱한다.(발전단계와 최종단계의 중간 정도, 반죽온도 27℃)

### 3. 1차 발효하기

③ 온도 27℃, 습도 80%에서 30분간 1차 발효를 한다.(반죽의 발효상태는 정해진 시간보다 다양한 방법으로 확인한다.)

### 4. 분할하기

④ 반죽을 30g씩 분할한다. 반죽 분할 시 어느 정도 무게를 짐작하여 한두 번의 감각으로 능숙하게 한다.

### 5. 둥글리기

⑤ 반죽의 표면이 매끄럽게 둥글리기한다.

### 6. 중간발효하기

⑥ 둥글리기해 놓은 반죽은 막대모양으로 밀어 비닐을 덮고 실온에서 10~15분간 중간발효시킨다.

### 7. 성형하기

⑦ 손으로 반죽을 밀어 늘리면서 반죽의 두께가 일정하도록 하고 표면은 매끄럽게 하여 길이는 35~40cm 정도로 한다.(한번에 밀어서 늘리면 반죽이 떨어지거나 수축되어 길이를 맞추기가 어렵기 때문에 두 번으로 나누어 밀어준다.)

### 8. 팬닝(패닝)하기

⑧ 평철판 위에 간격을 잘 맞추어 놓는다.

### 9. 2차 발효하기

⑨ 팬에 일정하게 팬닝하여 발효실 온도 35℃, 습도 75~85%에서 20~30분간 2차 발효시킨다.(발효시간보다 눈으로 보고 발효상태를 판단하여야 한다.)

### 10. 굽기

⑩ 윗불 200~210℃, 아랫불 180~190℃의 오븐 온도에서 8~10분간 굽는다.

※ 높은 온도에서 단시간에 굽거나 낮은 온도에서 조금 길게 굽는다.

| 제품평가 | 색깔 오븐에서 나온 제품의 껍질색은 진하거나 연하지 않은 먹음직스러운 황금갈색이 나야 하며, 윗면·옆면·밑면의 색깔이 고르게 나야 한다.<br>부피 반죽의 중량에 맞게 전체적으로 봐서 빵의 부피가 적정해야 한다. 발효가 부족하거나 오버되면 감점된다.<br>외부균형 제품의 외부가 막대모양으로 두께가 일정하고 균형이 맞아야 한다.<br>내상 빵의 내상을 체크했을 때 큰 기공이 없고 조직이 균일해야 한다.<br>맛, 향 제품에서 로즈메리, 올리브유 등 은은한 향이 나고 바삭한 느낌의 식감이 있어야 한다. |
| --- | --- |

# 호밀빵 Rye bread

시험시간
**3시간
30분**

밀가루와 호밀가루를 주원료로 해서 만들며, 반죽이 꽉 차 있고 묵직한 특징을 가진 독일의 전통적인 빵이다. 우리나라는 호밀빵 만들 때 호밀가루 사용 비율이 낮으나 독일에서는 호밀가루 비율이 매우 높다. 따라서 다른 빵에 비해 색깔이나 향이 강하며 섬유소가 많아서 건강식품으로 선호되고 있다.

## ■ 요구사항

다음 요구사항대로 호밀빵을 제조하여 제출하시오.
① 배합표의 각 재료를 계량하여 재료별로 진열하시오.(10분)
② 반죽은 스트레이트법으로 제조하시오.
③ 반죽온도는 25℃를 표준으로 하시오.
④ 표준분할무게는 330g으로 하시오.
⑤ 제품의 형태는 타원형(럭비공모양)으로 제조하고, 칼집모양을 가운데 일자로 내시오.
⑥ 반죽은 전량을 사용하여 성형하시오.

| 재료명 | 비율(%) | 무게(g) |
|---|---|---|
| 강력분(Hard flour) | 70 | 770 |
| 호밀가루(Rye flour) | 30 | 330 |
| 이스트(Fresh yeast) | 3 | 33 |
| 제빵개량제(S-500) | 1 | 11(12) |
| 물(Water) | 60~65 | 660~715 |
| 소금(Salt) | 2 | 22 |
| 황설탕(Brown sugar) | 3 | 33(34) |
| 쇼트닝(Shortening) | 5 | 55(56) |
| 탈지분유(Dry milk) | 2 | 22 |
| 몰트 엑기스(Malt extract) | 2 | 22 |
| 총배합률 | 178~183 | 1,958~2,016 |

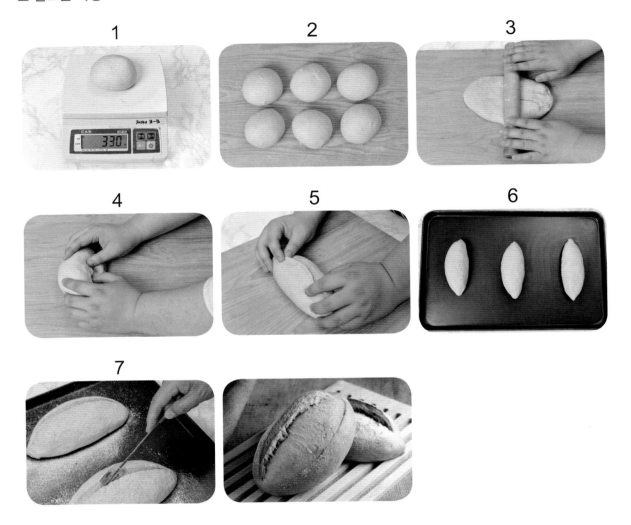

호밀빵은 반죽시간을 조금 짧게 해야 하며, 반죽온도가 높지 않도록 한다. 오븐 스프링이 많이 나지 않기 때문에 2차 발효를 충분히 시킨다.

## ■ 만드는 과정

### 1. 재료계량

① 주어진 시간 내에 전 재료를 계량하여 작업대 위에 진열한다.(재료중량이 정확해야 하며, 재료손실이 많으면 감점된다.)

### 2. 반죽 제조하기

② 유지를 제외한 모든 재료를 믹싱 볼에 넣고 반죽한다.

③ 클린업 단계에서 유지를 넣고 계속 반죽한다.

④ 발전단계 후기에서 믹싱을 완료하고 반죽온도는 25±1℃가 되도록 한다.

### 3. 1차 발효하기

⑤ 발효실 온도 27℃, 상대습도 80%의 조건에서 40~50분간 발효한다.(반죽의 발효상태는 정해진 시간보다 다양한 방법으로 확인한다.)

### 4. 분할하기

⑥ 330g씩 분할한다. 반죽 분할 시 어느 정도 무게를 짐작하여 한두 번의 감각으로 능숙하게 한다.

### 5. 둥글리기

⑦ 반죽표면이 매끄럽게 둥글리기를 한다.

### 6. 중간발효하기

⑧ 10~15분 중간발효한다.(반죽표면이 마르지 않게 비닐을 덮어놓는다.)

### 7. 성형하기

⑨ 밀대를 이용하여 반죽 두께가 일정하도록 원형으로 밀어 펴고 가스 빼기를 한 후 한쪽부터 단단히 말아서 럭비공 모양이 되도록 성형하며, 이음매를 잘 봉한 다음 표면이 매끄럽고 좌우 대칭이 되도록 한다.

### 8. 팬닝(패닝)하기

⑩ 한 팬에 3개씩 팬닝하고 말아준 부분이 아래를 향하게 팬에 놓는다.

### 9. 2차 발효하기

⑪ 발효실 온도 32~38℃, 상대습도 80~85%의 조건에서 30~40분간 발효한다.(발효상태는 정해진 시간보다는 육안으로 체크하여 판단한다.) 호밀빵은 오븐 팽창이 작으므로 충분히 발효시킨 후 감독관의 지시에 따라 칼집을 넣는다.

### 10. 굽기

⑫ 윗불온도 190~200℃, 밑불온도 180~190℃에서 30분 전후로 굽는다.

※ 고른 착색을 위해 적절한 시기에 팬의 위치를 바꿔준다.

---

**제품평가**

**색깔** 제품의 껍질색은 진하거나 연하지 않은 먹음직스러운 황금갈색이 나야 하며, 윗면·옆면·밑면의 색깔이 고르게 나야 한다.

**부피** 반죽의 중량에 맞게 전체적으로 봐서 빵의 부피가 적정해야 한다. 발효가 부족하거나 오버되면 감점된다.

**외부균형** 타원형 모양으로 가운데 칼집 모양이 보기 좋아야 하며, 외부가 찌그러져 균형이 맞지 않으면 감점된다.

**내상** 제품을 자르고 체크했을 때 큰 기공이 없고 조직이 균일해야 한다.

**맛, 향** 껍질은 얇고 속은 부드러우며, 호밀빵 특유의 은은한 향이 나고 식감이 좋아야 한다.

# 단과자빵(트위스트형) Sweet dough bread

**3시간 30분**

설탕, 유지, 달걀 등의 배합량이 식빵류보다 높은 제품으로 모양, 충전물, 토핑재료에 따라 명칭이 달라진다. 우리나라의 단과자빵에는 앙금빵(단팥빵), 크림빵, 소보로빵, 버터빵, 잼빵 등이 있고 서구식은 미국의 스위트도우(sweet dough) 제품인 스위트 롤과 유럽의 데니시 페이스트리(Danish pastry)류가 있다.

## ■ 요구사항

다음 요구사항대로 단과자빵(트위스트형)을 제조하여 제출하시오.

① 배합표의 각 재료를 계량하여 재료별로 진열하시오.(9분)

② 반죽은 스트레이트법으로 제조하시오.(단, 유지는 클린업 단계에서 첨가하시오.)

③ 반죽온도는 27℃를 표준으로 하시오.

④ 분할무게는 50g이 되도록 하시오.

⑤ 모양은 8자형 12개, 달팽이형 12개로 2가지 모양으로 만드시오.

⑥ 완제품 24개를 성형하여 제출하고, 남은 반죽은 감독위원의 지시에 따라 별도로 제출하시오.

| 재료명 | 비율(%) | 무게(g) |
|---|---|---|
| 강력분(Hard flour) | 100 | 900 |
| 물(Water) | 47 | 422 |
| 이스트(Fresh yeast) | 4 | 36 |
| 제빵개량제(S-500) | 1 | 8 |
| 소금(Salt) | 2 | 18 |
| 설탕(Sugar) | 12 | 108 |
| 쇼트닝(Shortening) | 10 | 90 |
| 분유(Dry milk) | 32 | 26 |
| 달걀(Egg) | 20 | 180 |
| 총배합률 | 199 | 1,788 |

제2부 | 실무  191

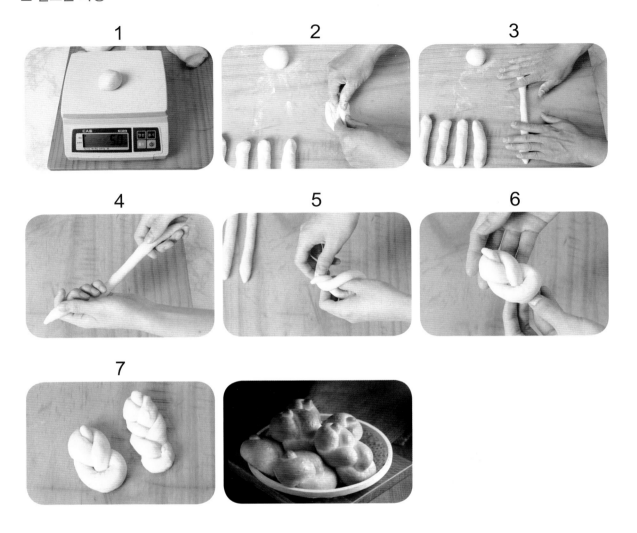

TIP
· · · · · · · · · · · · · · · · · · · · · · · · · · · · · · · · · · · · · · · · · · · · · · · · · · · · · · · · · · · · · · ·

트위스트형 성형은 반죽의 두께가 일정했을 때 빵의 모양이 균일하게 나온다. 그러므로 반죽을 길게 밀어줄 때 전체를 한 번 밀어주고 먼저 밀어준 것부터 다시 밀어서 두 번에 걸쳐 밀어 성형한다.

## ■ 만드는 과정

### 1. 재료계량

① 주어진 시간 내에 전 재료를 계량하여 작업대 위에 진열한다.(재료중량이 정확해야 하며, 재료손실이 많으면 감점된다.)

### 2. 반죽 제조하기

② 유지를 제외한 모든 재료를 믹싱 볼에 넣고 반죽한다.

③ 클린업 단계에서 유지를 넣고 계속 반죽한다.

④ 최종단계에서 믹싱 완료하고 반죽온도는 27℃가 되도록 한다.

### 3. 1차 발효하기

⑤ 발효실 온도 27℃, 상대습도 70~80% 조건에서 50~70분간 발효한다.(반죽의 발효상태는 정해진 시간보다 다양한 방법으로 확인한다.)

### 4. 분할하기

⑥ 50g씩 분할한다. 반죽 분할 시 어느 정도 무게를 짐작하여 한두 번의 감각으로 능숙하게 한다.

### 5. 둥글리기

⑦ 반죽표면이 매끄럽게 둥글리기한다.

### 6. 중간발효하기

⑧ 10~15분간 발효한다.(반죽표면이 마르지 않도록 비닐을 덮어둔다.)

### 7. 성형하기

⑨ 반죽 가스를 빼면서 가늘고 매끄럽게 원통형으로 25~30cm 길게 밀어 펴기한다.(반죽을 한번에 길게 밀지 말고 두 번에 나누어서 밀어준다.)

⑩ 길게 밀어진 반죽으로 8자형으로 성형하고 달팽이형은 반죽의 두께가 갈수록 약간 가늘어지는 형태로 늘려서 굵은 쪽으로 돌려서 감아준다.

### 8. 팬닝(패닝)하기

⑪ 동일한 모양 12개를 빵 팬 위에 적절한 간격을 유지하여 팬닝한다. 달걀물은 감독관의 지시에 따라 바르도록 한다.

### 9. 2차 발효하기

⑫ 발효실 온도 35~40℃, 상대습도 85%의 조건에서 25~30분간 발효한다.(발효상태는 정해진 시간보다 육안으로 직접 확인한다.)

### 10. 굽기

⑬ 윗불온도 190~200℃, 밑불온도 170~180℃에서 20분 전후로 굽는다.

※ 적절한 시기에 팬의 위치를 바꿔준다.

---

| 제품평가 | | |
|---|---|---|
| | 색깔 | 제품의 껍질색은 진하거나 연하지 않은 먹음직스러운 황금갈색이 나야 하며, 윗면 · 옆면 · 밑면의 색깔이 고르게 나야 한다. |
| | 부피 | 반죽의 중량에 맞게 전체적으로 봐서 빵의 부피가 적정해야 한다. 발효가 부족하거나 오버되면 감점된다. |
| | 외부균형 | 제품의 형태별로 모양과 크기가 일정하고 대칭이 되어야 하며, 외부가 찌그러져 균형이 맞지 않으면 감점된다. |
| | 내상 | 제품을 체크했을 때 큰 기공이 없고 조직이 균일해야 한다. |
| | 맛, 향 | 껍질은 얇고 속은 부드러우며, 단과자빵 특유의 은은한 향이 나고 식감이 좋아야 한다. |

# 단팥빵 Red bean buns 비상스트레이트법

시험시간

**3시간**

설탕, 유지, 달걀 등의 배합량이 식빵류보다 높은 제품으로 모양, 충전물, 토핑 재료에 따라 명칭이 달라진다. 우리나라의 단과자빵에는 앙금빵(단팥빵), 크림빵, 소보르빵, 버터빵, 잼빵 등이 있다. 한국, 중국, 일본 등 아시아에서는 팥을 좋아하기 때문에 다른 단과자빵류보다 소비량이 많다.

## ■ 요구사항

다음 요구사항대로 단팥빵(비상스트레이트법)을 제조하여 제출하시오.

① 배합표의 각 재료를 계량하여 재료별로 진열하시오.(9분)

② 반죽은 비상스트레이트법으로 제조하시오.(단, 유지는 클린업 단계에서 첨가하고, 반죽온도는 30℃로 한다.)

③ 반죽 1개의 분할무게는 50g, 팥앙금무게는 40g으로 제조하시오.

④ 반죽은 24개를 성형하여 제조하고, 남은 반죽은 감독위원의 지시에 따라 별도로 제출하시오.

| 재료명 | 비율(%) | 무게(g) |
|---|---|---|
| 강력분(Hard flour) | 100 | 900 |
| 물(Water) | 48 | 432 |
| 이스트(Fresh yeast) | 7 | 63(64) |
| 제빵개량제(S-500) | 1 | 9(8) |
| 소금(Salt) | 2 | 18 |

| 재료명 | 비율(%) | 무게(g) |
|---|---|---|
| 설탕(Sugar) | 16 | 144 |
| 마가린(Margarine) | 12 | 108 |
| 분유(Dry milk) | 3 | 27(28) |
| 달걀(Egg) | 15 | 135(136) |
| 총배합률 | 204 | 1,836 (1,838) |

### ※ 충전용 재료는 계량시간에서 제외

| 재료명 | 비율(%) | 무게(g) |
|---|---|---|
| 통팥앙금(충전용) | – | 960 |

## ■ 비상스트레이트법으로 전환 시 필수 조치사항

① 물을 1% 감소시킨다.

② 1% 감소시킨다.

③ 반죽온도 30℃로 맞춘다.

④ 이스트 사용량을 2배로 늘린다.

⑤ 반죽시간을 20~25% 늘린다.

⑥ 1차 발효시간은 15~30분간 한다.

■ 만드는 과정

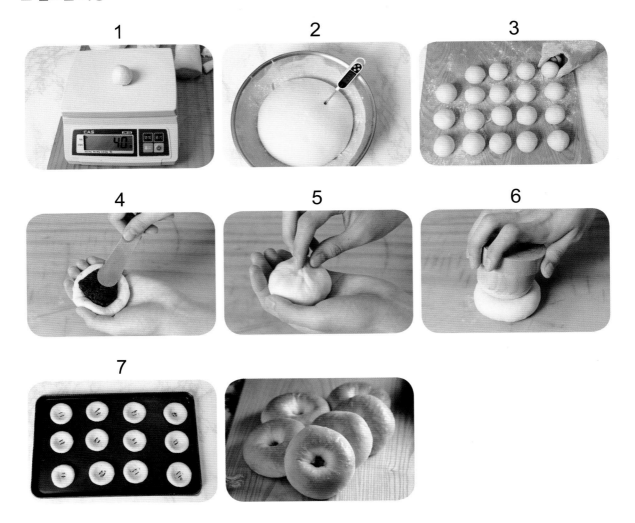

1
2
3

4
5
6

7

TIP

빵 반죽 시작 전에 비상스트레이트법의 필수조치사항을 체크한 뒤 반죽해야 하며, 이스트 사용량이 많기 때문에 발효상태를 잘 체크해야 한다.

## ■ 만드는 과정

### 1. 재료계량

① 주어진 시간 내에 전 재료를 계량하여 작업대 위에 진열한다.(재료중량이 정확해야 하며, 재료손실이 많으면 감점된다.)

### 2. 반죽 제조하기

② 유지를 제외한 모든 재료를 믹싱 볼에 넣고 반죽한다.

③ 클린업 단계에서 유지를 넣고 계속 반죽한다.

④ 일반 과자 빵 반죽보다 20% 증가한 최종단계 후기에서 반죽을 완료한다.

⑤ 최종 반죽온도는 30℃가 되도록 한다.

### 3. 1차 발효하기

⑥ 발효실 온도 30℃, 상대습도 75~80%의 조건에서 10~15분간 발효한다.(발효상태 육안으로 확인)

※ 일반 단과자빵에 비해 어린 발효상태에서 끝낸다.

### 4. 분할하기

⑦ 50g씩 분할한다. 반죽 분할 시 어느 정도 무게를 짐작하여 한두 번의 감각으로 능숙하게 한다.

### 5. 둥글리기

⑧ 반죽표면이 매끄럽게 둥글리기한다.

### 6. 중간발효하기

⑨ 10~15분간 발효한다.(반죽표면이 마르지 않도록 비닐을 덮어둔다.)

### 7. 성형하기

⑩ 반죽을 가스 빼기한 뒤 팥앙금을 40g씩 넣고 싼 후 앙금이 새어나오지 않도록 잘 봉한다.

※ 앙금이 중앙에 위치해야 한다.

### 8. 팬닝(패닝)하기

⑪ 빵 팬에 12개씩 적절한 간격을 유지하여 팬닝하고 반죽 표면에 달걀물을 칠해준다.

※ 단팥빵 모양을 내는 것은 감독위원의 지시에 따라 결정한다.

### 9. 2차 발효하기

⑫ 발효실 온도 35~43℃, 상대습도 85%의 조건에서 20~30분간 발효한다.(발효는 정해진 시간보다 육안으로 직접 발효상태를 체크하여 판단한다.)

### 10. 굽기

⑬ 윗불온도 185~190℃, 밑불온도 170~180℃에서 20분 전후로 굽는다.

※ 고른 착색을 위해 적절한 시기에 팬의 위치를 바꿔준다.

| 제품평가 | | |
|---|---|---|
| **색깔** | 제품의 껍질색은 진하거나 연하지 않은 먹음직스러운 황금갈색이 나야 하며, 윗면 · 옆면 · 밑면의 색깔이 고르게 나야 한다. | |
| **부피** | 반죽의 중량에 맞게 전체적으로 봐서 빵의 부피가 적정해야 한다. 발효가 부족하거나 오버되면 감점된다. | |
| **외부균형** | 제품의 형태와 모양, 크기가 일정하고 대칭이 되어야 하며, 외부가 찌그러져 균형이 맞지 않으면 감점된다. | |
| **내상** | 제품을 자르고 체크했을 때 팥앙금은 중앙에 있고 외부로 비치지 않아야 하며, 조직이 균일해야 한다. | |
| **맛, 향** | 껍질은 얇고 속은 부드러우며, 단팥빵 특유의 은은한 풍미가 나고 식감이 좋아야 한다. | |

# 단과자빵(크림빵) Cream buns

시험시간
3시간
30분

단과자빵 속에 커스터드 크림이 들어 있는 빵으로 카레빵과 함께 나카무라야에서 처음 개발한 빵이다. 달걀, 우유, 버터, 밀가루, 옥수수전분을 조금씩 넣고 만든 커스터드 크림을 반죽 속에 넣고 구운 빵이다. 최근에는 반죽을 구워내어 속에 크림을 채우는 방법으로 변화하고 있다.

## ■ 요구사항

다음 요구사항대로 단과자빵(크림빵)을 제조하여 제출하시오.
① 배합표의 각 재료를 계량하여 재료별로 진열하시오.(9분)
② 반죽은 스트레이트법으로 제조하시오.(단, 유지는 클린업 단계에서 첨가하시오.)
③ 반죽온도는 27℃를 표준으로 하시오.
④ 반죽 1개의 분할무게는 45g, 1개당 크림 사용량은 30g으로 제조하시오.
⑤ 제품 중 12개는 크림을 넣은 후 굽고, 12개는 반달형으로 크림을 충전하지 말고 제조하시오.
⑥ 남은 반죽은 감독위원의 지시에 따라 별도로 제출하시오.

| 재료명 | 비율(%) | 무게(g) |
|---|---|---|
| 강력분(Hard flour) | 100 | 800 |
| 물(Water) | 53 | 424 |
| 이스트(Fresh yeast) | 4 | 32 |
| 제빵개량제(S-500) | 2 | 16 |
| 소금(Salt) | 2 | 16 |

| 재료명 | 비율(%) | 무게(g) |
|---|---|---|
| 설탕(Sugar) | 16 | 128 |
| 쇼트닝(Shortening) | 12 | 96 |
| 분유(Dry milk) | 2 | 16 |
| 달걀(Egg) | 10 | 80 |
| 총배합률 | 201 | 1,608 |

### ※ 충전용 재료는 계량시간에서 제외

| 재료명 | 무게(g) |
|---|---|
| 커스터드 크림(Custard cream)(1개당 30g) | 360 |

■ 만드는 과정

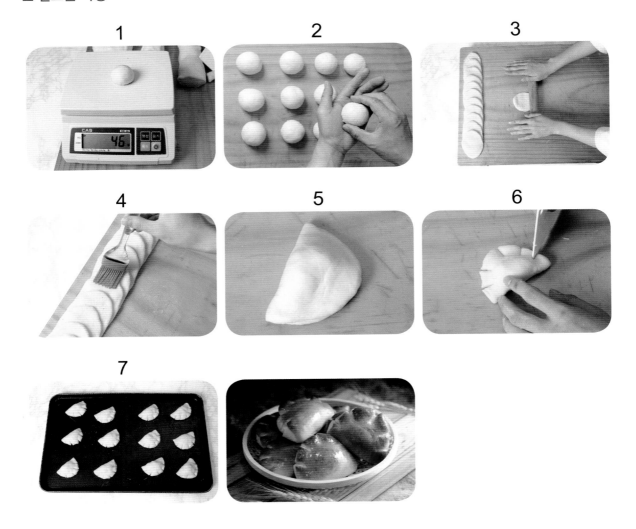

반죽을 밀어 펴기할 때 한번에 밀지 말고 처음에는 반 정도 밀어 휴지시킨 후 다시 밀어 타원형으로 만들고, 크림이 밖으로 흘러나오지 않도록 주의한다.

# ■ 만드는 과정

## 1. 재료계량

① 주어진 시간 내에 전 재료를 계량하여 작업대 위에 진열한다.(재료중량이 정확해야 하며, 재료손실이 많으면 감점된다.)

## 2. 반죽 제조하기

② 유지와 커스터드 크림을 제외한 모든 재료를 넣고 믹싱한다.

※ 커스터드 크림은 충전용이다.

③ 클린업 단계에서 유지를 넣고 계속 반죽한다.

④ 최종단계에서 믹싱을 완료하고 반죽온도는 27℃가 되도록 한다.

## 3. 1차 발효하기

⑤ 발효실 온도 27℃, 상대습도 80% 조건에서 50~70분간 발효한다.(반죽의 발효상태는 정해진 시간보다 다양한 방법으로 체크한다.)

## 4. 분할하기

⑥ 45g씩 분할한다. 반죽 분할 시 어느 정도 무게를 짐작하여 한두 번의 감각으로 능숙하게 한다.

## 5. 둥글리기

⑦ 반죽표면이 매끄럽게 둥글리기한다.

## 6. 중간발효하기

⑧ 10~15분간 중간발효한다.(반죽표면이 마르지 않도록 비닐을 덮어둔다.)

## 7. 성형하기

⑨ 적절한 덧가루를 사용하여 긴 타원형으로 밀어편다.

※ 성형 1 : 커스터드 크림 30g을 반죽 위에 올려놓고 반으로 접은 후 스크레이퍼로 찍어 모양을 낸다.

※ 성형 2 : 반달형은 반죽 끝부분을 식용유로 칠한 후 반으로 접어 반달형이 되도록 한다.

※ 충전되어 있는 크림이 밖으로 나오지 않도록 주의한다.

## 8. 팬닝(패닝)하기

⑩ 크림이 충전된 반죽과 충전되지 않은 반죽은 서로 다른 팬을 이용하고 한 팬에 12개씩 팬닝한다. 감독관의 지시에 따라서 달걀물을 칠한다.

## 9. 2차 발효하기

⑪ 발효실 온도 35~43℃, 상대습도 85% 조건에서 25~30분간 발효한다.(발효는 정해진 시간보다는 육안으로 확인한다.)

## 10. 굽기

⑫ 윗불온도 190~200℃, 밑불온도 170~180℃에서 20분 전후로 굽는다.

※ 크림이 충전된 반죽은 다소 긴 시간 동안 굽고, 충전되지 않은 반죽은 다소 짧은 시간 동안 굽는다.

---

**제품평가**

**색깔** 오븐에서 나온 제품의 껍질색은 진하거나 연하지 않은 먹음직스러운 황금갈색이 나야 하며, 윗면 · 옆면 · 밑면의 색깔이 고르게 나야 한다.

**부피** 반죽의 중량에 맞게 전체적으로 봐서 빵의 부피가 적정해야 한다. 발효가 부족하거나 오버되면 감점된다.

**외부균형** 제품의 형태별로 모양과 크기가 일정하고 대칭이 되어야 하며, 외부가 찌그러져 균형이 맞지 않으면 감점된다.

**내상** 제품을 자르고 체크했을 때 크림은 중앙에 있고, 바깥쪽으로 나와 있지 않아야 한다.

**맛, 향** 제품의 껍질은 얇고 속은 부드러우며, 크림빵 특유의 은은한 풍미가 나고 식감이 좋아야 한다.

# 단과자빵(소보로빵) そぼろパン

시험시간
3시간
30분

소보로빵은 이스트, 설탕, 달걀, 버터 등 밀가루와 반죽하여 빵 표면에 울퉁불퉁한 모양의 소보로를 만들어 묻혀서 구운 빵을 말한다. 형태나 만드는 법 등을 볼 때 소보로빵의 원형은 독일의 슈트로이젤과 비슷하다. 원형은 일본에서 건너온 것으로 보인다.

## ■ 요구사항

다음 요구사항대로 단과자빵(소보로빵)을 제조하여 제출하시오.
① 배합표의 각 재료를 계량하여 재료별로 진열하시오.(9분)
② 반죽은 스트레이트법으로 제조하시오.(단, 유지는 클린업 단계에서 첨가하시오.)
③ 반죽온도는 27℃를 표준으로 하시오.
④ 반죽 1개의 분할무게는 50g씩, 1개당 소보로 사용량은 약 30g 정도로 제조하시오.
⑤ 토핑용 소보로는 배합표에 따라 직접 제조하여 사용하시오.
⑥ 반죽은 24개를 성형하여 제조하고, 남은 반죽과 토핑용 소보로는 감독위원의 지시에 따라 별도로 제출하시오.

### 빵 반죽

| 재료명 | 비율(%) | 무게(g) |
|---|---|---|
| 강력분(Hard flour) | 100 | 900 |
| 물(Water) | 47 | 423(422) |
| 이스트(Fresh yeast) | 4 | 36 |
| 제빵개량제(S-500) | 1 | 9(8) |
| 소금(Salt) | 2 | 18 |
| 마가린(Margarine) | 18 | 162 |
| 탈지분유(Dry milk) | 2 | 18 |
| 달걀(Egg) | 15 | 135(136) |
| 설탕(Sugar) | 16 | 144 |
| 총배합률 | 205 | 1,845 (1,844) |

### 토핑용 소보로
(계량시간에서 제외)

| 재료명 | 비율(%) | 무게(g) |
|---|---|---|
| 중력분(Soft flour) | 100 | 300 |
| 설탕(Sugar) | 60 | 180 |
| 마가린(Margarine) | 50 | 150 |
| 땅콩버터(Peanut butter) | 15 | 45(46) |
| 달걀(Egg) | 10 | 30 |
| 물엿(Corn syrup) | 10 | 30 |
| 탈지분유(Dry milk) | 3 | 9(10) |
| 베이킹파우더(Baking powder) | 2 | 6 |
| 소금(Salt) | 1 | 3 |
| 총배합률 | 251 | 753 |

TIP

토핑용 소보로를 만들 때 너무 많이 저어 크림화가 많이 되면 소보로가 질어져 큰 덩어리로 만들어질 수 있으며, 성형할 때는 필요한 만큼의 소보로에 반죽을 올리고 눌러서 묻힌다.

## ■ 만드는 과정

### 1. 재료계량

① 주어진 시간 내에 전 재료를 계량하여 작업대 위에 진열한다.(재료중량이 정확해야 하며, 재료손실이 많으면 감점된다.)

### 2. 반죽 제조하기

② 유지를 제외한 모든 재료를 믹싱 볼에 넣고 반죽한다.

③ 클린업 단계에서 유지를 넣고 계속 반죽한다.

④ 최종단계에서 믹싱을 완료하고 반죽온도는 27℃가 되도록 한다.

### 3. 1차 발효하기

⑤ 발효실 온도 27℃, 상대습도 75~80%의 조건에서 50~70분간 발효한다.(반죽의 발효상태는 정해진 시간보다 다양한 방법으로 체크하여 판단한다.)

### 4. 소보로 토핑 제조하기

⑥ 스텐 믹싱 볼에 마가린+설탕+땅콩버터+소금+물엿을 크림상태로 한다.

⑦ 달걀을 조금씩 투입하여 부드러운 크림상태로 만든다.

⑧ 중력분+분유+베이킹파우더를 체 쳐서 넣고 섞어 보슬보슬한 상태가 되도록 만든다.(덩어리가 되지 않도록 가볍게 혼합한다.)

### 5. 분할하기

⑨ 50g씩 분할한다. 반죽 분할 시 어느 정도 무게를 짐작하여 한두 번의 감각으로 능숙하게 한다.

### 6. 둥글리기

⑩ 반죽표면이 매끄럽게 둥글리기한다.

### 7. 중간발효하기

⑪ 반죽표면이 마르지 않도록 비닐을 덮고 10~15분간 발효한다.

### 8. 성형하기

⑫ 반죽을 둥글려서 가스를 빼고 반죽표면에 붓으로 물을 칠한다.

⑬ 토핑물 30g씩을 물칠한 반죽부분에 묻힌다.

### 9. 팬닝(패닝)하기

⑭ 적절한 간격을 유지하여 한 팬에 12개씩 팬닝한다.

### 10. 2차 발효하기

⑮ 발효실 온도 35~38℃, 상대습도 80~85%의 조건에서 25~35분간 발효한다.(발효는 정해진 시간보다는 육안으로 보고 발효상태를 확인해야 하며, 소보로빵은 발효를 조금 짧게 해야 한다.)

### 11. 굽기

⑯ 윗불온도 185~190℃, 밑불온도 165~170℃에서 20분 전후로 굽는다.

---

**제품평가**

**색깔** 제품의 껍질색은 진하거나 연하지 않은 먹음직스러운 황금갈색이 나야 하며, 윗면·옆면·밑면의 색깔이 고르게 나야 한다.

**부피** 반죽의 중량에 맞게 전체적으로 봐서 빵의 부피가 적정해야 한다. 발효가 부족하거나 오버되면 감점 요인이 된다.

**외부균형** 빵의 표면에 소보로가 고르게 붙어 있어야 하고, 일정하게 대칭이 되어야 하며, 외부가 찌그러져 균형이 맞지 않으면 감점된다.

**내상** 제품 내부는 기공이 없고 조직이 균일하고 줄무늬가 없어야 한다.

**맛, 향** 빵 속은 부드럽고 소보로빵 특유의 은은한 풍미가 나고 식감이 좋아야 한다.

# 버터롤 Butter roll

반죽을 얇게 밀어 돌돌 말아 구운 담백한 맛의 발효빵으로 버터의 맛이 살아 있어 부드러우며, 아침식사용으로 많이 먹는 빵이다. 그냥 먹거나 버터, 잼, 다양한 크림을 발라서 간단히 먹는다.

## ■ 요구사항

다음 요구사항대로 버터롤을 제조하여 제출하시오.

① 배합표의 각 재료를 계량하여 재료별로 진열하시오.(9분)
② 반죽은 스트레이트법으로 제조하시오.(단, 유지는 클린업 단계에서 첨가하시오.)
③ 반죽온도는 27℃를 표준으로 하시오.
④ 반죽 1개의 분할무게는 50g으로 제조하시오.
⑤ 제품의 형태는 번데기 모양으로 제조하시오.
⑥ 24개를 성형하고, 남은 반죽은 감독위원의 지시에 따라 별도로 제출하시오.

| 재료명 | 비율(%) | 무게(g) |
|---|---|---|
| 강력분(Hard flour) | 100 | 900 |
| 물(Water) | 53 | 477(476) |
| 이스트(Fresh yeast) | 4 | 36 |
| 제빵개량제(S-500) | 1 | 9(8) |
| 소금(Salt) | 2 | 18 |
| 설탕(Sugar) | 10 | 90 |
| 버터(Butter) | 15 | 135(134) |
| 탈지분유(Dry milk) | 3 | 27(26) |
| 달걀(Egg) | 8 | 72 |
| 총배합률 | 196 | 1,764 |

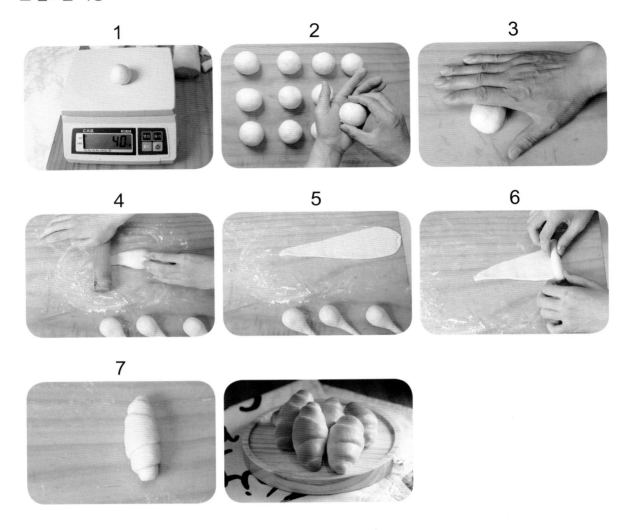

TIP

밀어 펴고 말아주는 것이 성형이므로 반죽을 밀 때 아래쪽은 넓고 위쪽으로 갈수록 좁게 밀어야 하며, 말 때 반죽을 살짝 당기면서 끝까지 말아준다.

## ■ 만드는 과정

### 1. 재료계량

① 주어진 시간 내에 전 재료를 계량하여 작업대 위에 진열한다.(재료중량이 정확해야 하며, 재료손실이 많으면 감점된다.)

### 2. 반죽 제조하기

② 유지를 제외한 모든 재료를 믹싱 볼에 넣고 반죽한다.

③ 클린업 단계에서 유지를 넣고 계속 반죽한다.

④ 최종단계에서 믹싱을 완료하고 반죽온도는 27℃가 되게 한다.

### 3. 1차 발효하기

⑤ 발효실 온도 27℃, 상대습도 75~80%의 조건에서 30~40분간 발효한다.(반죽의 발효상태는 정해진 시간보다 다양한 방법으로 체크하여 판단한다.)

### 4. 분할하기

⑥ 50g 분할한다. 반죽 분할 시 어느 정도 무게를 짐작하여 한두 번의 감각으로 능숙하게 한다.

### 5. 둥글리기

⑦ 반죽표면이 매끄럽게 둥글리기한다.

### 6. 중간발효하기

⑧ 10~15분간 중간발효한다.(반죽표면이 마르지 않게 비닐을 덮는다.)

### 7. 성형하기

⑨ 반죽을 올챙이 모양으로 만들어 밀대로 밀어 펴기한다.

⑩ 넓은 쪽부터 말기하여 성형한다.

### 8. 팬닝(패닝)하기

⑪ 평철판에 12개를 일정한 간격을 유지하여 팬닝하고 말기한 끝부분이 아래를 향하도록 한다.

### 9. 2차 발효하기

⑫ 발효실 온도 35~38℃, 상대습도 80~85%의 조건에서 20~30분간 발효한다.(발효상태는 정해진 시간보다는 육안으로 확인하여 판단한다.)

### 10. 굽기

⑬ 윗불온도 200℃, 밑불온도 170~180℃에서 20분 전후로 굽는다. 균일한 착색을 위해 팬의 위치를 바꾸어준다. 감독관의 지시에 따라 오븐에서 나오면 즉시 녹인 버터를 칠한다.

| 제품평가 | |
|---|---|
| **색깔** | 제품 껍질색은 진하거나 연하지 않은 먹음직스러운 황금갈색이 나야 하고, 윗면·옆면·밑면의 색깔이 고르게 나야 한다. |
| **부피** | 반죽의 중량에 맞게 전체적으로 봐서 빵의 부피가 적정해야 한다. 발효가 부족하거나 오버되면 감점요인이 된다. |
| **외부균형** | 빵의 표면이 통통한 번데기 모양으로 일정하고 대칭이 되어야 하며, 외부가 찌그러져 균형이 맞지 않으면 감점요인이 된다. |
| **내상** | 빵의 내부는 기공이 없고 조직이 균일해야 하며, 줄무늬가 없어야 한다. |
| **맛, 향** | 빵 속은 부드럽고, 버터 롤 특유의 은은한 풍미가 나야 하며, 식감이 좋아야 한다. |

# 모카빵 Mocha bread

모카커피를 이용하여 만든 빵을 말한다. 모카빵의 특징은 반죽할 때 커피를 첨가하고 윗부분에는 비스킷을 씌운다는 점이다. 이 빵은 커피의 고소한 맛과 빵의 부드러움, 비스킷의 단맛을 동시에 느낄 수 있으며, 빵 속에는 건포도를 넣고 만드는데 최근에는 크랜베리도 많이 사용하고 있다.

## ■ 요구사항

다음 요구사항대로 모카빵을 제조하여 제출하시오.

① 배합표의 각 재료를 계량하여 재료별로 진열하시오.(11분)

② 반죽은 스트레이트법으로 제조하시오.(단, 유지는 클린업 단계에서 첨가하시오.)

③ 반죽온도는 27℃를 표준으로 하시오.

④ 반죽 1개의 분할무게는 250g, 1개당 비스킷은 100g씩으로 제조하시오.

⑤ 제품의 형태는 타원형(럭비공 모양)으로 제조하시오.

⑥ 토핑용 비스킷은 주어진 배합표에 의거 직접 제조하시오.

⑦ 완제품 6개를 제출하고 남은 반죽은 감독위원 지시에 따라 별도로 제출하시오.

**빵 반죽**

| 재료명 | 비율(%) | 무게(g) |
|---|---|---|
| 강력분(Hard flour) | 100 | 850 |
| 물(Water) | 45 | 382.5(382) |
| 이스트(Fresh yeast) | 5 | 42.5(42) |
| 제빵개량제(S-500) | 1 | 8.5(8) |
| 소금(Salt) | 2 | 17(16) |
| 설탕(Sugar) | 15 | 127.5(128) |
| 버터(Butter) | 12 | 102 |
| 탈지분유(Dry milk) | 3 | 25.5(26) |
| 달걀(Egg) | 10 | 85(86) |
| 커피(Coffee) | 1.5 | 12.75(12) |
| 건포도(Raisin) | 15 | 127.5(128) |
| 총배합률 | 209.5 | 1,780.75(1,780) |

**토핑용 비스킷(계량시간에서 제외)**

| 재료명 | 비율(%) | 무게(g) |
|---|---|---|
| 박력분(Soft flour) | 100 | 350 |
| 버터(Butter) | 20 | 70 |
| 설탕(Sugar) | 40 | 140 |
| 달걀(Egg) | 24 | 84 |
| 우유(Milk) | 12 | 42 |
| 베이킹파우더(Baking powder) | 1.5 | 5.25(5) |
| 소금(Salt) | 0.6 | 2.1(2) |
| 총배합률 | 198.1 | 693.35(693) |

TIP

커피는 물에 용해시켜서 처음부터 넣고 반죽을 한다. 건포도는 전처리하여 반죽 마지막에 넣고 저속으로 섞어준다. 2차 발효실온도는 높지 않아야 하고 발효는 조금 짧게 해야 제품의 모양이 잘 나온다.

212

## ■ 만드는 과정

### 1. 재료계량

① 주어진 시간 내에 전 재료를 계량하여 작업대 위에 진열한다.(재료중량이 정확해야 하며, 재료손실이 많으면 감점된다.)

### 2. 전처리

② 반죽하기 전 먼저 건포도를 전처리해 놓는다.

### 3. 반죽 제조하기

③ 버터를 제외한 모든 재료를 믹싱 볼에 넣고 반죽한다.

※ 커피는 반죽에 사용할 물 일부에 녹여 사용한다.

④ 클린업 단계에서 버터를 넣고 계속 반죽한다.

⑤ 최종단계에서 전처리한 건포도를 넣고 믹싱 완료하며, 반죽온도는 27℃가 되도록 한다.

### 4. 1차 발효하기

⑥ 발효실 온도 27℃, 상대습도 75~80% 전후의 조건에서 40~60분간 발효한다.(반죽의 발효상태는 정해진 시간보다 다양한 방법으로 체크하여 판단한다.)

### 5. 토핑물(비스킷) 제조하기

⑦ 스텐 믹싱 볼에 버터, 설탕, 소금을 넣고 크림상태로 만든다.

⑧ 달걀을 조금씩 투입하여 부드러운 크림상태로 만든다.

⑨ 박력분, 베이킹파우더를 체질하여 혼합한다.

⑩ 미지근한 우유를 넣어 되기를 조절하고 균일하게 혼합한다.

⑪ 반죽이 한덩어리가 되도록 가볍게 혼합하여 비닐에 싸서 냉장고에 넣는다.

### 6. 분할하기

⑫ 250g씩 분할한다. 반죽 분할 시 어느 정도 무게를 짐작하고 한두 번의 감각으로 능숙하게 한다.

### 7. 둥글리기

⑬ 반죽표면이 매끄럽게 둥글리기한다.

### 8. 중간발효하기

⑭ 10~15분간 중간발효한다.(반죽표면이 마르지 않게 비닐을 덮어 놓는다.)

### 9. 성형하기

⑮ 반죽은 밀대를 이용하여 타원형(럭비공 모양)으로 가스빼기한 후 성형한다.

### 10. 비스킷 씌우기

⑯ 비스킷 반죽을 비닐 위에서 밀어 두께 0.4cm의 타원형으로 밀어 펴 성형반죽에 씌운다.(비스킷 반죽은 약 100g 정도 분할한다.)

### 11. 팬닝(패닝)하기

⑰ 이음매가 밑으로 오도록 하고 팬에 3개를 간격을 맞추어 놓는다.

### 12. 2차 발효하기

⑱ 발효실 온도 35~38℃, 상대습도 80~ 85%의 조건에서 25~35분간 발효한다.(정해진 시간보다 발효상태, 비스킷 상태를 직접 보고 판단한다.)

### 13. 굽기

⑲ 윗불온도 180~185℃, 밑불온도 160~170℃에서 30분 전후로 굽는다. 제품의 부피가 크기 때문에 오래 굽는 것을 감안하여 체크한다.

| 제품평가 | | |
|---|---|---|
| 색깔 | 제품 껍질색은 진하거나 연하지 않은 먹음직스러운 황금갈색이 나야 하며, 윗면·옆면·밑면의 색깔이 고르게 나야 한다. | |
| 부피 | 반죽의 중량에 맞게 전체적으로 봐서 빵의 부피가 적정해야 한다. 발효가 부족하거나 오버되면 감점요인이 된다. | |
| 외부균형 | 빵의 비스킷 표면이 균일하게 갈라지고 대칭이 되어야 하며, 외부가 찌그러져 균형이 맞지 않으면 감점요인이 된다. | |
| 내상 | 빵 속은 기공이 없고 조직이 균일해야 하며, 줄무늬가 없어야 한다. | |
| 맛, 향 | 비스킷과 빵의 부드러움이 조화를 이루고 모카빵 특유의 풍미가 나야 하며, 식감이 좋아야 한다. | |

# 스위트롤 Sweet roll

미국의 단과자 빵류로 다양한 종류의 충전물과 모양에 따라 제품이 다양하게 만들어지며, 제품의 모양에 따라서 빵 이름이 다르게 불린다. 반죽방법은 일반 단과자빵 반죽방법과 동일한 경우가 대부분이고 설탕과 유지가 많이 사용되므로 크림을 충전물로 많이 사용하기도 한다.

## ■ 요구사항

다음 요구사항대로 스위트롤을 제조하여 제출하시오.

① 배합표의 각 재료를 계량하여 재료별로 진열하시오.(9분)

② 반죽은 스트레이트법으로 제조하시오.(단, 유지는 클린업 단계에 첨가하시오.)

③ 반죽온도는 27℃를 표준으로 하시오.

④ 야자잎형 12개, 트리플리프(세 잎새형) 9개를 만드시오.

⑤ 계피설탕은 각자 제조하여 사용하시오.

⑥ 성형 후 남은 반죽은 감독위원의 지시에 따라 별도로 제출하시오.

| 재료명 | 비율(%) | 무게(g) |
|---|---|---|
| 강력분(Hard flour) | 100 | 900 |
| 물(Water) | 46 | 414 |
| 이스트(Fresh yeast) | 5 | 45(46) |
| 제빵개량제(S-500) | 1 | 9(10) |
| 소금(Salt) | 2 | 18 |

| 재료명 | 비율(%) | 무게(g) |
|---|---|---|
| 설탕(Sugar) | 20 | 180 |
| 쇼트닝(Shortening) | 20 | 180 |
| 분유(Dry milk) | 3 | 27(28) |
| 달걀(Egg) | 15 | 135(136) |
| 총배합률 | 212 | 1,908 (1,912) |

## ※ 충전용 재료는 계량시간에서 제외

| 재료명 | 비율(%) | 무게(g) |
|---|---|---|
| 설탕(Sugar) | 15 | 135(136) |
| 계핏가루(Cinnamon powder) | 1.5 | 13.5(14) |

■ 만드는 과정

1

2

3

4

5

6

7

TIP

1차 발효 후 작업대 위에 적절한 덧가루를 뿌리고 놓는다. 다시 둥글리기하면 밀어 펴기가 어려우므로 손으로 만져서 타원형으로 놓고 일정한 두께로 밀어 펴준다. 가끔 밀대로 반죽을 말아서 반죽이 바닥에 붙어 있는지 확인하고 덧가루를 조금씩 뿌려준 후 다시 밀어준다.

## ■ 만드는 과정

### 1. 재료계량

① 주어진 시간 내에 전 재료를 계량하여 작업대 위에 진열한다.(재료중량이 정확해야 하며, 재료손실이 많으면 감점된다.)

### 2. 반죽 제조하기

② 유지를 제외한 모든 재료를 믹싱 볼에 넣고 반죽한다.

③ 클린업 단계에서 유지를 넣고 계속 반죽한다.

④ 최종단계에서 믹싱을 완료하고 반죽온도는 27℃가 되도록 한다.

### 3. 1차 발효하기

⑤ 발효실 온도 27℃, 상대습도 75~80%의 조건에서 50~70분간 발효한다.(반죽의 발효상태는 정해진 시간보다 다양한 방법으로 확인한다.)

### 4. 성형하기

⑥ 반죽을 두께 0.5cm에 세로 30cm의 직사각형으로 밀어 펴기하고 모서리는 직각이 되도록 해준다.

⑦ 봉합할 끝부분 1cm 남기고 용해버터를 바르며, 충전용 계피설탕은 골고루 뿌려준다.

⑧ 단단하고 균일하게 원통형으로 말기하고 끝부분은 물칠하여 이음새를 단단히 붙인다.

### 4. 성형하기

⑨ 야자잎 : 4cm 정도 자른 후 가운데를 2/3만 잘라 만든다.

⑩ 트리플리프 : 5cm 정도 자른 후 3등분하여 각각 2/3만 잘라 만든다.

⑪ 감독위원의 요구에 따라 두께, 중량을 일정하게 분할하여 성형한다.

### 5. 팬닝(패닝)하기

⑫ 모양과 크기가 같은 것끼리 팬닝하고 적절한 간격을 유지하도록 한다.

### 6. 2차 발효하기

⑬ 발효실 온도 35~43℃, 상대습도 80~85%의 조건에서 20~30분간 발효한다.(발효상태는 정해진 시간보다 육안으로 보고 판단한다.)

### 7. 굽기

⑭ 윗불온도 195~200℃, 밑불온도 170~180℃에서 20분 전후로 굽는다.

※ 고른 착색을 위해 적절한 시기에 팬의 위치를 바꿔준다.

# 소시지빵 Sausage bread

시험시간
**3시간
30분**

반죽을 밀어 중앙에 소시지를 넣고 양파, 마요네즈, 케첩 등을 올려 만든 조리빵류이다. 최근 식사대용으로 샌드위치나 햄버거 그리고 소시지 등을 넣고 만든 조리빵류 시장이 크게 형성되고 있다.

## ■ 요구사항

다음 요구사항대로 소시지빵을 제조하여 제출하시오.
① 반죽재료를 계량하여 재료별로 진열하시오.(10분)
   (토핑 및 충전물 재료의 계량은 휴지시간을 활용하시오.)
② 반죽은 스트레이트법으로 제조하시오.
③ 반죽온도는 27℃를 표준으로 하시오.
④ 반죽 분할무게는 70g씩 분할하시오.
⑤ 완제품(토핑 및 충전물 완성)은 12개 제조하여 제출하고 남은 반죽은 감독위원의 지정하는 장소에 따로 제출하시오.
⑥ 충전물은 발효시간을 활용하여 제조하시오.
⑦ 정형 모양은 낙엽 모양 6개와 꽃잎 모양 6개씩 2가지로 만들어서 제출하시오.

### 빵 반죽

| 재료명 | 비율(%) | 무게(g) |
|---|---|---|
| 강력분(Hard flour) | 80 | 560 |
| 중력분(Soft flour) | 20 | 140 |
| 생이스트(Fresh yeast) | 4 | 28 |
| 제빵개량제(S-500) | 1 | 6 |
| 소금(Salt) | 2 | 14 |
| 설탕(Sugar) | 11 | 76 |
| 마가린(Margarine) | 9 | 62 |
| 탈지분유(Dry milk) | 5 | 34 |
| 달걀(Egg) | 5 | 34 |
| 물(Water) | 52 | 364 |
| 총배합률 | 189 | 1,318 |

### 토핑 · 충전물(계량시간에서 제외)

| 재료명 | 비율(%) | 무게(g) |
|---|---|---|
| 프랑크소시지(Franck sausage) | 100 | 480 |
| 양파(Onion) | 72 | 336 |
| 마요네즈(Mayonnaise) | 34 | 158 |
| 피자치즈(Pizza cheese) | 22 | 102 |
| 케첩(Ketchup) | 24 | 112 |
| 총배합률 | 252 | 1,188 |

■ 만드는 과정

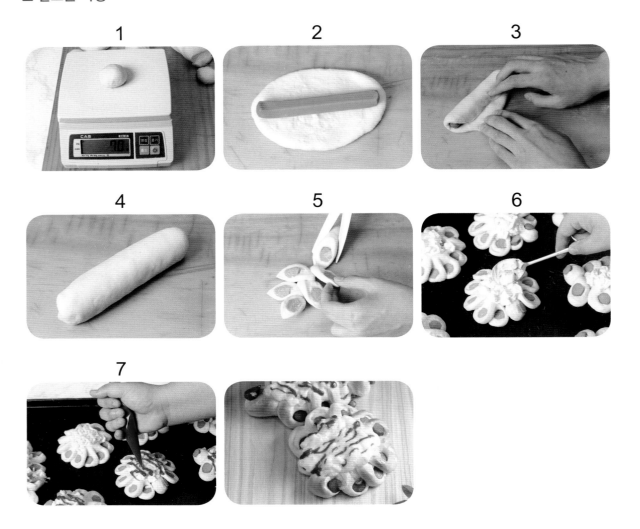

1
2
3
4
5
6
7

TIP

소시지빵은 2차 발효를 많이 하면 오븐에서 구워 나왔을 때 볼륨감이 없다. 양파는 작게 자른 다음 마요네즈에 버무려서 올려야 떨어지지 않고 오븐에서 타지 않는다. 케첩은 짤주머니에 담아서 얇게 짜준다.

## ■ 만드는 과정

### 1. 재료계량

① 주어진 시간 내에 전 재료를 계량하여 작업대 위에 진열한다.(재료중량이 정확해야 하며, 재료손실이 많으면 감점된다.)

### 2. 반죽 제조하기

② 유지를 제외한 모든 재료를 믹싱 볼에 넣고 반죽한다.

③ 클린업 단계에서 유지를 넣고 최종단계까지 믹싱하여 반죽을 완료한다.(반죽온도 27℃)

### 3. 1차 발효하기

④ 온도 27℃, 상대습도 75~85%의 조건에서 50~60분간 1차 발효한다.(반죽의 발효상태는 정해진 시간보다 다양한 방법으로 체크하고 판단한다.)

### 4. 분할 및 둥글리기, 중간발효하기

⑤ 반죽을 70g씩 분할하여 반죽표면이 매끄럽게 둥글리기를 하고 비닐을 덮어놓고 10~15분간 중간발효시킨다.

### 5. 성형 · 팬닝(패닝)하기

⑥ 밀대로 반죽을 밀어준다.(크림빵 만들 때처럼)

⑦ 반죽 위에 프랑크 소시지를 올리고 말아준다.(이음매 부분을 잘 붙여야 한다.)

⑧ 가위를 45도 각도로 눕혀서 소시지 반죽을 6~8등분으로 자르고 꽃잎 모양, 낙엽 모양으로 성형하여 철판에 모양이 같은 것 6개를 간격이 같도록 팬닝한다.

### 6. 2차 발효 · 토핑하기

⑨ 발효실 온도 36~38℃, 습도 75~85%에서 20~30분간 2차 발효를 한다.(발효상태는 정해진 시간보다 직접 체크하고 조금 짧게 한다.)

⑩ 2차 발효 후 다진 양파에 마요네즈를 섞어서 올리고, 위에 피자치즈를 올린 후 마지막으로 케첩을 골고루 뿌려준다.

### 7. 굽기

⑪ 윗불온도 195~200℃, 밑불온도 170~175℃의 오븐온도에서 20분 전후로 굽는다.

※ 고른 착색을 위해 적절한 시기에 팬의 위치를 바꿔준다.

---

**제품평가**

**색깔** 제품의 껍질색은 진하거나 연하지 않은 먹음직스러운 황금갈색이 나야 하며, 윗면 · 옆면 · 밑면의 색깔이 고르게 나야 한다.

**부피** 반죽의 중량에 맞게 전체적으로 봐서 빵의 부피가 적정해야 한다. 발효가 부족하거나 오버되면 감점요인이 된다.

**외부균형** 꽃잎 모양, 나뭇잎 모양이 균형을 이루고 대칭이 되어야 하며, 외부가 찌그러져 균형이 맞지 않으면 감점된다.

**내상** 빵과 소시지 사이에 큰 기공이 없으며, 조직이 균일하고 줄무늬가 없어야 한다.

**맛, 향** 빵과 야채가 조화를 이루며, 소시지빵 특유의 풍미가 나고 식감이 좋아야 한다.

---

# 베이글 Bagel

베이글(bagel)은 가운데 구멍이 뚫린 둥근 모양의 빵으로 오븐에 굽기 전 반죽을 끓는 물에 익힌 후 오븐에서 한 번 더 구워내기 때문에 조직이 치밀해서 쫄깃하면서도 씹는 맛이 독특하다. 베이글의 유래는 동유럽 폴란드에 거주하던 유대인들에 의해 만들어진 것으로 알려져 있으며, 폴란드의 유대인들이 미국으로 이주하는 과정에서 미국에 전해져 유대인 음식으로 인식되었으나 오늘날은 전 세계인이 즐겨 먹는 빵으로 주로 크림치즈를 발라 먹는다.

## ■ 요구사항

다음 요구사항대로 베이글을 제조하여 제출하시오.

① 배합표의 각 재료를 계량하여 재료별로 진열하시오.(7분)

② 반죽은 스트레이트법으로 제조하시오.

③ 반죽온도는 27℃를 표준으로 하시오.

④ 1개당 분할중량은 80g으로 하고 링 모양으로 정형하시오.

⑤ 반죽은 전량을 사용하여 성형하시오.

⑥ 2차 발효 후 끓는 물에 데쳐 팬닝하시오.

⑦ 팬 2개에 완제품 16개를 구워 제출하고 남은 반죽은 감독위원의 지시에 따라 별도로 제출하시오.

| 재료명 | 비율(%) | 무게(g) |
|---|---|---|
| 강력분(Hard flour) | 100 | 800 |
| 물(Water) | 55~60 | 440~480 |
| 이스트(Fresh yeast) | 3 | 24 |
| 제빵개량제(S-500) | 1 | 8 |
| 소금(Salt) | 2 | 16 |
| 설탕(Sugar) | 2 | 16 |
| 식용유(Oil) | 3 | 24 |
| 총배합률 | 166~171 | 1,328~1,368 |

■ 만드는 과정

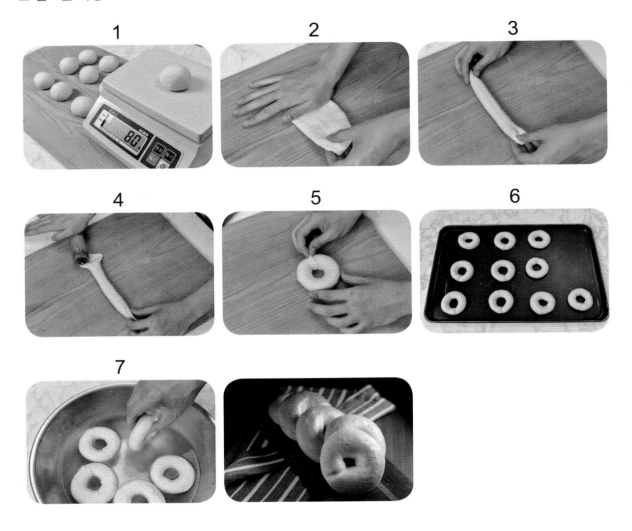

1

2

3

4

5

6

7

## ■ 만드는 과정

### 1. 재료계량

① 주어진 시간 내에 전 재료를 계량하여 작업대 위에 진열한다.(재료중량이 정확해야 하며, 재료손실이 많으면 감점된다.)

### 2. 반죽 제조하기

② 모든 재료를 믹싱 볼에 넣고 발전단계까지 반죽한다.(반죽온도27℃)

### 3. 1차 발효하기

③ 온도 27℃, 상대습도 75~80%의 조건에서 40~50분간 1차 발효시킨다.(반죽의 발효상태는 정해진 시간보다 다양한 방법으로 체크하고 판단한다.)

### 4. 분할하기

④ 반죽을 80g씩 분할한다. 반죽 분할 시 어느 정도 무게를 짐작하여 한두 번의 감각으로 능숙하게 한다.

### 5. 둥글리기

⑤ 반죽표면이 매끄럽게 둥글리기한다.

### 6. 중간발효하기

⑥ 성형을 위해서 10~15분간 비닐을 덮어 중간발효시킨다.

### 7. 성형하기

⑦ 반죽을 먼저 모두 막대모양으로 한 번 밀어준다. 먼저 밀어준 반죽부터 다시 밀어준다.

⑧ 둥근 링 모양으로 성형한 다음 끝부분을 약간 가늘게 하여 겹친 후 이음매를 단단하게 붙여서 마무리하고 12개씩 팬에 팬닝한다.

### 8. 2차 발효하기

⑨ 발효실 온도 33℃, 상대습도 75~85%에서 20~30분간 2차 발효시킨다.(발효는 정해진 시간보다 육안으로 체크하여 보고 판단한다.)

### 9. 데치기

⑩ 2차 발효가 끝난 반죽을 끓는 물에 넣고 앞뒤로 10초간 데친다.(반죽이 물 위로 떠오른다.)

### 10. 팬닝(패닝)하기

⑪ 끓는 물에 데친 베이글은 철판 위에서 다시 팬닝한다.

### 11. 굽기

⑫ 윗불온도 210~220℃, 아랫불 180℃의 오븐온도에서 20분 전후로 굽는다.

※ 고른 착색을 위해 적절한 시기에 팬의 위치를 바꿔준다.

---

| 제품평가 | |
|---|---|
| **색깔** | 제품 껍질색은 진하거나 연하지 않은 먹음직스러운 황금갈색이 나야 하며, 윗면·옆면·밑면의 색깔이 고르게 나야 한다. |
| **부피** | 반죽의 중량에 맞게 전체적으로 봐서 빵의 부피가 적정해야 한다. 발효가 부족하거나 오버되면 감점 요인이 된다. |
| **외부균형** | 제품이 둥근 링 모양으로 균형을 이루고 대칭이 되어야 하며, 외부가 찌그러져 균형이 맞지 않으면 감점된다. |
| **내상** | 제품의 내상에 기공이 없고, 조직이 균일해야 하며, 줄무늬가 없어야 한다. |
| **맛, 향** | 베이글 특유의 쫄깃쫄깃한 식감과 특유의 풍미가 나와야 한다. |

# 빵도넛 Yeast doughnut

시험시간

3시간

이스트를 넣고 발효한 반죽으로 여러 가지 모양을 만들어 기름에 튀긴 제품으로 도넛에는 크게 케이크도넛과 빵도넛이 있다. 케이크도넛은 베이킹파우더로 부풀리기 때문에 반죽하여 모양을 낸 후 즉시 튀겨야 하고, 빵도넛은 이스트로 부풀리기 때문에 반죽하여 성형 후 발효시킨 다음에 튀겨야 한다.

## ■ 요구사항

다음 요구사항대로 빵도넛을 제조하여 제출하시오.

① 배합표의 각 재료를 계량하여 재료별로 진열하시오.(12분)

② 반죽은 스트레이트법으로 제조하시오.(단, 유지는 클린업 단계에서 첨가하시오.)

③ 반죽온도는 27℃를 표준으로 하시오.

④ 분할무게는 46g씩으로 하시오.

⑤ 모양은 8자형 22개와 트위스트형(꽈배기형) 22개로 만드시오.

⑥ 반죽은 전량을 사용하여 성형하시오.

| 재료명 | 비율(%) | 무게(g) |
|---|---|---|
| 강력분(Hard flour) | 80 | 880 |
| 박력분(Soft flour) | 20 | 220 |
| 설탕(Sugar) | 10 | 110 |
| 쇼트닝(Shortening) | 12 | 132 |
| 소금(Salt) | 1.5 | 16.5(16) |
| 탈지분유(Dry milk) | 3 | 33(32) |
| 이스트(Fresh yeast) | 5 | 55(56) |

| 재료명 | 비율(%) | 무게(g) |
|---|---|---|
| 제빵개량제(S-500) | 1 | 11(10) |
| 바닐라향(Vanilla powder) | 0.2 | 2.2(2) |
| 달걀(Egg) | 15 | 165(164) |
| 물(Water) | 46 | 506 |
| 넛메그(Netmeg) | 0.2 | 2.2(2) |
| 총배합률 | 194 | 2,132.9 (2,130) |

■ 만드는 과정

1

2

3

4

5

6

7

8

TIP
● ● ● ● ● ● ● ● ● ● ● ● ● ● ● ● ● ● ● ● ● ● ● ● ● ● ● ● ● ● ● ● ● ● ● ● ● ● ● ● ● ● ● ●

두 번에 나누어 반죽을 길게 밀어준 다음 성형한다. 2차 발효를 많이 하면 기름에 넣을 때 모양이 흐
트러져 완제품이 예쁘지 않다. 기름온도가 낮거나 높지 않도록 특별히 조심한다.

## ■ 만드는 과정

### 1. 재료계량

① 주어진 시간 내에 전 재료를 계량하여 작업대 위에 진열한다.(재료중량이 정확해야 하며, 재료손실이 많으면 감점된다.)

### 2. 반죽 제조하기

② 유지를 제외한 모든 재료를 믹싱 볼에 넣고 반죽한다.

③ 클린업 단계에서 유지를 넣고 계속 반죽한다.

④ 일반식빵의 90%인 최종단계 초기에서 완료한다.

⑤ 반죽온도는 27±1℃가 되도록 한다.

### 3. 1차 발효하기

⑥ 발효실 온도 27℃, 상대습도 75~80% 전후의 조건에서 40~50분간 발효한다.(반죽의 발효상태는 정해진 시간보다 다양한 방법으로 발효상태를 확인하고 판단한다.)

### 4. 분할 및 둥글리기

⑦ 46g씩 분할한다. 반죽 분할 시 어느 정도 무게를 짐작하여 한두 번의 감각으로 능숙하게 한다. 반죽표면이 매끄럽게 둥글리기한다.

### 5. 중간발효하기

⑧ 10~15분 중간발효한다.(반죽표면이 마르지 않게 비닐을 덮어놓는다.)

### 6. 성형하기

⑨ 반죽을 가스 빼기하여 20~25cm 정도로 밀어 펴기한 후 감독관이 지시하는 대로 8자형, 꽈배기형으로 성형한다.(한번에 밀어 펴기를 하지 말고 두 번에 나누어서 한다.)

### 7. 2차 발효하기

⑩ 발효실 온도 32~38℃, 상대습도 75~85에서 20~30분간 발효한다.(발효는 정해진 시간보다 발효상태를 육안으로 체크하여 판단한다.)

### 8. 튀김하기

⑪ 기름온도 180~185℃에서 한 면에 약 2~3분씩 색이 균일하게 나도록 튀기기를 한다.

※ 튀김 면을 다시 튀기면 기름 흡수가 많아지므로 한 면에 한 번만 튀긴다.

### 9. 설탕 묻히기

⑫ 제품이 적당히 냉각되면 제공되는 설탕을 골고루 묻힌다.

---

| 제품평가 | | |
|---|---|---|
| **색깔** | 제품 껍질색은 진하거나 연하지 않은 먹음직스러운 황금갈색이 나야 하며, 윗면ㆍ옆면ㆍ밑면의 색깔이 고르게 나야 한다. | |
| **부피** | 반죽의 중량에 맞게 전체적으로 봐서 빵의 부피가 적정해야 한다. 발효가 부족하거나 오버되면 감점 요인이 된다. | |
| **외부균형** | 제품의 모양이 선명하고 균형을 이루어 대칭이 되어야 하며, 외부가 찌그러져 균형이 맞지 않으면 감점된다. | |
| **내상** | 제품 내상에 기름이 많이 흡수되지 않았고 기공이 없으며, 조직이 균일하고 줄무늬가 없어야 한다. | |
| **맛, 향** | 기름에 의한 느끼한 맛이 나지 않아야 하고 도넛의 탄력적인 식감과 특유의 풍미와 향이 나야 한다. | |

# 통밀빵 Whole wheat bread

시험시간

**3시간 30분**

통밀이란 도정하지 않은 밀을 말한다. 겉껍질만을 벗겨낸 통곡물류에 해당하며, 통밀은 알 갱이가 크고 연한 갈색을 띠며, 식감은 거칠거칠하고 딱딱하나 고유의 독특한 풍미를 가지고 있다. 통밀은 비스킷이나 쿠키, 빵의 재료로 사용한다. 특히 통밀빵은 건강빵으로 많이 알려져 있다.

## ■ 요구사항

다음 요구사항대로 통밀빵을 제조하여 제출하시오.

① 배합표의 각 재료를 계량하여 재료별로 진열하시오.(10분).
   (단, 토핑용 오트밀은 계량 시간에서 제외한다.)

② 반죽은 스트레이트법으로 제조하시오.

③ 반죽온도는 25℃를 표준으로 하시오.

④ 표준 분할무게는 200g으로 하시오.

⑤ 제품의 형태는 밀대(봉)형(22~23cm)으로 제조하고, 표면에 물을 발라 오트밀을 보기 좋게 적당히 묻히시오.

⑥ 8개를 성형하여 제출하고 남은 반죽은 감독위원의 지시에 따라 별도로 제출하시오.

| 재료명 | 비율(%) | 무게(g) |
|---|---|---|
| 강력분(Hard flour) | 80 | 800 |
| 통밀가루(Whole wheat flour) | 20 | 200 |
| 이스트(Fresh yeast) | 2.5 | 25 |
| 제빵개량제(S-500) | 1 | 10 |
| 물(Water) | 63~65 | 630~650 |
| 소금(Salt) | 1.5 | 15(14) |
| 설탕(Sugar) | 3 | 30 |
| 버터(Butter) | 7 | 70 |
| 탈지분유(Dry milk) | 2 | 20 |
| 몰트 엑기스(Malt extract) | 1.5 | 15(14) |
| 총배합률 | 181.5~183.5 | 1,815~1,835 |

### ※ 충전용 재료는 계량시간에서 제외

| 재료명 | 비율(%) | 무게(g) |
|---|---|---|
| (토핑용) 오트밀 | – | 200g |

■ 만드는 과정

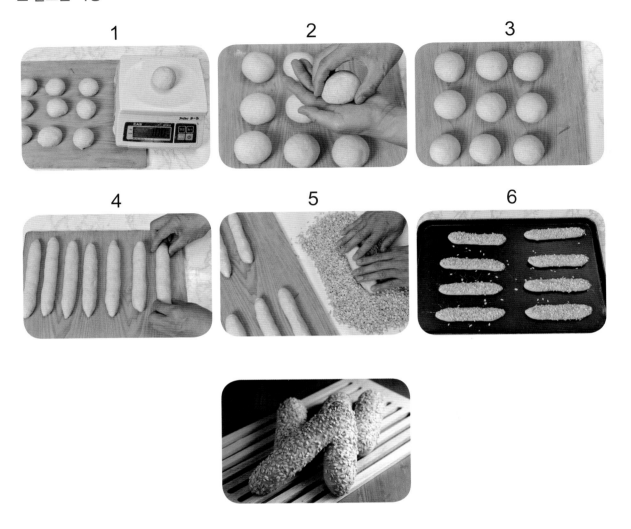

1

2

3

4

5

6

통밀빵 성형 시 일정한 모양으로 6개씩 만들어 오트밀을 묻힌 다음 팬닝한다. 18개 전체를 만들고 오트밀을 묻힌 경우 처음 만들어 놓은 것은 시간이 많이 지나 발효가 되었기 때문에 제품이 오븐에서 나왔을 경우 예쁘지 않을 수도 있다.

## ■ 만드는 과정

### 1. 재료계량

① 주어진 시간 내에 전 재료를 계량하여 작업대 위에 진열한다.(재료중량이 정확해야 하며, 재료손실이 많으면 감점된다.)

### 2. 반죽 제조하기

② 유지를 제외한 모든 재료를 믹싱 볼에 넣고 반죽한다.

③ 클린업 단계에서 유지를 넣고 계속 반죽한다.

④ 발전단계 후기에서 믹싱을 완료하고 반죽온도 25℃가 되도록 한다.

### 3. 1차 발효하기

⑤ 발효실 온도 27℃, 상대습도 80%의 조건에서 40~60분간 발효한다.(반죽의 발효상태는 정해진 시간보다 다양한 방법으로 확인한다.)

### 4. 분할하기

⑥ 200g씩 분할한다. 반죽 분할 시 어느 정도 무게를 짐작하여 한두 번의 감각으로 능숙하게 한다.

### 5. 둥글리기

⑦ 반죽표면이 매끄럽게 둥글리기를 한다.

### 6. 중간발효하기

⑧ 10~15분간 중간발효한다.(반죽표면이 마르지 않게 비닐을 덮어 놓는다.)

### 7. 성형하기

⑨ 밀대를 이용하여 반죽 두께가 일정하도록 밀어 펴면서 가스 빼기를 한 후에 한쪽부터 단단히 말아서 밀대(봉)형 길이가 22~23cm가 되도록 성형하고 이음매를 잘 봉한 다음 표면이 매끄럽고 좌우 대칭이 되도록 한 다음 물을 바르고 오트밀을 최대한 많이 묻힌다.

### 8. 팬닝(패닝)하기

⑩ 한 팬에 6개씩 말아준 부분이 아래를 향하도록 놓는다.

### 9. 2차 발효하기

⑪ 발효실 온도 32~38℃, 상대습도 80~85%의 조건에서 20~30분간 발효한다.(발효상태는 정해진 시간보다는 육안으로 체크하여 판단한다.)

### 10. 굽기

⑫ 윗불온도 200~210℃, 밑불온도 180~190℃에서 20~25분 전후로 굽는다.

※ 고른 착색을 위해 적절한 시기에 팬의 위치를 바꿔준다.

---

**제품평가**

**색깔** 제품의 껍질색은 진하거나 연하지 않은 먹음직스러운 황금갈색이 나야 하며, 윗면 · 옆면 · 밑면의 색깔이 고르게 나야 한다.

**부피** 반죽의 중량에 맞게 전체적으로 봐서 빵의 부피가 적정해야 한다. 발효가 부족하거나 오버되면 감점 요인이 된다.

**외부균형** 밀대(봉)형 모양이 보기가 좋아야 하며, 외부가 찌그러져 균형이 맞지 않으면 감점된다.

**내상** 제품을 자르고 체크했을 때 큰 기공이 없고 조직이 균일하며, 속이 부드러워야 한다.

**맛, 향** 제품의 속은 부드러우며, 통밀빵 특유의 은은한 향이 나고 식감이 좋아야 한다.

# 제과기능사 Craftsman Confectionary Making 안내

■ 기본정보

(1) 자격분류 : 국가기술자격증
(2) 시행기관 : 한국산업인력공단
(3) 응시자격 : 제한 없음
(4) 홈페이지 : www.q-net.or.kr

■ 자격정보

(1) 자격 개요

① 제과기능사란 한국산업인력공단에서 시행하는 제과기능사 시험에 합격하여 그 자격을 취득한 자를 말한다.

② 제과기능사는 경제성장과 소득수준이 높아짐에 따라 식생활 변화 등으로 제과에 대한 소비가 늘어남에 따라 제과에 관한 숙련기능을 가지고, 제과제조와 관련된 업무를 수행할 수 있는 능력을 가진 전문기능 인력을 양성하기 위해 제정된 국가기술자격이다.

(2) 자격 특징

① 제과기능사는 주로 발효과정을 거치지 않는 케이크, 과자 등을 만드는 작업을 한다. 또한 제과에 관한 숙련기능을 가지고 각 제과제품 제조에 필요한 재료의 배합표 작성, 재료 평량을 하고 각종 제과용 기계 및 기구를 사용하여 성형, 굽기, 장식, 포장 등의 공정을 거쳐 각종 제과제품을 만드는 업무를 수행한다.

② 2017년도부터는 기존의 검정형 시험방법 외에 과정평가형으로도 제과기능사 자격을 취득할 수 있다.

(3) 과정평가형 자격제도

① 과정평가형 자격이란 국가직무능력표준(NCS)에 기반하여 일정 요건을 충족하는 교육 · 훈련 과정을 충실히 이수한 사람에게 내부 · 외부평가를 거쳐 일정 합격기준을 충족하는 사람에게 국가기술자격을 부여하는 제도를 말한다.

② 과정평가형 자격취득 가능 종목 : 제과기능사 자격의 검정방식은 기존의 검정형과 과정평가형이 병행하여 운영되고 있다.

■ 시험정보

(1) 응시자격

　　① 응시자격에는 제한이 없다. 연령, 학력, 경력, 성별, 지역 등에 제한을 두지 않는다.

　　② 주로 제과학원, 제과직업전문학교, 조리고등학교 등에서 교육을 받아 자격증을 취득하고
　　　있다.

(2) 시험과목 및 검정방법

| 구분 | 시험과목 | 검정방법 및 시험시간 |
| --- | --- | --- |
| 필기시험 | 과자류 재료, 제조 및 위생관리 | 객관식 4지 택일형 60문항(60분) |
| 실기시험 | 제과작업 | 작업형(2~4시간 정도) |

(3) 합격 기준

　　필기 · 실기 - 100점을 만점으로 하여 60점 이상

(4) 필기시험 면제

　　필기시험에 합격한 자에 대하여는 필기시험 합격자 발표일로부터 2년간 필기시험을 면제한다.

# 파운드케이크 Pound cake

파운드케이크는 영국에서 처음 만들어졌으며, 밀가루·달걀·설탕·버터를 각각 1파운드(453.6g)씩 넣고 만들었다 해서 붙여진 이름으로 프랑스에서는 케이크라고 한다. 최근에는 배합비율도 다르게 하여 다양한 파운드케이크가 만들어지고 있다.

## ■ 요구사항

다음 요구사항대로 파운드케이크를 제조하여 제출하시오.
① 배합표의 각 재료를 계량하여 재료별로 진열하시오.(9분)
② 반죽은 크림법으로 제조하시오.
③ 반죽온도는 23℃를 표준으로 하시오.
④ 반죽의 비중을 측정하시오.
⑤ 윗면을 터뜨리는 제품을 만드시오.
⑥ 반죽은 전량을 사용하여 성형하시오.

| 재료명 | 비율(%) | 무게(g) |
|---|---|---|
| 박력분(Soft flour) | 100 | 800 |
| 설탕(Sugar) | 80 | 640 |
| 버터(Butter) | 80 | 640 |
| 소금(Salt) | 1 | 8 |
| 유화제(Emulsifier) | 2 | 16 |
| 탈지분유(Dry milk) | 2 | 16 |
| 바닐라향(Vanilla powder) | 0.5 | 4 |
| 베이킹파우더(Baking powder) | 2 | 16 |
| 달걀(Egg) | 80 | 640 |
| 총배합률 | 347.5 | 2,780 |

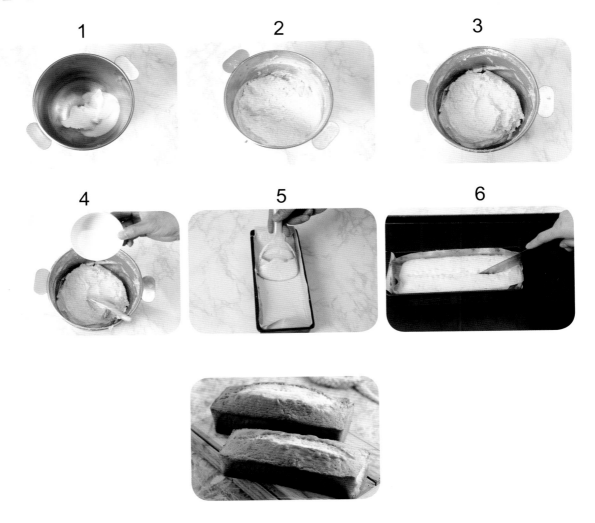

크림법은 유지가 단단하면 잘 섞이지 않는다. 잘게 자르거나 볼 밑에 따뜻한 물을 받쳐 크림상태로 만들어준다. 크림화가 충분히 되면 달걀을 조금씩 나누어 넣는다. 팬 종이는 팬보다 조금 높게 잘라서 깔아주며, 크림이 만들어지는 동안 팬에 깔아준다.

■ 만드는 과정

1. 재료계량 : 주어진 시간 내에 전 재료를 계량하여 작업대 위에 진열한다.(재료의 중량이 맞도록 한다. 재료손실이 있으면 감점)

2. 반죽제조 : 믹싱 볼에 버터, 쇼트닝을 부드럽게 풀어준 후 소금, 설탕, 유화제를 넣고 크림상태로 만든다. 이때 하얗게 될 때까지 크림화한다.

3. 달걀을 2~3회 나누어 서서히 투입하여 부드러운 크림상태가 되도록 한다. 이때 오버믹싱되지 않도록 한다.

4. 달걀을 한꺼번에 넣으면 버터와 달걀수분의 분리현상이 생겨 제품이 부드럽지 않고 단단하게 된다.(분리현상 주의)

5. 박력분, 베이킹파우더, 분유, 바닐라향(분말)을 체 친 후 가볍게 섞어준다.(반죽온도 23℃)
※ 비중은 0.80±0.05

6. 물을 조금씩 넣고 섞어준다.

7. 팬닝 : 파운드 팬 크기에 맞도록 종이를 재단하고 반죽을 70%까지 팬닝한다. 짤주머니를 이용하면 손쉽다.

8. 굽기 : 윗불온도 225~230℃, 밑불온도 180℃의 오븐에서 윗면이 갈색이 나면 칼끝에 식용유 기름을 묻혀 중앙을 가른다.

9. 뚜껑을 덮고 윗불온도 170~175℃, 밑불온도 170℃에서 35분 전후로 굽는다.

10. 오븐에서 꺼내자마자 20~30%의 설탕을 노른자에 섞어 케이크 윗면에 붓으로 칠한다.(감독위원의 지시에 따른다.)

| 제품평가 | 색깔 | 제품의 껍질색은 진하거나 연하지 않은 먹음직스러운 황금갈색이 나야 하며, 윗면·옆면·밑면의 색깔이 고르게 나야 한다. 윗면에 반점이 없어야 한다. |
| | 부피 | 반죽의 중량에 맞게 전체적으로 봐서 부피가 적정해야 하며, 넘쳐흐르거나 너무 낮지 않아야 한다. |
| | 외부균형 | 칼집을 넣은 윗면이 선명하고 균형을 이루어서 대칭이 되어야 하며, 외부가 찌그러져 균형이 맞지 않으면 감점된다. |
| | 내상 | 제품의 내상은 밝은 노란색을 띠고 큰 기공은 없어야 하며, 조직이 균일해야 한다. |
| | 맛, 향 | 껍질의 두께가 얇고 속은 부드러우며 파운드케이크 특유의 풍미와 향이 나야 한다. |

# 브라우니 Brownie

시험시간

**1시간 50분**

초콜릿 브라우니(영어: chocolate brownie)는 사각형태의 팬에 구워 정사각형으로 잘라 휘핑한 생크림, 커피 등과 함께 먹는 초콜릿 케이크다. 초콜릿 맛이 진한 퍼지 브라우니가 있으며, 기호에 따라 호두, 초콜릿 칩 등 다양한 재료를 넣고 맛이 각기 다른 브라우니가 만들어지고 있다.

■ 요구사항

다음 요구사항대로 브라우니를 제조하여 제출하시오.

① 반죽재료를 계량하여 재료별로 진열하시오.(9분)

② 브라우니는 수작업으로 반죽하시오.

③ 버터와 초콜릿을 함께 녹여서 넣는 1단계 변형반죽법으로 하시오.

④ 반죽온도는 27℃로 표준으로 하시오.

⑤ 반죽은 전량을 사용하여 성형하시오.

⑥ 3호 원형 팬 2개에 팬닝하시오.

⑦ 호두의 반은 반죽에 사용하고 나머지 반은 토핑하며, 반죽 속과 윗면에 골고루 분포되게 하시오.(호두는 구워서 사용)

| 재료명 | 비율(%) | 무게(g) |
|---|---|---|
| 중력분(Soft flour) | 100 | 300 |
| 달걀(Egg) | 120 | 360 |
| 설탕(Sugar) | 130 | 390 |
| 소금(Salt) | 2 | 6 |
| 버터(Butter) | 50 | 150 |
| 다크 초콜릿(Dark chocolate) | 150 | 450 |
| 코코아파우더(Cocoa powder) | 10 | 30 |
| 바닐라향(Vanilla powder) | 2 | 6 |
| 호두분태(Walnut shelled) | 50 | 150 |
| 총배합률 | 614 | 1,842 |

TIP
. . . . . . . . . . . . . . . . . . . . . . . . . . . . . . . . . . . . . . . . . . . . . . . . . . . . . . . . . .

버터와 초콜릿을 중탕으로 녹일 때 물이 들어가면 사용하지 못하는 경우가 발생할 수 있다. 안전하게
녹이기 위해서는 물을 담은 밑의 볼보다 초콜릿 버터를 담은 볼이 크면 안전하다.

■ 만드는 과정

1. 재료계량 : 주어진 시간 내에 전 재료를 계량하여 작업대 위에 진열한다.(재료 중량이 정확해야 한다. 재료손실이 많으면 감점)

2. 호두를 잘게 자른 다음 오븐에 살짝 구워 놓는다.

3. 반죽제조 : 다크 초콜릿(커버추어)을 잘게 자른다.

4. 스텐 믹싱 볼에 다크 초콜릿(커버추어)과 버터를 넣고 45℃ 전후로 중탕하여 녹인다.

5. 스텐 믹싱 볼에 달걀을 넣고 거품기로 풀어준다. 설탕, 소금을 넣고 거품을 조금 올려준다.

6. 녹여놓은 초콜릿과 버터를 거품 올린 달걀에 넣고 골고루 섞어준다.

7. 체 친 가루재료(밀가루, 코코아파우더, 바닐라향)를 넣고 골고루 섞는다.

8. 구워 놓은 호두는 반죽에 반 정도 넣고 섞는다.(반죽온도 27℃)

9. 팬닝 : 팬에 종이를 깔고 반죽을 채우며, 윗면을 평평하게 정리해서 남은 호두를 골고루 뿌려준다.

10. 굽기 : 윗불 165~170℃, 아랫불 160℃의 오븐온도에서 30분 전후로 굽는다.(오븐의 특성에 따라 온도 차이가 있으므로 체크를 해야 한다.)

| 제품평가 | 색깔 | 제품의 껍질색은 진하거나 연하지 않은 먹음직스러운 짙은 초콜릿색이 나야 하며, 윗면·옆면·밑면의 색깔이 고르게 나야 한다. |
| --- | --- | --- |
| | 부피 | 반죽의 중량에 맞게 전체적으로 봐서 부피가 적정해야 하며, 넘쳐흐르거나 너무 낮지 않아야 한다. |
| | 외부균형 | 제품 윗면의 표면이 평평하게 균형을 이루고 대칭이 되어야 하며, 외부가 찌그러져 균형이 맞지 않으면 감점된다. |
| | 내상 | 제품의 속부분을 체크할 때 호두가 골고루 분포되어 있어야 하고 큰 기공은 없어야 하며, 조직이 조밀하지 않고 균일해야 한다. |
| | 맛, 향 | 탄 냄새가 나지 않고 속은 부드러우며, 초콜릿 브라우니 특유의 풍미와 향이 나야 한다. |

# 과일케이크 Fruit cake

시험시간
**2시간
30분**

영국에는 수많은 종류의 과일케이크가 있다. 다양한 말린 과일과 견과류, 설탕에 절인 시트러스 껍질로 만드는 과일케이크는 주로 축하행사에 많이 사용되었다. 과일케이크는 약간 무겁고 단단하기 때문에 시럽과 잼을 바르고 마지팬을 씌운 다음 새하얀 아이싱으로 장식하여 결혼식 등 각종 축하 케이크로 사랑받고 있다.

## ■ 요구사항

다음 요구사항대로 과일케이크를 제조하여 제출하시오.
① 배합표의 각 재료를 계량하여 재료별로 진열하시오.(13분)
② 반죽은 별립법으로 제조하시오.
③ 반죽온도는 23℃를 표준으로 하시오.
④ 제시한 팬에 알맞도록 분할하시오.
⑤ 반죽은 전량을 사용하여 성형하시오.

| 재료명 | 비율(%) | 무게(g) |
|---|---|---|
| 박력분(Soft flour) | 100 | 500 |
| 설탕(Sugar) | 90 | 450 |
| 마가린(Margarine) | 55 | 275(276) |
| 달걀(Egg) | 100 | 500 |
| 우유(Milk) | 18 | 90 |
| 베이킹파우더(Baking powder) | 1 | 5(4) |
| 소금(Salt) | 1.5 | 7.5(8) |
| 건포도(Raisin) | 15 | 75(76) |
| 체리(Cherry) | 30 | 150 |
| 호두분태(Walnut shelled) | 20 | 100 |
| 오렌지 필(Orange peel) | 13 | 65(66) |
| 럼주(Rum) | 16 | 80 |
| 바닐라(Vanilla) | 0.4 | 2 |
| 총배합률 | 459.9 | 2,299.5 (2,300~2,302) |

■ 만드는 과정

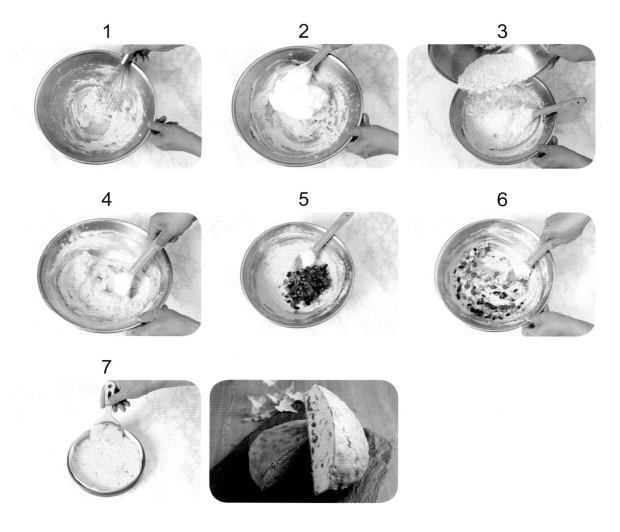

1
2
3
4
5
6
7

TIP
· · · · · · · · · · · · · · · · · · · · · · · · · · · · · · · · · · · · · · · · · · · · · · · · · · · · · · · · · · · · · · · · · · · · · · · ·

과일부터 먼저 전처리하고 호두는 구워 놓는다. 머랭 만들기 전 팬에 종이를 깔아서 준비해 놓는다. 머랭은 중간피크 정도를 올린 다음에 넣고 반죽하며 충전물은 밀가루에 버무려 넣고 반죽한다.(과일이 밑으로 가라앉는 것을 방지할 수 있다.)

246

## ■ 만드는 과정

1. 재료계량 : 주어진 시간 내에 전 재료를 계량하여 작업대 위에 진열한다.(재료의 중량이 정확해야 한다. 재료손실이 많으면 감점)

2. 호두는 잘게 자른 다음 오븐에 살짝 구워 놓는다.

3. 반죽제조 : 과일은 럼주에 버무려 전처리하고 달걀흰자와 노른자를 분리한다.

4. 마가린을 부드럽게 풀어준 후 설탕의 1/3(90% 중 30%)에 소금을 넣어 크림상태로 만들고 노른자를 나누어 넣으면서 부드러운 크림상태를 만든다.

5. 흰자를 60%까지 거품낸 후 나머지 설탕을 투입하여 젖은 피크상태의 머랭을 제조한다.

6. 머랭 1/3을 4번의 반죽에 혼합하고 체 친 박력분, 베이킹파우더, 우유를 넣고 고루 섞어준다.

7. 반죽에 전처리한 과일과 호두를 넣고 섞어준다.

8. 나머지 머랭 2/3를 가볍게 혼합하여 반죽을 완료한다. 각 재료의 혼합이 균일하고 과일이 밑으로 가라앉지 않도록 한다.

※ 과일이 가라앉지 않게 하기 위해 과일에 밀가루를 약간 섞어준 다음 혼합해도 좋다.

9. 팬닝(패닝) : 원형 팬에 종이를 재단하여 깔고 약 80%로 팬닝한다.

10. 고무주걱을 사용하여 펴준다.(팬 사용은 감독위원의 지시에 따른다.)

11. 굽기 : 윗불온도 170~175℃, 밑불온도 170℃에서 40분 전후로 굽는다.

---

| 제품평가 | | |
|---|---|---|
| 색깔 | 제품의 껍질색은 진하거나 연하지 않고 먹음직스러워야 한다. 윗면에 반점이나 기포자국이 없고, 윗면·옆면·밑면의 색깔이 고르게 나와야 한다. | |
| 부피 | 반죽의 중량에 맞게 전체적으로 봐서 부피가 적정해야 하며, 넘쳐흐르거나 너무 낮지 않아야 한다. | |
| 외부균형 | 제품 윗면의 표면이 균형을 이루고 대칭이 되어야 하며, 외부가 찌그러져 균형이 맞지 않으면 감점된다. | |
| 내상 | 제품 속 체크 시 충전물이 골고루 분포되어 있어야 하고 큰 기공은 없어야 하며, 조직이 조밀하지 않고 균일해야 한다. | |
| 맛, 향 | 제품의 속은 부드럽고 과일케이크 특유의 풍미와 향이 나야 한다. | |

# 스펀지케이크 Butter sponge cake 공립법

시험시간
1시간
50분

달걀의 기포성을 이용한 케이크로 거품낸 달걀이 공기를 포집하고 이 기포가 가열에 의해 팽창하여 스펀지상태로 부푼다. 버터스펀지케이크는 달걀 거품을 올리고 반죽 마지막 단계에서 녹인 버터를 넣고 반죽하는 것이 특징이다.

## ■ 요구사항

다음 요구사항대로 스펀지케이크를 제조하여 제출하시오.
① 배합표의 각 재료를 계량하여 재료별로 진열하시오.(6분)
② 반죽은 공립법으로 제조하시오.
③ 반죽온도는 25℃를 표준으로 하시오.
④ 반죽의 비중을 측정하시오.
⑤ 제시한 팬에 알맞도록 분할하시오.
⑥ 반죽은 전량을 사용하여 성형하시오.

| 재료명 | 비율(%) | 무게(g) |
|---|---|---|
| 박력분(Soft flour) | 100 | 500 |
| 설탕(Sugar) | 120 | 600 |
| 달걀(Egg) | 180 | 900 |
| 소금(Salt) | 1 | 5(4) |
| 바닐라향(Vanilla powder) | 0.5 | 2.5(2) |
| 버터(Butter) | 20 | 100 |
| 총배합률 | 421.5 | 2,107.5(2,106) |

■ 만드는 과정

달걀 거품이 올라오기 전 팬에 종이를 깔아 놓아야 한다. 반죽한 뒤에 종이를 깔면 거품이 꺼지기 때문이다. 설탕의 입자가 달걀에 충분히 녹아야 완제품의 표면에 반점이 없으며, 버터를 넣고 반죽할 때 가루를 섞은 본반죽에서 조금만 덜어 녹인 버터에 가볍게 섞어야 제품이 부드럽고 부피가 알맞다.

## ■ 만드는 과정

1. 재료계량 : 주어진 시간 내에 전 재료를 계량하여 작업대 위에 진열한다.(재료의 중량이 정확해야 한다. 재료손실이 많으면 감점)

2. 반죽제조 : 스테인리스 볼에 달걀을 풀어준 후 설탕, 소금을 넣는다.

3. 스테인리스 볼에 뜨거운 물을 넣고 중탕하여 저어주면서 40℃ 전후까지 한다.(설탕의 입자가 녹으면 된다.)

4. 믹싱 볼에 넣고 거품을 충분히 올린다.

5. 거품기로 반죽을 떠서 떨어뜨려 보았을 때 점성이 생겨 간격을 두고 떨어지면, 저속으로 바꾸어 정지시켰을 때 거품기 자국이 천천히 없어질 때가 적당하다. 이때 반죽은 광택이 나고 힘이 생긴다.

6. 체 친 박력분, 바닐라향을 넣고 뭉치지 않도록 고루 섞어준다.

7. 중탕으로 용해시킨 버터에 일부 반죽을 혼합한 후 본반죽에 투입하여 가볍게 혼합하여 반죽을 완료한다.

※ 반죽온도 25℃, 비중은 0.55~0.05이다.

8. 팬닝(패닝) : 원형 팬 또는 평철판에 종이를 재단하여 깔고 반죽을 60~70%까지 팬닝한다.

※ 감독위원의 지시에 따라 팬을 선택하여 팬닝한다.

9. 굽기 : 윗불온도 175~180℃, 밑불온도 170℃에서 30분 전후로 굽는다.

| 제품평가 | 색깔 | 제품의 껍질색은 진하거나 연하지 않은 황금갈색이 나야 하며, 윗면에 반점이나 기포자국이 없어야 하고, 윗면·옆면·밑면의 색깔이 고르게 나야 한다. |
| | 부피 | 반죽의 중량에 맞게 전체적으로 봐서 부피가 적정해야 하며, 넘쳐흐르거나 너무 낮지 않아야 한다. |
| | 외부균형 | 제품 윗면이 갈라지지 않고 표면이 균형을 이루고 대칭이 되어야 하며, 외부가 찌그러져 균형이 맞지 않으면 감점된다. |
| | 내상 | 스펀지케이크를 자르고 내상을 체크했을 때 밀가루 덩어리나 섞이지 않는 밀가루가 없어야 하며, 기공과 조직이 조밀하지 않고 균일해야 한다. |
| | 맛, 향 | 조직이 부드럽고 식감이 좋아야 하며, 스펀지케이크의 은은한 향과 특유의 풍미가 나야 한다. |

# 버터스펀지케이크 Butter sponge cake 별립법

**1시간 50분**

달걀의 기포성을 이용한 케이크로 거품낸 달걀이 공기를 포집하고 이 기포가 가열에 의해
팽창하여 스펀지상태로 부푼다. 버터스펀지케이크는 달걀 거품을 올리고 반죽 마지막 단계
에서 녹인 버터를 넣고 반죽하는 것이 특징이다.

■ 요구사항

다음 요구사항대로 버터스펀지케이크를 제조하여 제출하시오.
① 배합표의 각 재료를 계량하여 재료별로 진열하시오.(8분)
② 반죽은 별립법으로 제조하시오.
③ 반죽온도는 23℃를 표준으로 하시오.
④ 반죽의 비중을 측정하시오.
⑤ 제시한 팬에 알맞도록 분할하시오.
⑥ 반죽은 전량을 사용하여 성형하시오.

| 재료명 | 비율(%) | 무게(g) |
|---|---|---|
| 박력분(Soft flour) | 100 | 600 |
| 설탕(Sugar)(A) | 60 | 360 |
| 설탕(Sugar)(B) | 60 | 360 |
| 달걀(Egg) | 150 | 900 |
| 소금(Salt) | 1.5 | 9(8) |
| 베이킹파우더(Baking powder) | 1 | 6 |
| 바닐라향(Vanilla powder) | 0.5 | 3(2) |
| 용해버터(Melt butter) | 25 | 150 |
| 총배합률 | 398 | 2,388(2,386) |

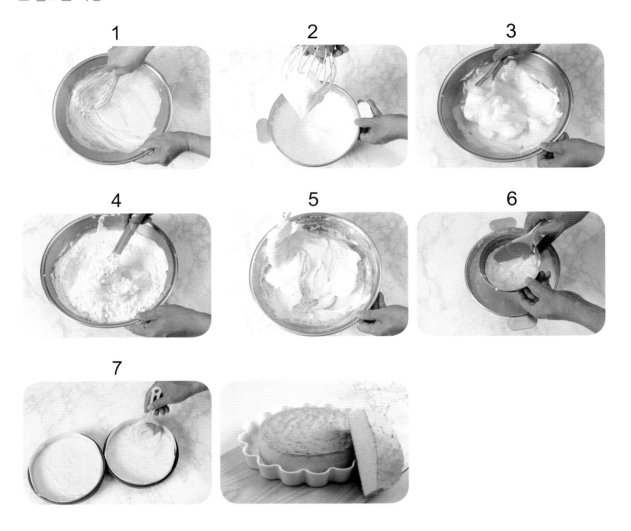

달걀 거품이 올라오기 전 팬에 종이를 깔아놓아야 한다. 반죽한 뒤 종이를 깔면 거품이 꺼지기 때문이다. 설탕의 입자가 달걀에 충분히 녹아야 완제품의 표면에 반점이 없으며, 버터를 넣고 반죽할 때 가루를 섞은 본반죽을 조금만 덜어서 녹인 버터에 가볍게 섞어야 제품이 부드럽고 부피가 알맞다.

## ■ 만드는 과정

1. 재료계량 : 주어진 시간 내에 전 재료를 계량하여 작업대 위에 진열한다.(재료의 중량이 정확해야 한다. 재료손실이 많으면 감점)

2. 반죽제조 : 달걀을 흰자와 노른자로 분리한다.
※ 달걀 분리할 때 흰자에 노른자가 들어가지 않게 한다.

3. 노른자를 풀고 설탕(A), 소금, 바닐라향(분말)을 넣고 색이 연해질 때까지 저어준다.

4. 흰자를 60% 정도 거품을 낸 후 설탕(B)를 투입하여 90%(중간 피크의 머랭)의 머랭을 제조한다.

5. 노른자 반죽에 머랭 1/2가량을 섞은 후 체 친 박력분, 베이킹파우더를 혼합하고 반죽을 덜어서 녹인 버터를 섞어주고 다시 본반죽에 넣어 섞어준다.
※ 버터가 바닥에 가라앉거나 줄무늬가 생기지 않도록 빠른 시간 내에 혼합한다.

6. 나머지 머랭을 투입하여 섞어준다.
※ 비중은 0.45에서 ±0.05 전후가 되도록 한다.

7. 팬닝 : 원형 팬 또는 평철판 크기에 맞도록 종이를 재단하여 깔고 70% 팬닝한다.(팬 사용은 감독위원의 지시에 따른다.)

8. 굽기 : 윗불온도 175~180℃, 밑불온도 175℃에서 25분 전후로 굽는다.
※ 평철판에 굽기 시 약 10℃ 정도 높여 굽는다.

| 제품평가 | | |
|---|---|---|
| 색깔 | 제품의 껍질색은 진하거나 연하지 않은 황금갈색이 나야 하며, 윗면에 반점이나 기포자국이 없어야 하고, 윗면·옆면·밑면의 색깔이 고르게 나야 한다. | |
| 부피 | 반죽의 중량에 맞게 전체적으로 봐서 부피가 적정해야 하며, 넘쳐흐르거나 너무 낮지 않아야 한다. | |
| 외부균형 | 제품 윗면이 갈라지지 않고 표면이 균형을 이루고 대칭이 되어야 하며, 외부가 찌그러져 균형이 맞지 않으면 감점된다. | |
| 내상 | 스펀지케이크를 자르고 내상을 체크했을 때 밀가루 덩어리나 섞이지 않은 밀가루가 없어야 하며, 기공과 조직이 조밀하지 않고 균일해야 한다. | |
| 맛, 향 | 조직이 부드럽고 식감이 좋아야 하며, 스펀지케이크의 은은한 향과 특유의 풍미가 나야 한다. | |

# 소프트롤케이크 Soft roll cake

시험시간
**1시간 50분**

롤 케이크는 양과자의 기본적인 품목으로 만드는 법은 스펀지케이크와 동일하며, 큰 직사각형 팬에 반죽을 넣어 굽는다. 롤 케이크는 오븐에서 나와 뜨거울 때 말기도 하지만 최근에는 식혀서 다양한 크림과 필링을 넣고 말기도 하며, 다시 윗면에 장식하는 등 다양하고 부드러운 롤 케이크가 나오고 있다.

## ■ 요구사항

다음 요구사항대로 소프트롤케이크를 제조하여 제출하시오.
① 배합표의 각 재료를 계량하여 재료별로 진열하시오.(10분)
② 반죽은 별립법으로 제조하시오.
③ 반죽온도는 22℃를 표준으로 하시오.
④ 반죽의 비중을 측정하시오.
⑤ 제시한 팬에 알맞도록 분할하시오.
⑥ 반죽은 전량을 사용하여 성형하시오.
⑦ 캐러멜 색소를 이용하여 무늬를 완성하시오.(무늬를 완성하지 않으면 제품 껍질 평가 0점 처리)

| 재료명 | 비율(%) | 무게(g) |
|---|---|---|
| 박력분(Soft flour) | 100 | 250 |
| 설탕(Sugar)(A) | 70 | 175(176) |
| 물엿(Corn syrup) | 10 | 25(26) |
| 소금(Salt) | 1 | 2.5(2) |
| 물(Water) | 20 | 50 |
| 바닐라향(Vanilla powder) | 1 | 2.5(2) |

| 재료명 | 비율(%) | 무게(g) |
|---|---|---|
| 설탕(Sugar)(B) | 60 | 150 |
| 달걀(Egg) | 280 | 700 |
| 베이킹파우더(Baking powder) | 1 | 2.5(2) |
| 식용유(Oil) | 50 | 125(126) |
| 총배합률 | 593 | 1,482.5 (1,484) |

## ※ 충전용 재료는 계량시간에서 제외

| 재료명 | 비율(%) | 무게(g) |
|---|---|---|
| 잼(Jam) | 80 | 200 |

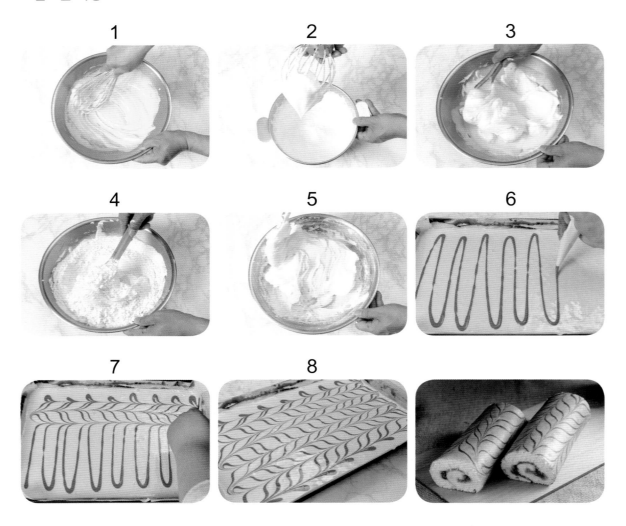

●●●●●●●●●●●●●●●●●●●●●●●●●●●●●●●●●●●●●●●●●●●●●●●●●●●●●●●●●●●●●●

면포는 물에 충분히 적시고 짜준 뒤에 사용한다. 그렇게 하지 않으면 껍질이 달라붙을 수 있다. 또한 종이를 사용할 경우 종이에 식용유를 충분히 바른다.

■ 만드는 과정

1. 재료계량 : 주어진 시간 내에 전 재료를 계량하여 작업대 위에 진열한다.(재료의 중량이 정확해야 한다. 재료손실이 많으면 감점)

2. 반죽제조 : 달걀을 흰자와 노른자로 분리한다. 분리할 때 흰자에 노른자가 들어가지 않게 한다.

3. 노른자를 풀어준 후 설탕(A), 물엿, 소금을 넣고 저어서 옅은 색이 되면 물을 넣고 마무리한다.

4. 흰자의 60% 정도 거품을 낸 후 설탕(B)을 투입한다.

5. 90%(중간 피크의 머랭)의 머랭을 제조한다.

6. 3번의 노른자 반죽에 머랭 1/3가량을 섞은 후 체 친 박력분에 베이킹파우더, 바닐라향을 넣고 혼합한다.

7. 일부 반죽을 볼에 덜어 식용유를 섞은 뒤 함께 넣고 섞는다. 그렇게 하면 식용유가 가라앉지 않게 된다.

8. 나머지 머랭을 혼합 후 반죽을 완료한다.
※ 비중은 0.45~0.05가 되도록 한다.
※ 팬닝 후 반죽 중의 큰 공기방울을 제거하기 위해 작업대 위에서 가볍게 내려친다.

9. 팬닝(패닝) : 평철판에 종이를 재단하여 깔고 팬닝한 후 노른자 또는 반죽 일부에 캐러멜 색소를 섞어 반죽표면에 짜준다.(반죽표면의 약 2/3에 무늬를 만들 것)

10. 나무젓가락을 이용하여 무늬를 낸다.

11. 굽기 : 윗불온도 180~185℃, 밑불온도 170℃에서 30분 전후로 굽는다.

12. 말기 : 미리 준비한 면포나 종이 위에 무늬가 밑으로 오게 제품을 뒤집어 뺀다.

13. 종이를 벗기고 잼을 발라 말아준다.
※ 말 때는 앞부분을 잘 접어 누르면서 말기 시작하고, 그 다음부터는 힘을 빼고 말다가 끝부분을 아래로 향하도록 하여 약간 눌러 접착시키는 기분으로 고정한다.

| 제품평가 | 색깔 | 제품의 껍질색은 진하거나 연하지 않은 황금갈색이 나야 하며, 윗면에 반점이나 기포자국이 없어야 하고, 윗면ㆍ밑면의 색깔이 고르게 나야 한다. |
| | 부피 | 반죽의 중량에 맞게 전체적으로 봐서 부피가 적정해야 한다. |
| | 외부균형 | 롤 케이크 윗면이 갈라지지 않고 표면이 균형을 이루고 대칭이 되어야 하며, 외부가 찌그러져 균형이 맞지 않거나 터지거나 주름이 있으면 감점된다. |
| | 내상 | 롤케이크를 자르고 내상을 체크했을 때 큰 기공이 나 있거나 섞이지 않는 가루가 없어야 하며, 조직이 조밀하지 않고 균일해야 한다. |
| | 맛, 향 | 제품의 조직이 부드럽고 식감이 좋아야 하며, 잼을 적절히 발라서 너무 달지 않고 롤케이크 특유의 풍미와 향이 나야 한다. |

# 젤리롤케이크 Jelly roll cake

시험시간
1시간
30분

전형적인 롤 스펀지케이크로, 흔히 스위스 롤(Swiss roll)이라고도 한다. 충전용 크림은 잼이나 버터크림, 생크림, 치즈크림, 가나슈 크림 등으로 다양하게 바르고 말아준다. 최근 생크림 롤 케이크, 치즈 롤 케이크, 초콜릿 롤 케이크, 녹차 롤 케이크 등 다양한 롤 케이크가 나오고 있다.

■ 요구사항

다음 요구사항대로 젤리롤케이크를 제조하여 제출하시오.

① 배합표의 각 재료를 계량하여 재료별로 진열하시오.(8분)

② 반죽은 공립법으로 제조하시오.

③ 반죽온도는 23℃를 표준으로 하시오.

④ 반죽의 비중을 측정하시오.

⑤ 제시한 팬에 알맞도록 분할하시오.

⑥ 반죽은 전량을 사용하여 성형하시오.

⑦ 캐러멜 색소를 이용하여 무늬를 완성하시오.(무늬를 완성하지 않으면 제품 껍질 평가 0점 처리)

| 재료명 | 비율(%) | 무게(g) |
|---|---|---|
| 박력분(Soft flour) | 100 | 400 |
| 설탕(Sugar) | 130 | 520 |
| 달걀(Egg) | 170 | 680 |
| 소금(Salt) | 2 | 8 |
| 물엿(Corn syrup) | 8 | 32 |
| 베이킹파우더(Baking powder) | 0.5 | 2 |
| 우유(Milk) | 20 | 80 |
| 바닐라향(Vanilla powder) | 1 | 4 |
| 총배합률 | 431.5 | 1,726 |

※ 충전용 재료는 계량시간에서 제외

| 재료명 | 비율(%) | 무게(g) |
|---|---|---|
| 잼(Jam) | 50 | 200 |

■ 만드는 과정

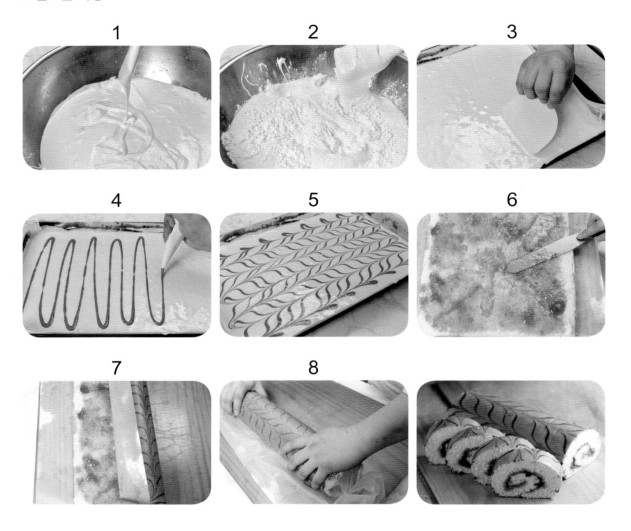

1  2  3

4  5  6

7  8

TIP

면포를 사용할 때에는 물에 충분히 적시고 짜서 사용한다. 그렇게 하지 않으면 껍질이 달라붙을 수 있다. 또한 종이를 사용할 경우 종이에 식용유를 충분히 바른다.

■ 만드는 과정

1. 재료계량 : 주어진 시간 내에 전 재료를 계량하여 작업대 위에 진열한다.(재료의 중량이 정확해야 한다. 재료손실이 많으면 감점)

2. 반죽제조 : 믹싱 볼에 달걀을 풀어준 후 설탕, 소금, 물엿을 넣고 거품을 낸다.

3. 설탕을 잘 녹게 하고 충분한 거품을 위해 믹싱 볼을 따뜻한 물(약 43℃)로 중탕하여 설탕 입자가 녹을 때까지 저어준 후 믹서를 사용한다.
※ 반죽을 떨어뜨릴 때 간격을 유지하면 뚝뚝 떨어지는 상태가 적당하다.

4. 박력분, 베이킹파우더를 체 쳐서 바닥을 저어주며 고루 섞어준다.

5. 마지막으로 우유를 섞고 되기를 조절해 반죽을 완료한다.
※ 비중은 0.5~0.05이다.

6. 팬닝(패닝) : 평철판에 종이를 재단하여 깔고 반죽을 일정한 두께로 팬닝한다.

7. 노른자 또는 반죽 일부에 캐러멜 색소를 혼합하여 짜는 주머니를 이용하여 반죽표면에 1.5~2cm 간격의 갈지(之)자로 짜준 후 나무젓가락 등으로 무늬를 낸다.

8. 굽기 : 윗불온도 180~185℃, 밑불온도 180℃에서 30분 전후로 굽는다.

9. 말기 : 미리 준비한 면포나 종이 위에 무늬가 밑으로 오게 제품을 뒤집어 뺀다.

10. 종이를 벗기고 잼을 발라 말아준다.
※ 말 때는 앞부분을 잘 접어 누르면서 말기 시작하고, 그 다음부터는 힘을 빼고 말다가 끝부분을 아래로 향하도록 하여 약간 눌러 접착시키는 기분으로 고정한다.

| 제품평가 | 색깔 | 제품의 껍질색은 진하거나 연하지 않은 황금갈색이 나야 하며, 윗면에 반점이나 기포자국이 없어야 하고, 옆면·밑면의 색깔이 고르게 나야 한다. |
|---|---|---|
| | 부피 | 반죽의 중량에 맞게 전체적으로 봐서 부피가 적정해야 한다. |
| | 외부균형 | 롤케이크 윗면이 갈라지지 않고 표면이 균형을 이루고 대칭이 되어야 하며, 외부가 찌그러져 균형이 맞지 않거나 터지거나 주름이 있으면 감점된다. |
| | 내상 | 롤케이크를 자르고 내상을 체크했을 때 큰 기공이 있거나, 섞이지 않는 가루가 없어야 하며, 조직이 조밀하지 않고 균일해야 한다. |
| | 맛, 향 | 조직이 부드럽고 식감이 좋아야 하며, 잼을 적절히 발라서 너무 달지 않고 롤케이크 특유의 풍미와 향이 나야 한다. |

# 시퐁케이크 Chiffon cake 시퐁법

시험시간
1시간
40분

시퐁케이크(chiffon cake)는 달걀, 식용유, 베이킹파우더, 밀가루 등으로 만든 매우 부드러운 케이크이다. 식용유와 달걀 재료를 많이 사용하는 시퐁케이크는 비교적 낮은 온도에서도 기름이 액체상태로 존재하기 때문에, 버터케이크와 반대로 시퐁케이크는 시간이 지나도 딱딱해지거나 마르지 않는 것이 특징이다.

## ■ 요구사항

다음 요구사항대로 시퐁케이크를 제조하여 제출하시오.
① 배합표의 각 재료를 계량하여 재료별로 진열하시오.(8분)
② 반죽은 시퐁법으로 제조하고 비중을 측정하시오.
③ 반죽온도는 23℃를 표준으로 하시오.
④ 시퐁 팬을 사용하여 반죽을 분할하고 구우시오.
⑤ 반죽은 전량을 사용하여 성형하시오.

| 재료명 | 비율(%) | 무게(g) |
|---|---|---|
| 박력분(Soft flour) | 100 | 400 |
| 설탕(Sugar)(A) | 65 | 260 |
| 설탕(Sugar)(B) | 65 | 260 |
| 달걀(Egg) | 150 | 600 |
| 소금(Salt) | 1.5 | 6 |
| 베이킹파우더(Baking powder) | 2.5 | 10 |
| 식용유(Oil) | 40 | 160 |
| 물(Water) | 30 | 120 |
| 총배합률 | 454 | 1,816 |

■ 만드는 과정

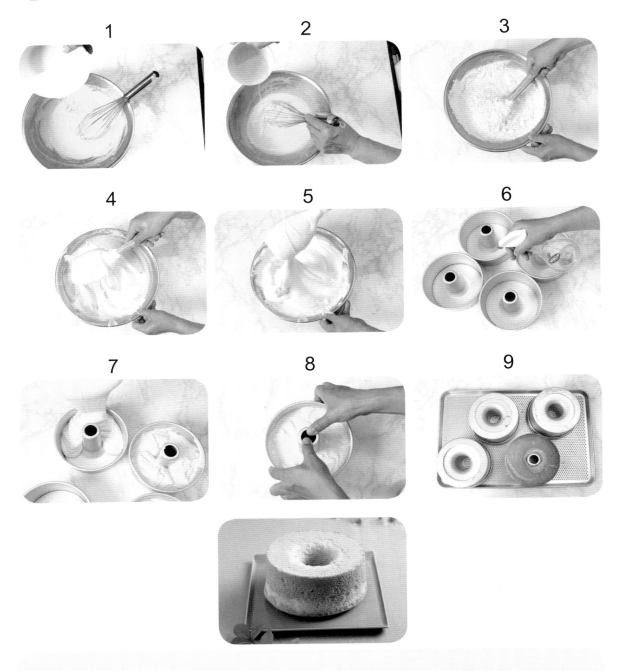

1
2
3
4
5
6
7
8
9

TIP
• • • • • • • • • • • • • • • • • • • • • • • • • • • • • • • • • • • • • • • • • • • • • • •
시퐁법은 머랭이 매우 중요하다. 머랭을 너무 단단하게 올리면 반죽작업을 할 때 많이 저어야 하는데,
그렇게 하면 반죽이 무겁고 부피가 작아진다. 머랭은 중간피크 정도로 만들어서 반죽에 사용한다.

■ 만드는 과정

1. 재료계량 : 주어진 시간 내에 전 재료를 계량하여 작업대 위에 진열한다.(재료의 중량이 정확해야 한다. 재료손실이 많으면 감점)

2. 반죽제조 : 스텐 믹싱 볼에 노른자를 가볍게 풀고 설탕(A), 소금을 넣고 섞어준다. 물을 조금씩 투입하여 매끄러운 상태가 되도록 한다. 식용유를 혼합한다.

3. 흰자에 주석산을 혼합하여 60% 휘핑 후 설탕(B)을 투입하여 머랭을 제조한다.

4. 노른자 반죽에 머랭 1/2을 넣고 섞는다.

5. 체 친 밀가루, 베이킹파우더를 넣고 가볍게 혼합한다.

6. 나머지 머랭을 넣고 고루 섞어준다.

7. 팬닝 : 시퐁 팬이나 엔젤팬에 가볍게 물을 뿌려준 후 반죽을 약 70%까지 패닝하고 기포가 들어가지 않도록 주의한다.

8. 굽기 : 윗불온도 175~180℃, 밑불온도 170℃에서 30분 전후로 굽는다.

9. 오븐에서 꺼낸 뜨거운 상태에서 시퐁 팬을 뒤집어 식힌 후 팬에서 꺼낸다.

※ 시퐁 팬을 뒤집어서 식히는 이유는 윗면이 찌그러지는 것을 막기 위함이다.

※ 시간이 부족하거나 하여 시퐁 팬에서 빨리 제품을 빼야 할 경우 행주를 찬물에 적셔 짜서 팬에 올려 식힌다.

| 제품평가 | | |
|---|---|---|
| 색깔 | | 제품의 껍질색은 진하거나 연하지 않은 황금갈색이 나야 하며, 윗면에 반점이나 기포자국이 없어야 하고, 윗면 · 옆면 · 밑면의 색깔이 고르게 나야 한다. |
| 부피 | | 반죽의 중량에 맞게 전체적으로 봐서 부피가 적정해야 한다. |
| 외부균형 | | 제품 윗면 표면이 균형을 이루고 대칭이 되어야 하며, 외부가 찌그러져 균형이 맞지 않거나 터지거나 주름이 있으면 감점요인이 된다. |
| 내상 | | 케이크를 자르고 내상을 체크했을 때 큰 기공이 나 있거나, 섞이지 않는 가루가 없어야 하며, 조직이 조밀하지 않고 균일해야 한다. |
| 맛, 향 | | 조직이 부드럽고 식감이 좋아야 하며, 시퐁케이크 특유의 풍미와 향이 나야 한다. |

# 치즈케이크 Cheese cake

치즈와 우유, 설탕, 달걀 등을 섞어 만든 케이크로 맛이 부드럽고 달지 않으며, 치즈, 우유 등의 유지방이 풍부해 어린이나 여성들이 많이 선호하는 제품 중 하나이다. 무겁고 진한 치즈 맛을 내는 뉴욕 치즈케이크와 아주 부드러운 수플레 치즈케이크 등으로 다양하다.

■ 요구사항

다음 요구사항대로 치즈케이크를 제조하여 제출하시오.

① 배합표의 각 재료를 계량하여 재료별로 진열하시오.(9분)

② 반죽은 별립법으로 제조하시오.

③ 반죽온도는 20℃를 표준으로 하시오.

④ 반죽의 비중을 측정하시오.

⑤ 제시한 팬에 알맞도록 분할하시오.

⑥ 굽기는 중탕으로 하시오.

⑦ 반죽은 전량을 사용하시오.

※ 감독위원은 시험 전 주어진 팬을 감안하여 팬의 개수를 지정하여 공지한다.

| 재료명 | 비율(%) | 무게(g) |
|---|---|---|
| 중력분(Soft flour) | 100 | 80 |
| 버터(Butter) | 100 | 80 |
| 설탕(Sugar)(A) | 100 | 80 |
| 설탕(Sugar)(B) | 100 | 80 |
| 크림치즈(Cream cheese) | 500 | 400 |
| 우유(Milk) | 162.5 | 130 |
| 럼주(Rum) | 12.5 | 10 |
| 레몬주스(Lemon juice) | 25 | 20 |
| 총배합률 | 1,400 | 1,120 |

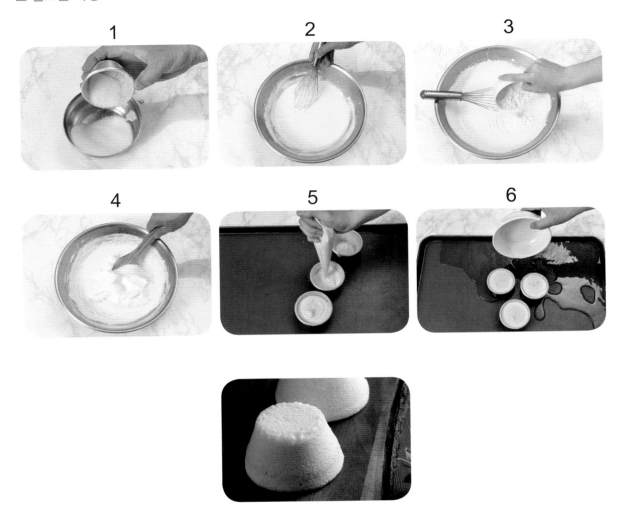

버터나 치즈가 단단할 경우 따뜻한 물 위에서 중탕으로 살짝 녹여 저어주면 부드럽게 크림화시킬 수 있다. 완성품은 제출시간에 맞추어 최대한 식혀서 뺀다.

## ■ 만드는 과정

1. 재료계량 : 주어진 시간 내에 전 재료를 계량하여 작업대 위에 진열한다.(재료의 중량이 정확해야 한다. 재료손실이 많으면 감점)

2. 치즈케이크 팬을 준비한다.(팬에 버터를 바르고 설탕을 넣고 돌려가며 묻힌다.)

3. 반죽제조 : 중력분 밀가루를 체 친다. 달걀을 흰자, 노른자로 분리한다.

4. 버터와 크림치즈를 믹싱 볼에 넣고 부드럽게 해준 후 설탕을 넣고 저어준다. 노른자는 나누어 넣으면서 혼합하여 섞어준다.

5. 체 친 중력분과 우유를 넣고 균일하게 섞이도록 저어준다.

6. 럼주와 레몬주스를 차례로 넣고 저어준다.

7. 흰자를 볼에 넣고 저어서 70% 정도 올라오면 흰자에 설탕을 조금씩 넣어주며 계속 저어서 중간피크 정도로 머랭을 만든다.

8. 반죽에 머랭을 1/2 정도 넣고 나무주걱으로 섞어준다.

9. 나머지 머랭을 넣고 가볍게 혼합하여 반죽을 완료한다.
※ 오래 섞어서 반죽의 양이 줄어들지 않도록 주의한다.

10. 반죽온도 20℃와 비중 0.75~0.05를 체크한다.

11. 팬닝(패닝) : 준비된 팬에 반죽을 95% 채운다. 반죽에서 공기가 빠지도록 작업대 위에서 두 번 쳐준다.

12. 굽기 : 팬에 따뜻한 물을 조금 채워 중탕으로 굽는다.

13. 윗불온도 160℃, 밑불온도 160℃에서 40분 전후로 중탕으로 굽는다.
※ 물을 너무 많이 넣으면 굽는 도중에 물이 제품에 들어갈 수 있다.

14. 구운 후 팬에서 분리하여 제출한다.

| 제품평가 | | |
|---|---|---|
| 색깔 | 제품의 껍질색은 너무 진하거나 연하지 않은 황금갈색이 나야 하며, 윗면 · 옆면 · 밑면의 색깔이 고르게 나야 한다. | |
| 부피 | 반죽의 중량에 맞게 전체적으로 봐서 부피가 적정해야 한다. | |
| 외부균형 | 제품 윗면이 갈라지지 않고 표면이 균형을 이루고 대칭이 되어야 하며, 외부가 찌그러져 균형이 맞지 않거나 터지거나 주름이 있으면 감점된다. | |
| 내상 | 치즈케이크 내상을 체크했을 때 큰 기공이 나 있거나, 섞이지 않는 가루가 없어야 하며, 조직이 조밀하지 않고 균일해야 한다. | |
| 맛, 향 | 부드럽고 식감이 좋아야 하며, 치즈케이크 특유의 풍미와 향이 나와야 한다. | |

# 호두파이 Walnut pie

시험시간
2시간
30분

호두파이는 파이 반죽에 달걀과 설탕, 계피 등의 필링을 만들어 넣고 오븐에 구운 호두를 올려서 굽는 파이이며, 호두 대신 피칸을 사용하면 피칸 파이가 된다. 최근 많은 매장에서 판매하는 제품을 보면 대부분 전통적인 파이 팬 대신 타르트 팬을 사용하여 작고 예쁘게 만들고 있다.

## ■ 요구사항

다음 요구사항대로 호두파이를 제조하여 제출하시오.

① 배합표의 각 재료를 계량하여 재료별로 진열하시오.(7분)

② 껍질에 결이 있는 제품으로 손반죽으로 제조하시오.

③ 껍질 휴지는 냉장온도에서 실시하시오.

④ 충전물은 개인별로 각자 제조하시오.(호두는 구워서 사용)

⑤ 구운 후 충전물의 층이 선명하도록 제조하시오.

⑥ 제시한 팬 7개에 맞는 껍질을 제조하시오.(팬 크기가 다를 경우 크기에 따라 가감)

⑦ 반죽은 전량을 사용하여 성형하시오.

### 껍질

| 재료명 | 비율(%) | 무게(g) |
|---|---|---|
| 중력분(Soft flour) | 100 | 400 |
| 노른자(Egg yolk) | 10 | 40 |
| 소금(Salt) | 1.5 | 6 |
| 설탕(Sugar) | 3 | 12 |
| 생크림(Fresh cream) | 12 | 48 |
| 버터(Butter) | 40 | 160 |
| 냉수(Cold water) | 25 | 100 |
| 총배합률 | 191.5 | 766 |

### 충전물(계량시간에서 제외)

| 재료명 | 비율(%) | 무게(g) |
|---|---|---|
| 호두분태(Walnut shelled) | 100 | 250 |
| 설탕(Sugar) | 100 | 250 |
| 물엿(Corn syrup) | 100 | 250 |
| 계핏가루(Cinnamon powder) | 1 | 2.5(2) |
| 물(Water) | 40 | 100 |
| 달걀(Egg) | 240 | 600 |
| 총배합률 | 581 | 1,452.5 (1,452) |

호두파이 껍질을 밀어서 파이 팬에 깔아줄 때 반죽이 팬에 붙도록 손으로 눌러주어야 완제품이 나왔을 때 제품의 바닥부분이 움푹 들어가는 것을 방지할 수 있다. 타르트 팬에 충전물이 많이 들어가기 때문에 오븐으로 이동 시 매우 조심해야 한다.

■ 만드는 과정

1. 재료계량 : 주어진 시간 내에 전 재료를 계량하여 작업대 위에 진열한다.(재료의 중량이 정확해야 한다. 재료손실이 많으면 감점)

2. 호두는 오븐에 구워 놓는다.

3. 반죽제조 : 체 친 밀가루 위에 쇼트닝을 올려놓는다.

4. 스크레이퍼를 사용해서 쇼트닝을 작은 콩알이 될 만큼 잘게 자른다.

5. 설탕, 소금에 냉수를 넣어 입자를 녹인 후 노른자 생크림을 섞어준다.

6. 중간에 구덩이처럼 파고 녹인 재료를 넣고 가볍게 섞어준다.

7. 휴지 : 반죽을 비닐에 싸서 냉장고에 넣고 20~30분 정도 휴지시킨다.

8. 파이 팬을 준비하여 쇼트닝을 조금 발라 놓는다.

9. 충전물 만들기

10. 스텐 믹싱 볼에 설탕, 물엿, 물을 넣고 따뜻하게 하여 녹인 다음 달걀과 계핏가루를 섞어준다.(파이 껍질을 만들어 냉장고에 넣고 휴지시키는 시간에 만든다.)

11. 고운체에 걸러준 후 위에 종이를 덮어 거품 등을 제거한다.

12. 정형 : 파이 껍질을 0.3cm 두께 정도로 밀어서 팬에 깔고 남은 부분은 자른 다음 손으로 주름을 만들어준다.

13. 팬닝 : 구운 호두를 넣고 충전물을 90% 정도 채운 다음 한 번 저어서 호두가 고루 섞이게 한다.

14. 굽기 : 윗불온도 185℃, 밑불온도 200℃에서 30분 전후로 굽는다.

15. 오븐에서 나와 식으면 팬에서 분리하여 제출한다.

## 충전물 만들기

| 제품평가 | |
|---|---|
| 색깔 | 제품 껍질색은 너무 진하거나 연하지 않은 황금갈색이 나야 하며, 윗면·옆면·밑면의 색깔이 고르게 나야 한다. |
| 부피 | 파이껍질과 충전물이 조화를 이루고 부피감이 있어야 한다. |
| 외부균형 | 제품이 나왔을 때 원반모양으로 대칭을 이루고 있어야 하며, 외부가 찌그러져 균형이 맞지 않거나 충전물이 흘러나와 있으면 감점요인이 된다. |
| 내상 | 파이 껍질의 두께가 적절하고 충전물의 비율이 맞아야 한다. |
| 맛, 향 | 덧가루를 적게 사용하여 껍질의 식감이 좋아야 하며, 호두파이 특유의 풍미와 향이 나야 한다. |

# 타르트 Tart

얇은 원형 타르트 틀에 반죽을 깔고 과일이나 크림을 채워서 구운 과자다. 프랑스어로 타르트, 이탈리아어로 토르타이며, 영국과 미국에서는 타트라 부르고 있다. 이들은 모두 똑같이 만들어지는 것이 아니라 나라마다 반죽과 모양이 조금씩 다르다. 프랑스에서 타르트를 만들 때는 2가지 방법을 이용한다. 한 가지는 반죽을 틀에 깔아 구워낸 후 다양한 크림을 채우거나 과일을 올리는 방법이고, 다른 하나는 틀에 반죽을 깔고 그 상태에서 크림류를 채우고 굽는 방법이다.

## ■ 요구사항

다음 요구사항대로 타르트를 제조하여 제출하시오.

① 배합표의 각 재료를 계량하여 재료별로 진열하시오.(5분)

　(충전물 · 토핑 등의 재료는 휴지시간을 활용하시오.)

② 반죽은 크림법으로 제조하시오.

③ 반죽온도는 20℃를 표준으로 하시오.

④ 반죽은 냉장고에서 20~30분 정도 휴지하시오.

⑤ 반죽은 두께 3mm 정도로 밀어 펴서 팬에 맞게 성형하시오.

⑥ 아몬드 크림을 제조해서 팬(Ø10~12cm) 용적의 60~70% 정도 충전하시오.

⑦ 아몬드 슬라이스를 윗면에 고르게 장식하시오.

⑧ 8개를 성형하시오.

⑨ 광택제로 제품을 완성하시오.

### 반죽

| 재료명 | 비율(%) | 무게(g) |
|---|---|---|
| 박력분(Soft flour) | 100 | 400 |
| 달걀(Egg) | 25 | 100 |
| 설탕(Sugar) | 26 | 104 |
| 버터(Butter) | 40 | 160 |
| 소금(Salt) | 0.5 | 2 |
| 총배합률 | 191.5 | 766 |

### 충전물

| 재료명 | 비율(%) | 무게(g) |
|---|---|---|
| 아몬드분말(Almond powder) | 100 | 250 |
| 설탕(Sugar) | 90 | 226 |
| 버터(Butter) | 100 | 250 |
| 달걀(Egg) | 65 | 162 |
| 브랜디(Brandy) | 12 | 30 |
| 총배합률 | 367 | 918 |

### 광택제 및 토핑(계량시간에서 제외)

| 재료명 | 비율(%) | 무게(g) |
|---|---|---|
| 에프리코트 혼당(Apricot fondant) | 100 | 150 |
| 물(Water) | 40 | 60 |
| 총배합률 | 140 | 210 |

| 재료명 | 비율(%) | 무게(g) |
|---|---|---|
| 아몬드 슬라이스(Almond slice) | 66.6 | 100 |

■ 만드는 과정

1
2
3
4
5
6
7
8

TIP

타르트 껍질 반죽은 크림법으로 만든다. 제품을 만들 때 너무 많이 저으면 설탕과 유지가 용해되어 타르트 반죽이 질어져서 휴지시켜도 작업하기가 힘들다. 따라서 타르트 껍질 반죽은 많이 젓지 않는 것이 좋다.

## ■ 만드는 과정

1. 재료계량 : 주어진 시간 내에 전 재료를 계량하여 작업대 위에 진열한다.(재료의 중량이 정확해야 한다. 재료손실이 많으면 감점)

2. 반죽제조 : 스텐 믹싱 볼에 버터를 넣어 부드럽게 해준 후 설탕, 소금을 넣고 섞어준다.

3. 달걀을 조금씩 넣어가면서 크림을 만든다.

4. 휴지 : 체 친 박력분을 넣고 반죽하여 반죽을 얇게 펴서 비닐에 싼 다음 냉장고에서 20~30분간 휴지시킨다.

5. 충전물(아몬드크림) 만들기
   ① 스텐 믹싱 볼에 버터를 넣고 부드럽게 한 다음 설탕을 넣고 크림상태로 만들어준다.
   ② 달걀을 풀어 조금씩 넣으면서 부드러운 크림상태로 만들어준다.
   ③ 체 친 아몬드파우더를 넣고 반죽한 다음 브랜디를 넣고 아몬드크림을 완성한다.

6. 밀어 펴기 : 반죽을 밀대로 0.3~0.4mm 두께로 밀어 펴서 팬에 깔아준다.

7. 팬닝 : 아몬드크림 충전물을 짤주머니에 담아서 팬의 95% 정도로 채운 다음 윗면에 아몬드 슬라이스를 골고루 뿌려준다.

8. 굽기 : 윗불 185~190℃, 아랫불 190~200℃의 오븐온도에서 30분 전후로 굽는다.

9. 마무리 : 살구잼에 물을 넣고 끓인 다음 조금 식혀서 타르트 윗면에 발라준다.

---

| 제품평가 | | |
|---|---|---|
| 색깔 | 제품의 껍질색은 너무 진하거나 연하지 않은 황금갈색이 나야 하며, 윗면과 옆면·밑면의 색깔이 모두 고르게 나야 한다. | |
| 부피 | 타르트 껍질과 충전물이 조화를 이루고 부피감이 있어야 한다. | |
| 외부균형 | 제품이 나왔을 때 원형으로 대칭을 이루고 있어야 하며, 외부가 찌그러져 균형이 맞지 않거나 충전물이 흘러나와 있으면 감점요인이 된다. | |
| 내상 | 타르트 껍질의 두께가 적절하고 아몬드크림의 기공과 조직이 균일해야 한다. | |
| 맛, 향 | 덧가루를 적게 사용하여 껍질의 식감이 좋아야 하며, 타르트 특유의 풍미와 향이 나야 한다. | |

# 버터쿠키 Butter cookie

버터를 많이 넣고 만들어 부드럽고 깊은 맛이 나는 소프트 타입 쿠키이며, 사블레(Sablé), 더치 비스킷(Dutch biscuits)으로도 알려져 있다. 버터와 설탕을 많이 함유하여 부드러운 조직을 형성하고 원래는 버터와 밀가루 외에 발효제를 넣지 않았지만 지금은 대부분 베이 킹파우더를 넣고 만든다.

## ■ 요구사항

다음 요구사항대로 버터쿠키를 제조하여 제출하시오.
① 배합표의 각 재료를 계량하여 재료별로 진열하시오.(6분)
② 반죽은 크림법으로 수작업하시오.
③ 반죽온도는 22℃를 표준으로 하시오.
④ 별모양깍지를 끼운 짤주머니를 사용하여 2가지 모양 짜기를 하시오.(8 자, 장미모양)
⑤ 반죽은 전량을 사용하여 성형하시오.

| 재료명 | 비율(%) | 무게(g) |
|---|---|---|
| 박력분(Soft flour) | 100 | 400 |
| 버터(Butter) | 70 | 280 |
| 소금(Salt) | 1 | 4 |
| 달걀(Egg) | 30 | 120 |
| 설탕(Sugar) | 50 | 200 |
| 바닐라향(Vanilla powder) | 0.5 | 2 |
| 총배합률 | 251.5 | 1,006 |

1

2

3

4

5

TIP

· · · · · · · · · · · · · · · · · · · · · · · · · · · · · · · · · · · · · · · · · · · · · · · · · · · · · ·

버터쿠키 반죽 제조 시 지나치게 많이 저어서 크림화가 많이 되면 반죽이 질고 오븐에서 퍼짐이 많아
모양깍지로 짜준 줄무늬가 없어질 수도 있으므로 주의한다.

## ■ 만드는 과정

1. 재료계량 : 주어진 시간 내에 전 재료를 계량하여 작업대 위에 진열한다.(재료의 중량이 정확해야 한다. 재료손실이 많으면 감점)

2. 반죽제조 : 스텐 믹싱 볼에 버터, 설탕, 소금을 거품기로 부드럽게 크림화시킨다.

3. 버터가 너무 단단하면 따뜻한 물에 중탕하여 부드럽게 해서 사용한다.

4. 달걀을 조금씩 나누어 투입하면서 부드러운 크림상태가 되도록 한다.

5. 반죽 : 체 친 박력분, 바닐라향을 넣고 가볍게 혼합한다.(반죽온도 22℃)

6. 팬닝 : 짤주머니에 별모양깍지를 끼워서 반죽을 채워 2가지 이상의 모양으로 짜준다.(8자, 장미모양)

7. 짤주머니에 반죽을 넣을 때 반 정도만 채워서 짜준다.(반죽을 많이 채우면 짜기가 매우 힘들다.)

8. 굽기 : 윗불온도 200℃, 밑불온도 180℃에서 20분 전후로 굽는다.

---

**제품평가**

**색깔** 제품의 껍질색은 너무 진하거나 연하지 않은 황금색깔이 나야 하며, 윗면과 밑면의 색깔이 고르게 나와야 한다.

**부피** 버터 쿠키의 퍼짐이 일정하고 부피감이 있어야 한다.

**외부균형** 버터 쿠키 형태가 균일하고 대칭을 이루어야 하며, 줄무늬가 선명해야 한다.

**내상** 쿠키에 기공이 크지 않고 일정해야 하며, 조직이 균일해야 한다.

**맛, 향** 부드럽고 바삭한 식감이 있어야 하며, 버터쿠키향과 특유의 풍미가 나야 한다.

# 쇼트브레드쿠키 Short bread cookie

밀가루, 설탕, 버터를 충분히 넣고 반죽하여 냉장고에서 휴지시킨 다음 반죽을 밀어 편 후 몰드를 사용하여 찍어 구워내는 달콤한 맛의 영국식 쿠키이며, 부서지기 쉬운 과자이기 때문에 흔히 쇼트브레드라고 한다. 19세기 말쯤 영국 스코틀랜드 지방에서 만들어지기 시작했다고 전해지며, 모양과 크기는 다양하게 할 수 있다.

## ■ 요구사항

다음 요구사항대로 쇼트브레드쿠키를 제조하여 제출하시오.
① 배합표의 각 재료를 계량하여 재료별로 진열하시오.(9분)
② 반죽은 수작업으로 하여 크림법으로 제조하시오.
③ 반죽온도는 20℃를 표준으로 하시오.
④ 제시한 정형기를 사용하여 두께 0.7~0.8cm, 지름 5~6cm(정형기에 따라 가감) 정도로 정형하시오.
⑤ 제시한 2개의 팬에 전량 성형하시오.
  (단, 시험장 팬의 크기에 따라 감독위원이 별도로 지정할 수 있다.)
⑥ 달걀노른자 칠을 하여 무늬를 만드시오.

| 재료명 | 비율(%) | 무게(g) |
|---|---|---|
| 박력분(Soft flour) | 100 | 500 |
| 마가린(Margarine) | 33 | 165(166) |
| 쇼트닝(Shortening) | 33 | 165(166) |
| 설탕(Sugar) | 35 | 175(176) |
| 소금(Salt) | 1 | 5(6) |
| 물엿(Corn syrup) | 5 | 25(26) |
| 달걀(Egg) | 10 | 50 |
| 노른자(Egg yolk) | 10 | 50 |
| 바닐라향(Vanilla powder) | 0.5 | 2.5(2) |
| 총배합률 | 227.5 | 1,137.5(1,142) |

■ 만드는 과정

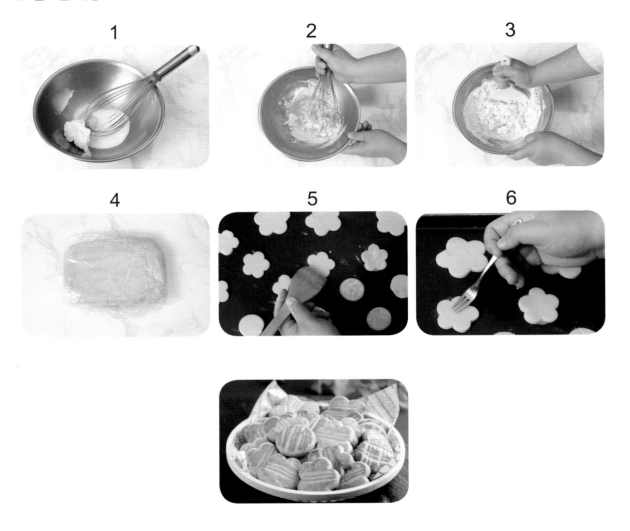

TIP

버터와 쇼트닝이 단단할 경우 뜨거운 물에 살짝 중탕하여 크림화를 시키면 만들기가 용이하며, 너무
많이 저어서 크림화가 지나치면 반죽이 질고 오븐에서 많이 퍼질 수도 있다.

## ■ 만드는 과정

1. 재료계량 : 주어진 시간 내에 전 재료를 계량하여 작업대 위에 진열한다.(재료의 중량이 정확해야 한다. 재료손실이 많으면 감점)

2. 반죽제조 : 버터와 쇼트닝을 부드럽게 풀어준 후 설탕, 소금을 넣고 크림을 만든다.

3. 노른자와 달걀을 2~3회로 나누어 서서히 투입하면서 부드러운 크림상태로 만든다.

4. 체 친 박력분, 바닐라향을 넣고 가볍게 혼합한다.

5. 반죽이 마르지 않도록 비닐 등으로 싸서 냉장고에 20~30분간 휴지시킨다.

6. 정형 : 반죽을 0.5~0.8cm의 두께로 밀어 편 후 원형 또는 시험장에서 지급하는 정형기를 이용하여 찍어낸다.

7. 성형의 반죽은 두께 및 크기가 일정해야 한다. 반죽을 한번에 밀기보다 반씩 나누어 하면 작업하기가 편하다.

8. 팬닝(패닝) : 평철판에 약 2.5cm 간격으로 팬닝하고 윗면에 노른자를 바른다.

※ 일정한 간격으로 팬닝해야 일정한 색이 나온다.

9. 노른자를 칠하고 포크를 뉘어서 긁어야 반죽이 뜯기지 않고 깨끗하게 무늬를 그려준다.

10. 윗면에 포크 또는 젓가락 등을 이용하여 무늬를 낸다.

11. 굽기 : 윗불온도 200℃, 밑불온도 175℃에서 20분 전후로 굽는다.

※ 굽는 중에 광택이 없고 뿌옇게 되면서 약간 색이 났을 때 철판을 돌려준다.

---

**제품평가**

색깔 제품의 껍질색은 너무 진하거나 연하지 않은 황금갈색이 나야 하며, 윗면과 밑면의 색깔이 고르게 나야 한다.
부피 쿠키의 퍼짐이 일정하고 부피감이 있어야 한다.
외부균형 쿠키형태가 균일하고 대칭을 이루어야 하며, 윗면의 줄무늬가 선명해야 한다.
내상 쿠키에 기공이 크지 않고 일정해야 하며, 조직이 균일해야 한다.
맛, 향 부드럽고 바삭한 식감이 있어야 하며, 쿠키 특유의 풍미와 향이 나야 한다.

# 다쿠와즈 Dacquoise

프랑스 누벨아키텐 레지옹(Région) 랑드 데파르트망(Département) 닥스 지방에서 전해 내려오는 겉은 바삭하고 속이 부드러운 과자이다. 마카롱과 함께 프랑스 프로방스의 대표적인 머랭(흰자에 설탕을 넣고 만든 것) 과자의 하나로, 프랑스의 대표적인 과자이다. 아몬드 파우더를 사용하기 때문에 견과류의 향미가 나며, 다쿠와즈 과자 사이에 부드럽고 풍부한 휘핑크림이나 버터크림 등을 채워서 먹는다.

## ■ 요구사항

다음 요구사항대로 다쿠와즈를 제조하여 제출하시오.
① 배합표의 각 재료를 계량하여 재료별로 진열하시오.(5분)
② 머랭을 사용하는 반죽을 만드시오.
③ 표피가 갈라지는 다쿠와즈를 만드시오.
④ 다쿠와즈 2개를 크림으로 샌드하여 1조의 제품으로 완성하시오.
⑤ 반죽은 전량을 사용하여 성형하시오.

| 재료명 | 비율(%) | 무게(g) |
|---|---|---|
| 달걀흰자(Egg white) | 130 | 325(326) |
| 설탕(Sugar) | 40 | 100 |
| 분당(Sugar powder) | 80 | 200 |
| 아몬드분말(Almond powder) | 66 | 165(166) |
| 박력분(Soft flour) | 20 | 50 |
| 총배합률 | 336 | 840(842) |

## ※ 충전용 재료는 계량시간에서 제외

| 재료명 | 비율(%) | 무게(g) |
|---|---|---|
| 버터(Butter)크림(샌드용)(Sand cream) | 90 | 225(226) |

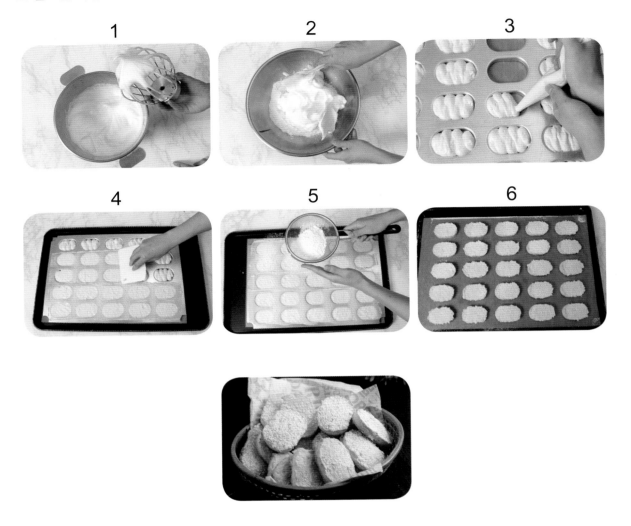

TIP

머랭은 단단하게 올리고 가루재료를 넣고 반죽할 때는 가볍게 혼합한다. 많이 저어서 반죽이 질어지면 퍼지고 부피감이 없다.

## ■ 만드는 과정

1. 재료계량 : 주어진 시간 내에 전 재료를 계량하여 작업대 위에 진열한다.(재료의 중량이 정확해야 한다. 재료손실이 많으면 감점)

2. 분당, 박력분, 아몬드파우더를 체 친다.

3. 반죽제조 : 믹싱 볼을 깨끗하게 한 다음 흰자를 넣고 60~70%까지 거품이 올라오면 설탕을 조금씩 넣으면서 100% 머랭을 만든다.

4. 스텐 믹싱 볼에 체 친 분당(전분 5% 정도 포함), 아몬드파우더, 박력분과 머랭 1/3을 섞고 나서 다시 남은 머랭을 넣어 반죽을 완료한다.

5. 팬닝(패닝) : 짤주머니에 반죽을 담아 다쿠와즈 팬에 채운다.

6. 스크레이퍼(플라스틱으로 만든 것)를 사용해서 윗면을 고르게 펴준 다음 분당을 뿌린다.

7. 굽기 : 윗불온도 185~190℃, 밑불온도 175~180℃에서 20분 전후로 굽는다.

8. 다쿠와즈 2개를 크림으로 샌드하여 제출한다.

---

**제품평가**

색깔 제품의 껍질색은 너무 진하거나 연하지 않은 황금갈색이 나야 하며, 윗면과 옆면·밑면의 색깔이 고르게 나야 한다.
부피 다쿠와즈의 퍼짐이 일정하고 부피감이 있어야 한다.
외부균형 다쿠와즈의 터짐형태가 균일하며, 대칭을 이루어야 한다.
내상 벌집처럼 기공이 있고 일정해야 하며, 조직이 균일해야 한다.
맛, 향 샌드용 크림과 조화를 이루고 식감이 있어야 하며, 다쿠와즈 특유의 풍미와 향이 나야 한다.

# 슈 Choux

시험시간

**2시간**

슈 껍질에 커스터드 크림을 채워 넣은 과자로 흔히 슈, 슈크림으로 불린다. 프랑스어로 슈는 "양배추"를, 아 라 크렘은 "크림을 넣은"을 뜻한다. 발음하기가 어려워 일반적으로 프랑스어 슈(choux)에 영어인 크림을 합쳐서 슈크림이라 부르고 있다. 최근에는 커스터드 크림을 변형해서 다양한 크림을 채워 색다른 맛을 내고 있다.

## ■ 요구사항

다음 요구사항대로 슈를 제조하여 제출하시오.
① 배합표의 각 재료를 계량하여 재료별로 진열하시오.(5분)
② 껍질 반죽은 수작업으로 하시오.
③ 반죽은 직경 3cm 전후의 원형으로 짜시오.
④ 커스터드 크림을 껍질에 넣어 제품을 완성하시오.
⑤ 반죽은 전량을 사용하여 성형하시오.

| 재료명 | 비율(%) | 무게(g) |
|---|---|---|
| 중력분(Soft flour) | 100 | 200 |
| 물(Water) | 125 | 250 |
| 버터(Butter) | 100 | 200 |
| 소금(Salt) | 1 | 2 |
| 달걀(Egg) | 200 | 400 |
| 총배합률 | 526 | 1,052 |

## ※ 충전용 재료는 계량시간에서 제외

| 재료명 | 비율(%) | 무게(g) |
|---|---|---|
| 커스터드 크림(Custard cream) | 500 | 1,000 |

■ 만드는 과정

1
2
3

4
5
6

7

TIP

슈 반죽 시 밀가루를 넣고 호화시킨 정도에 따라 반죽의 되기가 다를 수 있다. 그러므로 달걀로 반죽 되기의 조절을 잘해야 한다. 주걱으로 반죽을 떠서 떨어뜨릴 때 흐르지 않고 모양이 남는 상태가 좋다. 반죽이 질어서 주르륵 떨어지면 반죽이 퍼지고 볼륨감이 나오지 않는다.

## ■ 만드는 과정

1. 재료계량 : 주어진 시간 내에 전 재료를 계량하여 작업대 위에 진열한다.(재료의 중량이 정확해야 한다. 재료손실이 많으면 감점)

2. 반죽제조 : 스테인리스 볼에 물, 마가린, 소금을 넣고 끓인다.

3. 끓기 시작하면 체 친 중력분을 넣고 열심히 저어서 호화시킨 후 불을 끈다.
※ 밀가루는 완전히 호화되어야 슈가 잘 부푼다.

4. 달걀을 1개씩 넣으면서 반죽의 끈기가 생기도록 저어준다.(거품기를 올렸을 때 반죽의 모양이 그대로 남는 상태가 적당하다.)

5. 정형 및 팬닝(패닝) : 1cm짜리 원형모양 깍지를 짤주머니에 끼워 직경 3cm 정도의 크기로 짜준다.

※ 분무기로 표면이 완전히 젖도록 물을 뿌려준다.

6. 굽기 : 윗불온도 200℃, 밑불온도 210℃에서 25분 전후로 굽는다.

7. 초기에는 밑불을 강하게 하고 윗불은 약하게 해야 하고 착색이 나기 전에는 오븐 문을 열면 안 된다.

8. 슈 껍질에 수분이 없어질 때까지 건조시키지 않으면 모양이 찌그러진다.

9. 제품이 냉각되면 주입기로 크림을 직접 넣거나 일부를 자른 후 크림을 넣는다.

## 충전용 크림(커스터드 크림) 만들기

① 우유를 90~95℃ 정도로 데운다.
② 다른 그릇에 설탕과 옥수수 전분을 넣고 섞은 후 노른자와 섞는다.
※ 설탕과 옥수수 전분을 먼저 섞은 후 노른자를 넣어야 덩어리가 지지 않는다. 그래도 덩어리가 질 것 같으면 우유를 조금 넣고 섞는다.
③ ②에 ①을 넣고 불에 올려 걸쭉한 상태가 될 때까지 젓는다. 끓기 시작해서 1~2분이 지나면 불에서 내린다.
④ 뜨거울 때 버터를 넣고 섞은 후 바닐라향(분말)을 넣는다.
※ 크림에 광택이 나면서 찰기가 있어야 한다.
⑤ 향이 날아가지 않도록 냉각 후 럼을 넣고 섞는다.

| 제품평가 | | |
|---|---|---|
| **색깔** | 제품의 껍질색은 너무 진하거나 연하지 않은 황금갈색이 나야 하며, 윗면과 옆면·밑면의 색깔이 고르게 나야 한다. | |
| **부피** | 분할된 반죽의 양에 맞게 퍼짐이 일정하고 부피감이 있어야 한다. | |
| **외부균형** | 둥근 형태의 모양으로 균일하며, 슈 껍질이 찌그러지지 않아야 한다. | |
| **내상** | 슈 껍질의 크기에 맞게 크림이 들어 있어야 한다. | |
| **맛, 향** | 슈 껍질과 크림이 잘 맞아 식감이 좋아야 하며, 슈 특유의 풍미와 향이 있어야 한다. | |

# 마드레느 Madeleine

마드레느는 프랑스의 대표적인 티 쿠키(tea cookie)이다. 밀가루, 버터, 달걀, 설탕 등을 넣고 레몬을 더해 만들며, 가운데가 볼록 튀어나온 특유의 가리비 모양으로 구워 만든다. 프랑스 북동부 로렌(Lorraine) 지방의 코메르시 마을에서 생산된 마드레느가 특히 많이 알려져 있다. 부드럽고 촉촉한 식감의 마드레느는 간식이나 커피 브레이크(coffee break) 시간에 많이 먹는다.

## ■ 요구사항

다음 요구사항대로 마드레느를 제조하여 제출하시오.
① 배합표의 각 재료를 계량하여 재료별로 진열하시오.(7분)
② 마드레느는 수작업으로 하시오.
③ 버터를 녹여서 넣는 1단계(변형) 반죽법을 사용하시오.
④ 반죽온도는 24℃를 표준으로 하시오.
⑤ 실온에서 휴지를 시키시오.
⑥ 제시된 팬에 알맞은 반죽양을 넣으시오.
⑦ 반죽은 전량을 사용하여 성형하시오.

| 재료명 | 비율(%) | 무게(g) |
|---|---|---|
| 박력분(Soft flour) | 100 | 400 |
| 설탕(Sugar) | 100 | 400 |
| 소금(Salt) | 0.5 | 2 |
| 달걀(Egg) | 100 | 400 |
| 레몬 껍질(Lemon zest) | 1 | 4 |
| 베이킹파우더(Baking powder) | 2 | 8 |
| 버터(Butter) | 100 | 400 |
| 총배합률 | 403.5 | 1,614 |

■ 만드는 과정

1

2

3

4

5

6

TIP

●●●●●●●●●●●●●●●●●●●●●●●●●●●●●●●●●●●●●●●●●●●●●●●●●●●●●●●●●●●●●●●●●●

마드레느 제품을 만들 때 중탕하여 녹인 버터의 온도가 중요하다. 버터의 온도에 따라 반죽의 농도가 다르고 완성된 반죽의 온도가 다르다. 버터의 온도는 반죽에 잘 흡수될 수 있는 55~60℃가 적정하다.

## ■ 만드는 과정

1. 재료계량 : 주어진 시간 내에 전 재료를 계량하여 작업대 위에 진열한다.(재료의 중량이 정확해야 한다. 재료손실이 많으면 감점)

2. 스테인리스 볼에 중탕으로 버터를 녹인다.

3. 반죽제조 : 스테인리스 볼에 체 친 박력분과 설탕, 소금, 베이킹파우더를 넣고 거품기로 섞어준다.

4. 달걀을 풀어준다.

5. 달걀을 2~3회에 나누어 넣으면서 골고루 혼합되도록 저어준다. 이때 거품이 나지 않도록 천천히 저어야 한다.

6. 중탕으로 녹인 버터를 넣고 섞어준다.

7. 잘게 다진 레몬 껍질을 넣고 거품기로 저어준다.(강판을 사용해도 됨)

8. 반죽온도는 24℃가 되게 한다.

9. 반죽이 끝나면 비닐을 덮어 실온에서 30분간 휴지시킨다.

10. 팬닝(패닝) : 마드레느 틀에 버터나 쇼트닝을 바르고 밀가루를 뿌린 후 털어내고 휴지시킨 반죽을 짤주머니에 담아서 90% 채운다.

11. 윗불온도 190~195℃, 밑불온도 170~175℃에서 20분 전후로 굽는다. 오븐의 온도 편차가 있으면 적정한 시점에 팬의 위치를 바꾸어 준다.

---

**제품평가**

색깔 오븐에서 나온 제품의 껍질색은 너무 진하거나 연하지 않은 황금갈색이 나야 하며, 윗면과 옆면·밑면도 색깔이 고르게 나야 한다.
부피 팬닝 반죽의 양에 맞게 퍼짐이 일정하고 부피감이 있어야 한다.
외부균형 제품의 크기가 균일해야 하며, 모양이 찌그러지지 않아야 한다.
내상 제품의 속을 체크했을 때 기공과 조직이 크거나 조밀하지 않고, 밝은 노란색이 나와야 한다.
맛, 향 부드러운 식감과 마드레느 특유의 풍미와 향이 나야 한다.

# 마데라(컵)케이크 Madeira cake

시험시간

2시간

지중해의 마데라섬은 포도의 명산지로 알려져 있으며, 적포도주를 생산하여 케이크에 사용하는 방법을 개발하고 제품을 만들어 "마데라 케이크"라 명명하였다. 보통 케이크를 만드는 재료와 방법은 같으나, 부피가 큰 팬을 사용하여 만든 것이 아니고 작은 컵형태의 팬에 종이를 깔고 반죽을 담아 구워낸 케이크다.

## ■ 요구사항

다음 요구사항대로 마데라(컵)케이크를 제조하여 제출하시오.
① 배합표의 각 재료를 계량하여 재료별로 진열하시오.(9분)
② 반죽은 크림법으로 제조하시오.
③ 반죽온도는 24℃를 표준으로 하시오.
④ 반죽분할은 주어진 팬에 알맞은 양을 팬닝하시오.
⑤ 적포도주 퐁당을 1회 바르시오.
⑥ 반죽은 전량을 사용하여 성형하시오.

※ 감독위원은 시험 전 주어진 팬을 감안하여 팬의 개수를 지정하여 공지한다.

| 재료명 | 비율(%) | 무게(g) |
|---|---|---|
| 박력분(Soft flour) | 100 | 400 |
| 버터(Butter) | 85 | 340 |
| 소금(Salt) | 1 | 4 |
| 달걀(Egg) | 85 | 340 |
| 설탕(Sugar) | 80 | 320 |
| 건포도(Raisin) | 25 | 100 |
| 호두(Walnut shelled) | 10 | 40 |
| 베이킹파우더(Baking powder) | 2.5 | 10 |
| 적포도주(Red wine) | 30 | 120 |
| 총배합률 | 418.5 | 1,674 |

※ 충전용 재료는 계량시간에서 제외

| 재료명 | 비율(%) | 무게(g) |
|---|---|---|
| 분당(Sugar powder) | 20 | 80 |
| 적포도주(Red wine) | 5 | 20 |

마데라(컵)케이크 윗면에 바르는 적포도주 퐁당이 질어서 흘러내리는 것을 방지하기 위해 시간이 날 때 미리 만들어놓고 가끔 저어서 농도를 체크한 뒤에 바른다.

## ■ 만드는 과정

1. 재료계량 : 주어진 시간 내에 전 재료를 계량하여 작업대 위에 진열한다.(재료의 중량이 정확해야 한다. 재료손실이 많으면 감점)

2. 건포도를 전처리한다. 호두는 살짝 구워놓는다.

3. 반죽제조 : 스테인리스 볼에 버터를 넣고 거품기로 부드럽게 해준다.

4. 설탕, 소금을 넣고 크림상태가 되도록 만들어준다.

5. 달걀을 2~3회 나누어 조금씩 넣으면서 부드러운 크림상태가 되도록 한다.

6. 잘게 슬라이스한 호두, 전처리한 건포도에 밀가루를 조금 뿌려 버무린 다음 넣고 섞는다.

7. 체 친 박력분, 베이킹파우더를 넣고 가볍게 섞은 다음 적포도주를 넣어 반죽을 마무리한다.(반죽온도 24℃)

8. 팬닝(패닝) : 컵케이크 팬에 유산지나 종이를 깔아놓고 짤주머니에 반죽을 담아서 팬에 80~85% 정도 채운다.

9. 굽기 : 윗불온도 180~185℃, 밑불온도 175~180℃에서 30분 전후로 굽는다.

10. 90% 정도 구워졌을 때 꺼내어 표면에 적포도주 퐁당을 골고루 발라서 다시 넣고 굽는다.

11. 적포도주 퐁당이 증발되어 설탕에 피막이 생기고 다 구워지면 꺼낸다.

### 적포도주 퐁당 만드는 법

① 적포도주와 분당을 20:80으로 계량한다.
② 붓으로 섞는다.

| 제품평가 | | |
|---|---|---|
| | **색깔** | 제품의 껍질색은 너무 진하거나 연하지 않은 황금갈색이 나야 하며, 윗면과 옆면·밑면의 색깔이 고르게 나야 한다. |
| | **부피** | 컵의 크기에 맞게 볼륨 있는 부피와 모양이 일정하고 균일해야 한다. |
| | **외부균형** | 제품의 크기가 일정하고, 찌그러지지 않아야 한다. |
| | **내상** | 제품 속을 체크했을 때 기공과 조직이 균일하고 충전물이 골고루 분포되어 있어야 한다. |
| | **맛, 향** | 부드러운 식감과 포도주향이 나야 하며, 마데라(컵)케이크 특유의 풍미가 있어야 한다. |

# 초코머핀 Chocolate muffin

시험시간
**1시간
50분**

머핀(Muffin)은 컵케이크의 일종으로 베이킹파우더를 사용하는 미국식과 이스트를 사용하는 영국식 머핀이 있다. 영국식 머핀은 따뜻할 때 버터, 잼, 마멀레이드, 꿀 등을 곁들여 먹는다. 굽기를 할 때 미국식은 컵케이크 틀에 넣어 오븐에서 굽고, 영국식은 핫케이크처럼 납작하게 만들어 철판에 패닝(팬닝)하여 오븐에 굽는다. 컵케이크가 후식, 간식용인 반면 머핀은 아침식사용이다.

## ■ 요구사항

다음 요구사항대로 초코머핀을 제조하여 제출하시오.

① 배합표의 각 재료를 계량하여 재료별로 진열하시오.(11분)

② 반죽은 크림법으로 제조하시오.

③ 반죽온도는 24℃를 표준으로 하시오.

④ 초코칩은 제품의 내부에 골고루 분포되게 하시오.

⑤ 반죽 분할은 주어진 팬에 알맞은 양으로 반죽을 팬닝하시오.

⑥ 반죽은 전량을 사용하여 성형하시오.

## ※ 감독위원은 시험 전 주어진 팬을 감안하여 팬의 개수를 지정하여 공지한다.

| 재료명 | 비율(%) | 무게(g) |
|---|---|---|
| 박력분(Soft flour) | 100 | 500 |
| 설탕(Sugar) | 60 | 300 |
| 버터(Butter) | 60 | 300 |
| 달걀(Egg) | 60 | 300 |
| 소금(Salt) | 1 | 5(4) |
| 베이킹소다(Baking soda) | 0.4 | 2 |
| 베이킹파우더(Baking powder) | 1.6 | 8 |
| 코코아파우더(Cocoa powder) | 12 | 60 |
| 물(Water) | 35 | 175(174) |
| 탈지분유(Dry milk) | 6 | 30 |
| 초코칩(Chocolate chip) | 36 | 180 |
| 총배합률 | 372 | 1,860(1,858) |

■ 만드는 과정

1

2

3

4

5

6

TIP

초코머핀에 들어 있는 초코칩이 골고루 분포될 수 있도록 초코칩에 밀가루를 묻혀서 넣고 반죽한다.
제품의 색이 어둡기 때문에 오븐에서 체크할 때 가늘고 긴 나무꼬치로 찔러 반죽이 묻어 나오는지 체
크하고 오븐에서 꺼낸다.

## ■ 만드는 과정

1. 재료계량 : 주어진 시간 내에 전 재료를 계량하여 작업대 위에 진열한다.(재료의 중량이 정확해야 한다. 재료손실이 많으면 감점)

2. 반죽제조 : 믹싱 볼에 버터를 넣고 부드럽게 해준다.

3. 설탕과 소금을 넣고 크림상태로 만들어준다.

4. 달걀을 조금씩 넣으면서 부드러운 크림상태가 되도록 한다.

5. 박력분, 베이킹파우더, 코코아파우더, 탈지분유를 한꺼번에 체 친 다음 넣고 반죽을 균일하게 섞어준다.

6. 베이킹소다를 물에 녹여서 반죽에 넣고 섞어준다.

7. 반죽에 초코칩을 넣고 가볍게 섞어 반죽을 완성한다.(반죽온도 24℃)

8. 팬닝(패닝) : 머핀 팬에 주어진 종이를 깔고 짤주머니에 반죽을 넣어 팬의 80~85% 정도를 채운다.

9. 굽기 : 윗불 180~185℃, 아랫불 170~175℃의 오븐온도에서 30분 전후로 굽는다.

10. 코코아 색깔 때문에 굽는 정도를 잘 모를 수 있기 때문에 나무꼬치를 찔러 반죽이 묻어나는지 체크해 본다.

---

**제품평가**

색깔  제품의 껍질색은 너무 진하거나 연하지 않은 황금갈색이 나야 하며, 윗면과 옆면 · 밑면의 색깔이 고르게 나야 한다.
부피  컵의 크기에 맞게 볼륨 있는 부피와 모양이 일정하고 균일해야 한다.
외부균형  제품의 크기가 일정하고, 찌그러지지 않아야 한다.
내상  제품의 속을 체크했을 때 기공과 조직이 균일하고 충전물이 골고루 분포되어 있어야 한다.
맛, 향  부드러운 식감, 초코칩의 맛과 향이 나야 하며, 초코머핀 특유의 풍미가 있어야 한다.

# 초코롤케이크 Chocolate roll cake

롤케이크는 양과자의 기본적인 품목으로 거품형 케이크이며, 만드는 방법은 다른 케이크와 동일하여 기포상태와 반죽하는 방법에 따라 제품의 품질이 달라진다. 트렌드에 따라서 다양한 재료가 들어간다. 코코아, 초콜릿, 녹차, 치즈 등을 넣고 초코롤, 녹차롤, 치즈롤 케이크 등 다양한 제품이 된다.

## ■ 요구사항

다음 요구사항대로 초코롤케이크를 제조하여 제출하시오.

① 배합표의 각 재료를 계량하여 재료별로 진열하시오.(7분)
② 반죽은 공립법으로 제조하시오.
③ 반죽온도는 24℃를 표준으로 하시오.
④ 반죽의 비중을 측정하시오.
⑤ 제시한 철판에 알맞도록 팬닝하시오.
⑥ 반죽은 전량을 사용하시오.
⑦ 충전용 재료는 가나슈를 만들어 제품에 전량 사용하시오.
⑧ 시트를 구운 윗면에 가나슈를 바르고, 원형이 잘 유지되도록 말아 제품을 완성하시오.(반대방향으로 롤을 말면 성형 및 제품평가 해당 항목 감점)

| 재료명 | 비율(%) | 무게(g) |
|---|---|---|
| 박력분(Soft flour) | 100 | 168 |
| 달걀(Egg) | 285 | 480 |
| 설탕(Sugar) | 128 | 216 |
| 코코아파우더(Cocoa powder) | 21 | 36 |
| 베이킹소다(Baking soda) | 1 | 2 |
| 물(Water) | 7 | 12 |
| 우유(Milk) | 17 | 30 |
| 총배합률 | 559 | 944 |

※ 충전용 재료는 계량시간에서 제외

| 재료명 | 비율(%) | 무게(g) |
|---|---|---|
| 다크 초콜릿(Dark chocolate) | 119 | 200 |
| 생크림(Fresh cream) | 119 | 200 |
| 럼(Rum) | 12 | 20 |

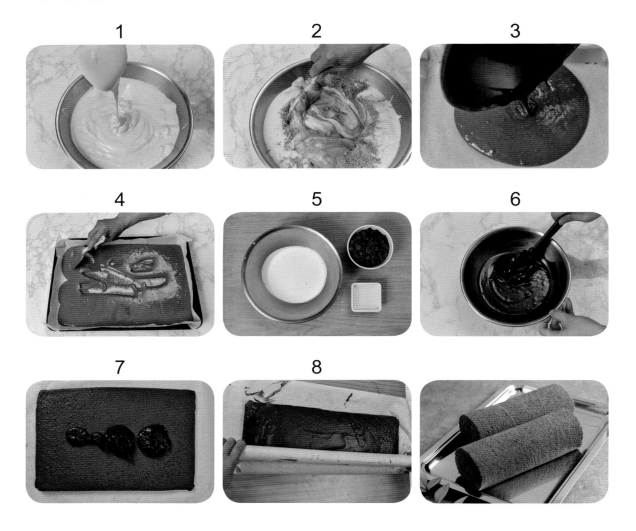

1     2     3

4     5     6

7     8

TIP

면포는 물을 충분히 적시고 짜준 뒤에 사용한다. 그렇게 하지 않으면 껍질이 달라붙을 수 있다. 또한 종이를 사용할 경우 종이에 식용유를 충분히 바른다. 가나슈가 단단하면 중탕하여 다시 녹여 부드럽게 해서 바른다.

## ■ 만드는 과정

1. 재료계량 : 주어진 시간 내에 전 재료를 계량하여 작업대 위에 진열한다.(재료의 중량이 정확해야 한다. 재료손실이 많으면 감점)

2. 반죽제조 : 믹싱 볼에 달걀을 풀어준 후 설탕, 소금, 물엿을 넣고 거품을 올린다.

3. 충분한 거품을 위해 믹싱 볼을 따뜻한 물(약 43℃)에 중탕하여 저어서 설탕입자를 녹인 후 믹서에서 거품을 올린다.

4. 고속으로 거품을 올린 후 마지막에는 저속으로 하여 거품을 안정화시킨다.

5. 반죽을 떨어뜨릴 때 간격을 유지하면 뚝뚝 떨어지는 상태가 적당하다.

6. 체 친 박력분, 코코아파우더를 넣고 바닥을 저어주며 고루 섞어준다.

7. 물, 우유, 베이킹소다를 섞고 되기를 조절해 반죽을 완료한다.
※ 비중은 0.45~0.05이다.

8. 팬닝(패닝) : 평철판에 종이를 재단하여 깔고 반죽을 일정한 두께로 팬닝한다.

9. 굽기 : 윗불온도 185~190℃, 밑불온도 160℃에서 20분 전후로 굽는다.

10. 가나슈 만들기 : 생크림을 불 위에서 끓여 초콜릿에 부어준 다음 주걱으로 저어준다.(식힌 다음 럼을 넣고 섞어준다.)

11. 말기 : 미리 준비한 면포나 종이 위에 제품을 뒤집어 뺀다.

12. 종이를 벗기고 가나슈를 바른 뒤 말아준다.
※ 말 때는 앞부분을 잘 접어 누르면서 말기 시작하고, 그 다음부터는 힘을 빼고 말다가 끝부분을 아래로 향하도록 하여 약간 눌러 접착시키는 기분으로 고정한다.
※ 감독위원의 요구에 따라 뒤집어서 말 수도 있다.

| 제품평가 | | |
|---|---|---|
| 색깔 | 제품의 껍질색은 진하거나 연하지 않은 황금갈색이 나야 하며, 윗면에 반점이나 기포자국이 없어야 하고, 옆면·밑면의 색깔이 고르게 나야 한다. | |
| 부피 | 반죽의 중량에 맞게 전체적으로 봐서 부피가 적정해야 한다. | |
| 외부균형 | 윗면이 갈라지지 않고 표면이 균형을 이루고 대칭이 되어야 하며, 외부가 찌그러져 균형이 맞지 않거나 롤이 터지거나 주름이 있으면 감점된다. | |
| 내상 | 초코롤을 자르고 내상을 체크했을 때 큰 기공이 나 있거나, 섞이지 않는 가루가 없어야 하며, 조직이 조밀하지 않고 균일해야 한다. | |
| 맛, 향 | 조직이 부드럽고 식감이 좋아야 하며, 초코롤 특유의 풍미와 향이 나야 한다. | |

# 흑미롤케이크 Black rice roll cake

시험시간
1시간
50분

롤케이크는 양과자의 기본적인 품목으로 거품형 케이크이며, 만드는 방법은 다른 케이크와 동일하여 기포상태와 반죽하는 방법에 따라 제품의 품질이 달라진다. 트렌드에 따라서 다양한 재료가 들어간다. 코코아, 초콜릿, 녹차, 치즈, 흑미 쌀가루 등을 넣고 초코롤, 녹차롤, 치즈롤케이크, 흑미롤케이크 등 다양한 제품이 된다.

## ■ 요구사항

다음 요구사항대로 흑미롤케이크(공립법)를 제조하여 제출하시오.
① 배합표의 각 재료를 계량하여 재료별로 진열하시오.(7분)
② 반죽은 공립법으로 제조하시오.
③ 반죽온도는 25℃를 표준으로 하시오.
④ 반죽의 비중을 측정하시오.
⑤ 제시한 팬에 알맞도록 분할하시오.
⑥ 반죽은 전량을 사용하시오.(시트의 밑면이 윗면이 되게 정형하시오.)

| 재료명 | 비율(%) | 무게(g) |
|---|---|---|
| 박력쌀가루(Soft rice flour) | 80 | 240 |
| 흑미쌀가루(Black rice flour) | 20 | 60 |
| 설탕(Sugar) | 100 | 300 |
| 달걀(Egg) | 155 | 465 |
| 소금(Salt) | 0.8 | 2.4(2) |
| 베이킹파우더(Baking powder) | 0.8 | 2.4(2) |
| 우유(Milk) | 60 | 180 |
| 총배합률 | 416.6 | 1,249.8 (1,249) |

※ 충전용 재료는 계량시간에서 제외

| 재료명 | 비율(%) | 무게(g) |
|---|---|---|
| 생크림(Fresh cream) | 60 | 150 |

## ■ 수험자 유의사항

① 항목별 배점은 제조공정 60점, 제품평가 40점입니다.
② 시험시간은 재료계량시간이 포함된 시간입니다.
③ 안전사고가 없도록 유의합니다.
④ 제품의 위생과 수험자의 안전을 위하여 위생기준에 적합하지 않을 경우, 득점상의 불이익이 발생할 수 있습니다.
⑤ 의문사항은 시험위원(본부요원, 감독위원)에게 문의하고 그 지시에 따릅니다.

1

2

3

4

5

6

7

TIP

면포는 물을 충분히 적시고 짜준 뒤에 사용한다. 그렇게 하지 않으면 껍질이 달라붙을 수 있다. 또한 종이를 사용할 경우 종이에 식용유를 충분히 바른다.

■ 만드는 과정

1. 재료계량 : 주어진 시간 내에 전 재료를 계량하여 작업대 위에 진열한다.(재료의 중량이 정확해야 한다. 재료손실이 많으면 감점)

2. 반죽제조 : 믹싱 볼에 달걀을 풀어준 후 설탕, 소금, 물엿을 넣고 거품을 낸다.

3. 설탕을 잘 녹게 하고 충분한 거품을 위해 믹싱 볼을 따뜻한 물(약 43℃)에 중탕하여 저어서 설탕입자가 없으면 믹싱 볼에 넣고 거품을 올린다.

4. 반죽을 떨어뜨릴 때 간격을 유지하면 뚝뚝 떨어지는 상태가 적당하다.

5. 체 친 박력쌀가루, 흑미쌀가루, 베이킹파우더를 넣고 바닥을 저어주며 고루 섞어준다.

6. 마지막으로 우유를 섞고 되기를 조절해 반죽을 완료한다.
※ 비중은 0.45~0.05이다.

7. 팬닝(패닝) : 평철판에 종이를 재단하여 깔고 반죽을 일정한 두께로 팬닝한다.

8. 굽기 : 윗불온도 185~190℃, 밑불온도 160℃에서 20분 전후로 굽는다.

9. 생크림을 저어서 충분히 거품을 올린다.

10. 말기 : 미리 준비한 면포나 종이 위에 제품을 뒤집어 뺀다.

11. 식혀서 종이를 벗기고 휘핑한 생크림을 바르고 말아준다.
※ 앞부분을 잘 접어 누르면서 말기 시작하고, 그 다음부터는 힘을 빼고 말다가 끝부분을 아래로 향하도록 하여 약간 눌러 접착시키는 기분으로 고정한다.
※ 감독위원의 요구에 따라 뒤집어서 말 수도 있다.

| 제품평가 | 색깔 | 제품의 껍질색은 진하거나 연하지 않은 황금갈색이 나야 하며, 윗면에 반점이나 기포자국이 없어야 하고, 옆면과 밑면의 색깔이 고르게 나야 한다. |
| | 부피 | 반죽의 중량에 맞게 전체적으로 보았을 때 부피가 적정해야 한다. |
| | 외부균형 | 제품 윗면이 갈라지지 않고 표면이 균형을 이루고 대칭이 되어야 하며, 외부가 찌그러져 균형이 맞지 않거나 터지거나 주름이 있으면 감점된다. |
| | 내상 | 케이크를 자르고 내상을 체크했을 때 큰 기공이 나 있거나, 섞이지 않는 가루가 없어야 하며, 조직이 조밀하지 않고 균일해야 한다. |
| | 맛, 향 | 제품의 조직이 부드럽고 식감이 좋아야 하며, 흑미롤케이크 특유의 풍미와 향이 나야 한다. |

제빵

실무특강

# 프루츠 캉파뉴 Fruit campagne

## ■ 배합표

강력분(Hard flour) 700g
드라이 이스트(Dry yeast) 20g
드라이 살구(Dry apricot) 100g
통밀가루(Whole wheat flour) 300g
물(Water) 680g
드라이 자두(Dry plum) 100g
소금(Salt) 18g
크랜베리(Cranberry) 150g
럼(Rum) 120g

## ■ 만드는 과정

① 과일을 하루 전에 럼에 전처리해 놓는다.

② 모든 재료를 넣고 발전단계 후반까지 반죽한다.

③ 전처리한 과일을 반죽에 넣고 저속으로 섞어준다.

④ 300g 분할하여 둥글리기 후 10~15분간 중간발효한다.

⑤ 휴지시킨 반죽을 타원형으로 성형한 후 30~40분간 2차 발효시킨다.

⑥ 반죽 윗면에 통밀가루를 뿌린다.

⑦ 쿠프를 넣고 오븐온도 230/220℃에서 스팀분사 후 20~25분간 굽는다.

1  2  3

4  5

# 양파 포카치아 Onion focaccia

## ■ 배합표

강력분(Hard flour) 1,000g
드라이 이스트(Dry yeast) 18g
설탕(Sugar) 20g
소금(Salt) 20g
물(Water) 650g
올리브오일(Olive oil) 30g

## ■ 토핑용 재료

양파(Onion) 2개
파슬리(Parsley) 적당량

## ■ 만드는 과정

① 모든 재료를 넣고 최종단계까지 믹싱한다.

② 반죽을 둥글리기하여 비닐을 덮고 30~40분간 1차 발효한다.

③ 200g씩 분할하여 10~15분간 중간발효한다.

④ 밀대로 밀어 둥근 모양으로 성형한다.

⑤ 30~40분간 2차 발효를 하고 올리브오일을 바른다.

⑥ 양파를 자른 후 프라이팬에 살짝 볶은 다음 반죽 위에 올린다.

⑦ 건조 파슬리와 소금을 뿌리고 손가락으로 살짝 눌러준다.

⑧ 오븐온도 230/220℃에서 20~23분간 굽는다.

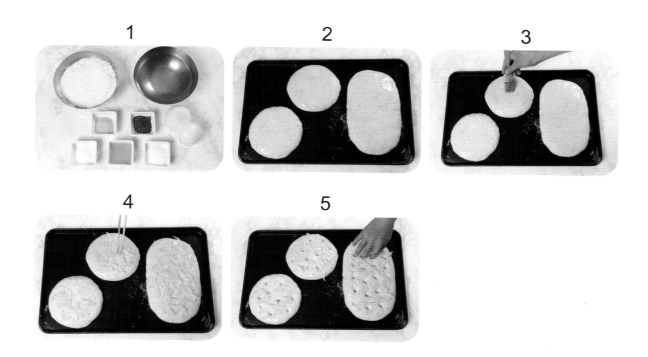

# 브레첼 Brezel

## ■ 배합표

강력분(Hard flour) 1,000g
소금(Salt) 20g
설탕(Sugar) 30g
버터(Butter) 50g
드라이 이스트(Dry yeast) 15g
우유(Milk) 620g
가성소다물(가성소다 30g,
물 1,000g)

## ■ 토핑재료

팬시슈레드치즈 200g
브레첼 소금 50g

## ■ 만드는 과정

① 버터를 제외한 전 재료를 넣고 믹싱한다.

② 클린업 단계에서 버터를 넣고 반죽한다.

③ 발전단계까지 반죽한다.

④ 1차 발효 후 60g씩 분할하여 둥글리기하고 10~15분간 중간발효시킨다.

⑤ 길게 밀어 펴서 성형한 다음 냉동고에 잠시 휴지시킨다.

⑥ 가성소다에 담갔다가 패닝하고 브레첼 소금을 뿌린다.

⑦ 윗면을 가위로 자른다.

⑧ 팬시슈레드치즈를 묻혀서 패닝한다.

⑨ 오븐온도 200℃에서 15~20분간 굽는다.

# 크루아상 Croissant

## ■ 배합표

강력분(Hard flour) 700g
박력분(Soft flour) 300g
생이스트(Fresh yeast) 40g
소금(Salt) 20g
설탕(Sugar) 100g
버터(Butter) 100g
탈지분유(Dry milk) 20g
물(Water) 500g
달걀(Egg) 50
충전용 버터(In butter) 500g

## ■ 만드는 과정

① 버터와 충전용 버터를 제외한 전 재료를 넣고 반죽한다.

② 클린업 단계에서 버터를 넣고 발전단계 초기에서 반죽을 완료한다.

③ 반죽을 비닐에 싸서 냉장고에서 30분간 휴지시킨다.

④ 반죽을 밀어 펴기한 후 롤인 버터로 감싸고 이음매를 붙여준다.

⑤ 반죽을 직사각형으로 밀어 펴기하여 3겹 접기를 3회 실시한다.

⑥ 반죽 두께가 3mm가 되도록 밀고 10×15cm의 이등변삼각형으로 자른다.

⑦ 생지를 조금 접어서 누르고 양손으로 몸 앞쪽을 향해 말아준다.

⑧ 말아준 끝부분이 아래로 가도록 팬에 놓는다.

⑨ 온도 30℃, 습도 70%의 발효실에서 2차 발효한다.

⑩ 붓으로 노른자를 반죽 윗면에 바른다.

⑪ 오븐온도 230/180℃에서 15~20분간 굽는다.

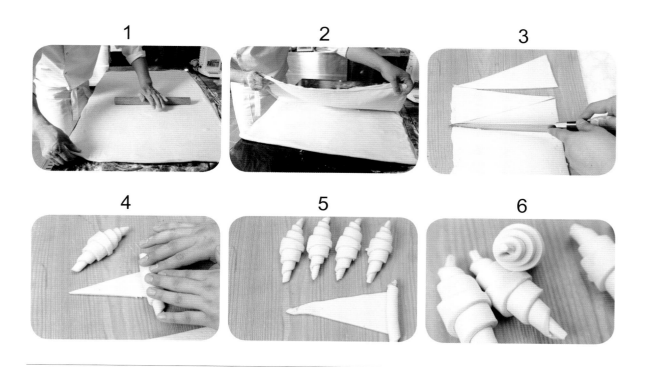

# 팽 오 쇼콜라 Pain au chocolat

## ■ 배합표

강력분(Hard flour) 700g
소금(Salt) 20g
탈지분유(Dry milk) 20g
박력분(Soft flour) 300g
설탕(Sugar) 100g
물(Water) 500g
생이스트(Fresh yeast) 40g
버터(Butter) 100g
달걀(Egg) 50g
충전용 버터(In butter) 500g

## ■ 만드는 과정

① 버터와 충전용 버터를 제외한 전 재료를 넣고 반죽한다.

② 클린업 단계에서 버터를 넣고 발전단계 초기에서 반죽을 완료한다.

③ 반죽을 비닐에 싸서 냉장고에서 30분간 휴지시킨다.

④ 반죽을 밀어 펴기한 후 롤인 버터로 감싸고 이음매를 붙여준다.

⑤ 반죽을 직사각형으로 밀어 펴기하여 3겹 접기를 3회 실시한다.

⑥ 반죽 두께가 4mm가 되도록 밀고 12×8cm의 직사각형으로 자른다.

⑦ 반죽 위에 초콜릿 스틱을 올리고 반죽을 접어서 누른다.

⑧ 말아준 끝부분이 아래로 가도록 팬에 놓는다.

⑨ 온도 30℃, 습도 70%의 발효실에서 2차 발효한다.

⑩ 붓으로 노른자를 반죽 윗면에 바른다.

⑪ 오븐온도 230/180℃에서 15~18분간 굽는다.

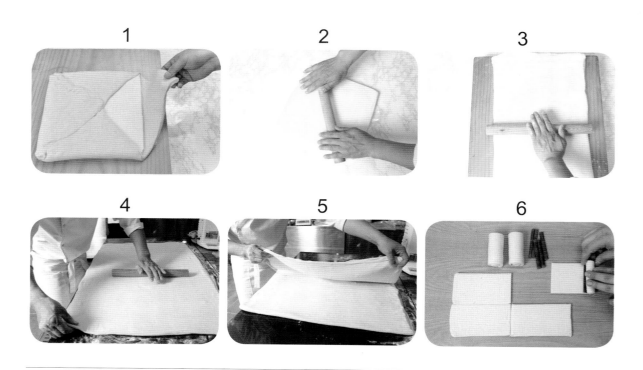

# 슈톨렌 Stollen

## ■ 전반죽

강력분(Hard flour) 100g
생이스트(Fresh yeast) 30g
물(Water) 120g

## ■ 본반죽

강력분(Hard flour) 1,000g
설탕(Sugar) 130g
버터(Butter) 400g
소금(Salt) 12g
달걀(Egg) 50g
전반죽(Jeon dough) 250g
스톨렌 스파이스(Stollen spice) 30g
우유(Milk) 200g

## ■ 충전물

믹스필(Mix peel) 340g
크랜베리(Cranberry) 200g
건포도(Raisin) 100g
럼(Rum) 150g
구운 슬라이스 아몬드(Baking slice almond) 200g
로마지팬(Romarzipan) 600g

## ■ 만드는 과정

① 믹스필, 크랜베리, 럼을 섞어서 하루 전에 전처리한다.(충전물 만들기)

② 밀가루, 이스트, 물을 섞어서 전반죽을 만들고 전반죽이 발효되면 버터를 제외한 전 재료를 넣고 믹싱한다.

③ 클린업 단계에서 버터를 넣어 반죽하고, 최종단계 초기에서 충전물을 넣고 섞어준다.

④ 반죽은 비닐을 덮어서 40~60분간 1차 발효를 한다.

⑤ 300g씩 분할하여 둥글리기 후 20분간 중간발효한다.

⑥ 밀대로 밀어서 중간에 로마지팬 60g을 넣고 성형한다.

⑦ 팬에 패닝하여 20분간 2차 발효한다.

⑧ 180/160℃에서 20~30분간 굽기를 하고 오븐에서 나오면 바로 녹인 버터를 바르고 설탕을 표면에 올린다.

# 꼬흔느 Corne

## ■ 배합표

강력분(Hard flour) 850g
호밀가루(Rye flour) 150g
소금(Salt) 20g
물(Water) 650g
몰트 엑기스(Malt extract) 6g
드라이 이스트(Dry yeast) 10g

## ■ 만드는 과정

① 전 재료를 넣고 저속 3분, 중속 7~8분으로 최종단계까지 믹싱한다.

② 반죽온도 24℃

③ 실온에서 40~50분간 1차 발효한다.

④ 꼬흔느 꽃모양 50g, 분할 6개, 바깥 생지 130g을 분할하여 둥글리기한다.

⑤ 비닐을 덮어서 20~25분간 중간발효한다.

⑥ 발효실 온도 32℃에서 30~40분간 2차 발효한다.

⑦ 오븐온도 230℃/230℃에서 스팀 분사 후 210℃/200℃로 오븐 온도를 낮추어 20~30분간 굽는다.

### 꼬흔느 모양 정형하기

① 50g 분할 반죽을 다시 둥글리기하여 물칠하고 깨를 찍어 묻힌다.
② 바깥에 씌우는 반죽을 밀어 펴고 깨를 묻힌 반죽을 올린다.
③ 칼을 이용하여 3선으로 자른 다음 바깥부분은 물을 칠한 다음 전체를 덮어 마무리한 부분을 윗면으로 오게 한다.
④ 2차 발효 후 밀가루를 뿌리고 칼로 나뭇잎 모양으로 예쁘게 자른다.

# 바게트, 에피 Baguette, Epi

## ■ 바게트 재료

프랑스 밀가루(T-65) 1,000g
소금(Salt) 20g
드라이 이스트(Dry yeast) 14g
몰트 엑기스(Malt extract) 8g
물(Water) 680g

## ■ 만드는 과정

① 물에 몰트 엑기스를 넣고 섞은 다음 밀가루를 넣고 1단으로 3분간 반죽한다. 반죽을 꺼내고 비닐을 덮어서 20~25분간 휴지시킨다.(오트리즈 반죽법)

② 드라이 이스트를 넣고 반죽하여 이스트가 섞이면 소금을 넣고 반죽한다. 반죽을 떼어 늘려서 얇은 막이 형성되는 최종단계까지 믹싱한다.

③ 완성된 반죽을 둥글리기하여 비닐을 덮고 1차 발효시킨다.(60~90분) 300g씩 분할하여 둥글리기 후 10~15분간 휴지시킨다.

④ 손으로 반죽의 두께가 일정하도록 밀어 편다. 가스가 완전히 제거되지 않도록 한다.(길이 50cm)

⑤ 판에 천을 깔고 천 주름을 잡으면서 이음매 부분이 아래로 가도록 하여 놓는다.

⑥ 발효실 온도 32℃, 습도 75~80%에서 2차 발효한다.

⑦ 쿠프를 5개 넣고 오븐온도 240/230℃에서 스팀을 준 뒤 25~28분간 굽는다.

### 에피 성형하는 법

① 바게트 성형하는 방법과 동일하다.
② 2차 발효 후 옮긴 다음 가위를 이용하여 반죽을 45도 각도로 자른다.
③ 자른 부분이 서로 엇갈리도록 번갈아 벌린다.
④ 밀가루를 조금 뿌리고 오븐온도 230/220℃에서 스팀 준 뒤 20~25분간 굽는다.

1
2
3
4
5
6

# 샹피뇽, 타바티에르 Champignon, Tabatière

## ■ 폴리쉬 반죽

프랑스 밀가루(T-65) 125g
생이스트(Fresh yeast) 2g
물(Water) 125g

## ■ 본반죽

프랑스 밀가루(T-65) 1,000g
물(Water) 600g
드라이 이스트(Dry yeast) 10g
소금(Salt) 22g
폴리쉬 반죽(Polish dough) 250g
몰트 엑기스(Malt extract) 5g

### 타바티에르 성형하기

① 반죽을 다시 둥글리기하여 1/3부분을 얇고 납작하게 밀어 펴고 끝부분에 식용유를 바른다.
② 면포 위에 밀가루를 뿌리고 덮는 부분이 밑면으로 가게 뒤집어서 2차 발효시킨다.
③ 발효 후 뒤집어서 체로 밀가루를 뿌리고 나뭇잎 모양으로 칼집을 내서 굽는다.

## ■ 폴리쉬 반죽 만드는 과정

① 30℃ 물에 이스트를 넣고 충분히 저어준다.

② 밀가루를 넣고 주걱으로 섞어준다.

③ 충분히 부풀어 꺼지기 전의 상태가 되었을 때 사용한다.(6~8시간 정도 발효시킨다.)

## ■ 만드는 과정

① 폴리쉬 반죽과 본반죽 전 재료를 넣고 믹싱한다.(저속 2~3분, 중속 10~12분) 반죽은 최종단계까지 한다. 반죽온도 24℃, 1차 발효를 40~60분간 한다.

② 샹피뇽은 윗부분 15g, 밑부분 80g의 반죽을 분할하여 둥글리기한다.

③ 타바티에르는 80g으로 분할하여 둥글리기한다. 비닐을 덮어서 15~20분간 중간발효한다.

④ 80g 반죽은 둥글리기하여 면포 위에 덧가루를 뿌리고 올려놓는다. 15g 반죽은 밀대로 얇게 원형으로 밀어서 반죽 위에 올리고 중앙을 검지로 꾹 눌러 접착시킨다. 이때 가장자리는 식용유를 발라서 붙지 않도록 한다.

⑤ 원형 부분이 밑을 향하도록 올려놓고 발효시킨다.

⑥ 오븐온도는 230~220℃에서 15~20분간 굽는다.

# 무화과 바통 Fig baton

## ■ 배합표

강력분(Hard flour) 1250g
소금(Salt) 24g
몰트 엑기스(Malt extract) 4g
드라이 이스트(Dry yeast) 30g
물(Water) 920g

## ■ 충전물

무화과(Fig) 500g
럼(Rum) 150g

## ■ 만드는 과정

① 무화과 500g, 럼 150g을 섞어서 전처리해 놓는다.(24시간)

② 무화과를 제외한 전 재료를 넣고 반죽한다.

③ 최종단계까지 반죽한다.

④ 무화과를 넣고 살짝 섞어준다.

⑤ 40~60분간 1차 발효를 한다.

⑥ 100g씩 분할한 뒤 둥글리기하여 10~15분간 중간발효한다.

⑦ 반죽을 길게 펴서 살짝 꼬아준 다음 팬에 놓는다.

⑧ 2차 발효 후 밀가루를 뿌리고 오븐온도 230/220℃에서 스팀 분사한다.

⑨ 오븐에서 20~25분간 굽는다.

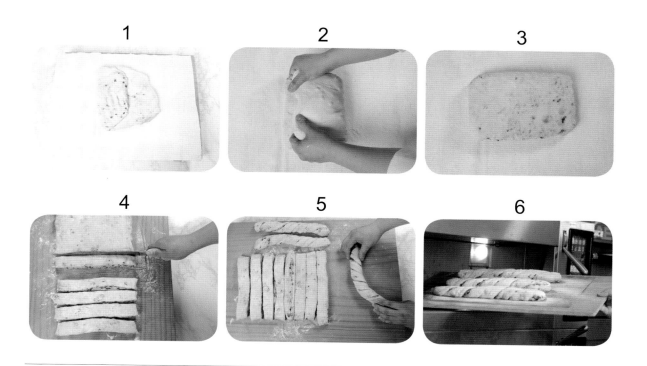

# 파네토네 Panettone

## ■ 배합표

강력분(Hard flour) 800g
중력분(Soft flour) 200g
설탕(Sugar) 250g
소금(Salt) 16g
플레인 요구르트(Plain yogurt) 200g
노른자(Egg yolk) 180g
우유(Milk) 400g
버터(Butter) 300g
생이스트(Fresh yeast) 50g

## ■ 충전물 재료

믹스필(Mix peel) 180g
크랜베리(Cranberry) 250g
럼(Rum) 150g

## ■ 토핑용 재료

아몬드파우더(Almond powder) 120g
설탕(Sugar) 120g
흰자(Egg white) 130g

## ■ 추가 재료

슬라이스 아몬드(Almond slice) 적당량
슈거파우더(Sugar powder) 적당량

## ■ 만드는 과정

① 버터를 제외한 전 재료를 넣고 최종단계까지 반죽한다.

② 반죽이 매끈하고 손으로 반죽을 늘려보면 얇은 막이 형성된다.

③ 버터를 3회에 나누어 넣으면서 섞어준다.

④ 전처리한 충전물을 넣고 저속으로 가볍게 섞는다.

⑤ 1차 발효를 60~90분간 한다.

⑥ 분할하여 둥글리기하여 바로 준비된 틀에 넣는다.

⑦ 2차 발효 후 틀의 80% 높이까지 올라오면 준비된 토핑크림을 바른다.

⑧ 아몬드 슬라이스 올리고 슈거파우더를 뿌린 뒤 오븐에 굽는다.

⑨ 170/160℃ 오븐에서 30~35분간 굽는다.

## ■ 충전물 만드는 과정

믹스필, 크랜베리, 럼 섞어서 24시간 동안 전처리한다.

## ■ 토핑용 만드는 과정

① 설탕과 아몬드파우더를 섞어서 체 친다.

② 흰자를 넣고 저어준다.

**1**

**2**

**3**

# 오징어먹물 크림치즈 베이글 Squid ink cream cheese bagel

## ■ 배합표

강력분(Hard flour) 1,000g
오징어먹물(Squid ink) 12g
소금(Salt) 18g
설탕(Sugar) 60g
버터(Butter) 50g
드라이 이스트(Dry yeast) 14g
물(Water) 600g

## ■ 충전물 재료

크림치즈(Cream cheese)

## ■ 만드는 과정

① 전 재료를 섞어서 반죽을 한다.

② 반죽은 최종단계까지 믹싱한다.

③ 1차 발효를 40~60분간 한다.

④ 80g씩 분할하여 둥글리기하고 10~15분간 중간발효한다.

⑤ 반죽을 두 번에 나누어 길게 밀어준다.

⑥ 둥근 모양으로 성형하여 2차 발효한다.

⑦ 물에 소량의 꿀을 첨가하여 끓인다. 발효된 반죽을 앞뒷면으로 10초씩 삶는다.

⑧ 오븐온도 230/200℃에서 18~25분간 굽는다.

# 슈바이처브로트 Schweizerbrot

## ■ 배합표

강력분(Hard flour) 900g
호밀가루(Rye flour) 150g
소금(Salt) 20g
탈지분유(Dry milk) 20g
버터(Butter) 20g
드라이 이스트(Dry yeast) 15g
몰트 엑기스(Malt extract) 5g
물(Water) 600g

## ■ 만드는 과정

① 버터를 제외한 전 재료를 넣고 반죽한다.

② 클린업 단계에서 버터를 넣고 반죽한다.

③ 반죽이 매끈하도록 한다.

④ 1차 발효를 60~90분간 한다.

⑤ 1차 발효가 끝나면 반죽을 작업대에 올리고 250g으로 분할하여 둥글리기한다.

⑥ 중간발효 후 다시 둥글리기하여 매끈한 면이 윗부분이 되도록 하여 놓는다.

⑦ 발효실온도 32℃, 습도 70~75%로 2차 발효한다.

⑧ 호밀가루를 표면에 뿌리고 십자로 쿠프를 넣는다.

**1**

**2**

**3**

**4**

# 팡도르 Pandoro

## ■ 배합표

강력분(Hard flour) 1,000g

설탕(Sugar) 250g

소금(Salt) 20g

생이스트(Fresh yeast) 60g

달걀(Egg) 50g

노른자(Egg yolk) 200g

우유(Milk) 200g

물(Water) 200g

버터(Butter) 250g

팡도르향(Pandoro essence) 10g

## ■ 만드는 과정

① 버터를 제외한 재료를 섞은 후 끈기가 생길 때까지 10분간 반죽한다. 이때 우유와 물은 여름에는 차게 해서 반죽하고 겨울에는 40℃로 데워서 사용한다.

② ①에 버터를 두 번에 나누어 섞어 매끄럽고 탄력 있게 반죽한다. 반죽온도 27~28℃

③ 1차 발효를 60~80분 정도 한다.

④ 300g 분할 둥글리기하여 비닐을 덮어 상온에서 10~15분간 두었다가 성형하여 이음새부분이 아래를 향하게 해서 몰드에 넣는다.

⑤ 2차 발효를 30~60분 정도 한 후 165~170℃의 오븐에 35분간 굽는다.

⑥ 구워서 식으면 녹인 버터를 바르고 슈거파우더를 뿌린다.

⑦ 크리스마스 장식을 한다.

# 잉글리시 머핀 English muffin

## ■ 배합표

강력분(Hard flour) 1,000g
박력분(Soft flour) 260g
설탕(Sugar) 60g
소금(Salt) 30g
우유(Milk) 300g
물(Water) 600g
드라이 이스트(Dry yeast) 24g

## ■ 만드는 과정

① 전 재료를 넣고 반죽한다.

② 반죽은 조금 많이 하여 렛다운 단계까지 한다.

③ 1차 발효를 충분히 하고 60g씩 분할하여 둥글리기한다.

④ 중간발효 후 반죽에 물을 분무한 후 옥수수가루를 묻혀 밀어준다.

⑤ 팬에 패닝 후 2차 발효한다.

⑥ 오븐온도 220/200℃ 넣고 굽는다. 윗면에 색깔이 조금 나면 뒤집어 굽는다.

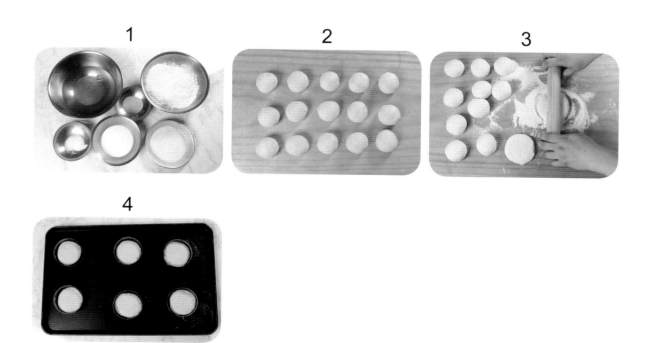

# 치아바타 Ciabatta

## ■ 배합표

강력분(Hard flour) 1,200g
드라이 이스트(Dry yeast) 24g
소금(Salt) 24g
올리브오일(Olive oil) 96g
몰트 엑기스(Malt extract) 12g
물(Water) 950g
치즈(cheese) 300g

## ■ 만드는 과정

① 충전물을 제외한 모든 재료를 넣고 최종단계까지 믹싱 한다.

② 반죽 볼에 올리브오일을 바른 뒤 반죽을 넣고 30~40분간 1차 발효시킨다.

③ 작업대 위에 밀가루를 뿌리고 반죽을 펴서 치즈를 넣는다.

④ 스크레이퍼로 잘라서 팬에 놓는다.

⑤ 2차 발효 후 올리브오일을 바르고 덧가루를 뿌린다.

⑥ 오븐온도 230℃에서 18~23분 굽는다.

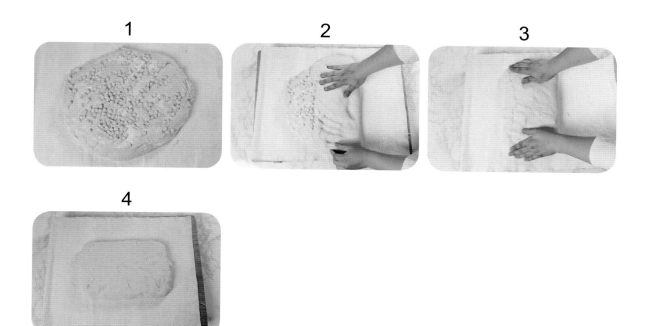

# 크림치즈 호두빵 Cream cheese walnut bread

## ■ 배합표

강력분(Hard flour) 800g
크라프트콘 믹스(Kraftkorn mix) 200g
설탕(Sugar) 70g
버터(Butter) 70g
소금(Salt) 12g
드라이 이스트(Dry yeast) 20g
물(Water) 580g
호두분태(Walnut shelled) 200g

## ■ 충전물 재료

크림치즈(Cream cheese) 1,000g
슈거파우더(Sugar powder) 200g
레몬주스(Lemon juice) 30g
달걀(Egg) 100g
호두분태(Walnut shelled) 16개

## ■ 만드는 과정

① 호두를 제외한 전 재료를 믹싱 볼에 넣고 반죽한다(반죽 물은 차가운 것을 사용한다).

② 반죽은 발전단계까지 한다(반죽온도 24℃).

③ 호두는 구워서 사용한다.

④ 1차 발효 후 120g씩 분할하여 둥글리기한다.

⑤ 중간발효 후 크림치즈를 넣고 싸준다.

⑥ 2차 발효 후 호두를 중간에 놓고 살짝 누른다.

⑦ 테프론시트 올리고 빵 팬을 덮고 굽는다.

⑧ 오븐온도 윗불 200℃, 아랫불 190℃에서 25분 전후로 굽는다.

# 좁프 Zopf

## ■ 배합표

강력분(Hard flour) 1,100g
설탕(Sugar) 150g
소금(Salt) 16g
분유(Dry milk) 40g
버터(Butter) 150g
생이스트(Fresh yeast) 30g
달걀(Egg) 2개
물(Water) 500g

## ■ 토핑용 재료

데코 슈거(Deco sugar)
아몬드(Almond)

## ■ 만드는 과정

① 전 재료를 넣고 최종단계까지 믹싱한다.

② 1차 발효를 60~90분간 한다.

③ 50g씩 분할하여 둥글리기한다.

④ 중간발효 후 막대형으로 밀어준다.

⑤ 두 번 나누어 밀어서 길이가 20~25cm 정도 되게 한다.

⑥ 2가닥 빵, 3가닥 빵, 4가닥 빵, 5가닥 빵 형태로 성형한다.

⑦ 2차 발효 후 달걀물을 바르고 우박설탕이나 아몬드를 뿌려 오븐에 굽는다.

⑧ 오븐온도 190~200℃에서 12~15분간 굽는다.

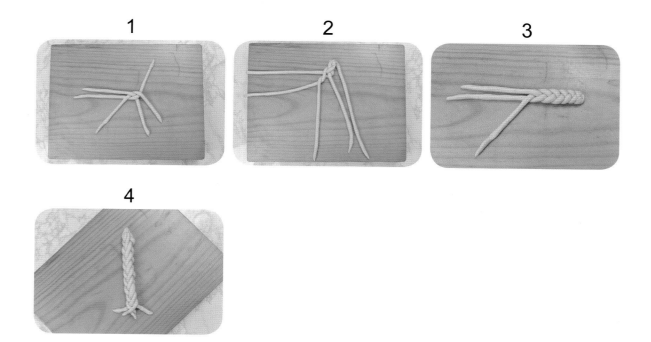

# 팔미에 Palmier

## ■ 배합표

강력분(Hard flour) 550g
달걀(Egg) 60g
버터(Butter) 50g
소금(Salt) 5g
찬물(Cold water) 300g
충전용 버터(In butter) 500g

## ■ 만드는 과정

① 충전용 버터를 제외한 모든 재료를 넣고 단계 전에 믹싱을 완료한다.

② 휴지 : 반죽을 비닐로 싸서 냉장고에서 20~30분간 휴지시킨다.

③ 휴지시킨 반죽 위에 충전용 버터를 올리고 반죽으로 싸준다.

④ 밀어 펴기 : 반죽을 일정한 두께의 직사각형으로 밀어 펴고 3겹 접기를 5회 한다.(4회, 5회 접기를 할 때는 설탕을 덧가루 삼아 뿌리고 밀어서 접는다.)

⑤ 매회 접기 후 냉장고에서 휴지한다.(반죽상태에 따라 2회 접고 넣는다.)

⑥ 밀어 펴기할 때 모서리는 직각이 되도록 하고 덧가루는 붓으로 털어 표피가 딱딱해지는 것을 방지한다.

⑦ 마지막 접기를 한 다음에는 반죽을 밀어 두께 0.6cm의 직사각형으로 한다.

⑧ 마지막 성형은 양끝에서 중앙을 향해 2번씩 접고 중앙으로 포개어 접어 붙이고 1cm 간격으로 자른다.

⑨ 자른 면을 위로 하고 간격을 충분히 두고 팬에 놓는다.

⑩ 오븐온도 윗불 200℃, 밑불 200℃에서 20분 전후로 굽는다.

⑪ 표면에 캐러멜색이 들 때까지 오븐에서 굽는다.

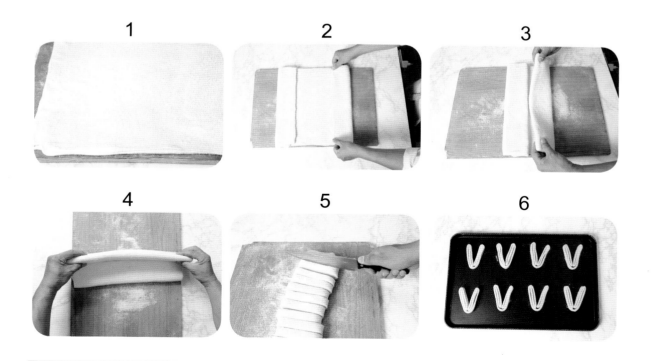

1    2    3

4    5    6

# 생크림 과일 케이크 Fresh cream fruit cake

## ■ 배합표

달걀(Egg) 1,000g
설탕(Sugar) 550g
박력분(Soft flour) 500g
베이킹파우더(Baking powder) 10g
SP(유화제) 30g
우유(Milk) 100g
식용유(Oil) 100g
버터(Butter) 150g

## ■ 케이크 시럽 재료

물(Water) 1,000g
설탕(Sugar) 400g
레몬(Lemon) 1개
시나몬 스틱(Cinnamon stick) 작은 것 1조각

## ■ 만드는 과정

① 달걀, 설탕, 밀가루, 베이킹파우더, 유화제를 넣고 거품을 올린다.

② 식용유를 넣어준다.

③ 우유와 버터를 데워서(50℃) 반죽에 넣어 빠르고 가볍게 섞어준다.

④ 몰드에 종이를 깔고 반죽을 70% 채운다.

⑤ 오븐온도 175~180℃에서 25~30분간 굽는다.

⑥ 스펀지 시트가 식으면 2번 자르고 시럽을 바른 다음 생크림과 과일로 샌드한다.

⑦ 표면에 생크림으로 아이싱하고 과일로 장식한다.

1    2    3

4    5

# 레드벨벳 케이크 Red velvet cake

## ■ 레드벨벳 스펀지 배합표

레드벨벳파우더(Red velvet powder) 500g
달걀(Egg) 250g
물(Water) 240g
식용유(Oil) 60g

## ■ 치즈크림 배합표

크림치즈(Cream cheese) 450g
슈거파우더(Sugar powder) 120g
레몬주스(Lemon juice) 20g
생크림(Fresh cream) 500g
버터(Butter) 100g

## ■ 만드는 과정

① 가루를 체 친 후 전 재료를 넣고 거품을 올린다.

② 몰더에 종이를 깔고 반죽을 70% 채운다.

③ 오븐온도 175~180℃/170℃에서 15~20분간 굽는다.

### 치즈크림

① 크림치즈에 버터, 슈거파우더, 생크림 100g을 넣고 부드럽게 해준다.
② 레몬주스를 넣고 저어준다.
③ 생크림 400g을 휘핑하여 섞어준다.
④ 스펀지에 시럽을 바르고 샌드한다.
⑤ 윗면에 레드벨벳 스펀지를 체에 내려서 뿌려준다.

1
2
3
4
5

# 당근 케이크 Carrot cake

## ■ 배합표

박력분(Soft flour) 400g
베이킹소다(Baking soda) 4g
베이킹파우더(Baking powder) 4g
소금(Salt) 5g
설탕(Sugar) 350g
계핏가루(Cinnamon powder) 8g
파인애플(Pineapple) 100g
달걀(Egg) 200g
호두(Walnut) 100g
올리브오일(Olive oil) 100g
당근(Carrot) 300g

## ■ 치즈크림 배합표

크림치즈(Cream cheese) 500g
슈거파우더(Sugar powder) 120g
레몬주스(Lemon juice) 20g
생크림(Fresh cream) 500g
버터(Butter) 100g
호두분태(Walnut shelled) 300g

## ■ 만드는 과정

① 달걀에 설탕, 소금을 넣은 뒤 거품을 올려주고, 거품이 다 올라오면 올리브오일을 섞어준다.

② 박력분, 베이킹소다, 베이킹파우더, 시나몬파우더를 같이 체로 친다.

③ 당근은 채칼에 내리고 파인애플은 다진다. 건포도, 호두를 섞어놓는다.

④ 가루재료를 천천히 넣으며 섞어준다. 당근, 파인애플, 호두 순서대로 재료를 넣고 섞어준다.

⑤ 준비된 몰드에 종이를 깔고 반죽을 70% 채운다.

⑥ 오븐온도 170~180℃/170℃에서 25~30분간 굽는다.

⑦ 당근 케이크 시트는 식혀서 자른 다음 시럽을 바르고 크림치즈로 샌드하고 아이싱한다. 호두는 구워서 묻힌다.

### 치즈크림

① 크림치즈에 버터, 슈거파우더, 생크림 100g을 넣고 부드럽게 해준다.
② 레몬주스를 넣고 저어준다.
③ 생크림 400g을 휘핑하여 섞어준다.

1
2
3
4
5
6

# 과일 타르트 Fruit tart

## ■ 비스킷 껍질

설탕(Sugar) 200g
버터(Butter) 400g
박력분(Soft flour) 600g
베이킹파우더(Baking powder) 2g
달걀(Egg) 2개

## ■ 토핑 과일

파인애플(Pineapple)
키위(Kiwi)
오렌지(Orange)
멜론(Melon)

## ■ 커스터드 크림 만들기 배합표

우유(Milk) 450g
버터(Butter) 45g
노른자(Egg yolk) 5개
설탕(Sugar) 115g
박력분(Soft flour) 55g
바닐라빈(Vanilla bean) 1개
소금(Salt) 2g

## ■ 만드는 과정

① 설탕과 포마드상태의 버터를 섞어서 부드럽게 해준다.

② 달걀을 나누어 넣으면서 섞어준다.

③ 체 친 밀가루와 베이킹파우더를 넣고 반죽한다.

④ 비닐에 싸서 냉장고에서 휴지시킨다.

⑤ 반죽을 밀어서 타르트 몰드에 채운다.

⑥ 포크로 구멍을 내고 콩, 쌀을 이용해서 채운다.

⑦ 오븐온도 200~210℃/200℃에서 15~20분간 굽는다.

⑧ 구운 타르트 비스킷에 화이트 초콜릿을 바른다.

⑨ 커스터드 크림을 채우고 과일을 올리고 혼당을 바른다.

### 커스터드 크림 만들기

① 우유, 바닐라빈을 뜨겁게 데운다.
② 설탕, 노른자, 소금을 섞어준 다음 체 친 밀가루를 섞어준다.
③ ①과 ②를 섞어서 불 위에서 걸쭉한 단계까지 저어준다.

# 레몬 머랭 파이 Lemon meringue pie

## ■ 파이 껍질 배합표

박력분(Soft flour) 400g
버터(Butter) 200g
설탕(Sugar) 16g
소금(Salt) 4g
달걀(Egg) 2개

## ■ 레몬크림 배합표

설탕(Sugar) 150g
노른자(Egg yolk) 190g
레몬주스(Lemon juice) 200g
젤라틴(Gelatin) 4g

## ■ 이탈리안 머랭 배합표

흰자(Egg white) 120g
설탕(Sugar)(A) 70g
물(Water) 60g
물엿(Corn syrup) 80g
설탕(Sugar)(B) 100g

## ■ 파이 껍질 만드는 과정

① 체 친 박력분에 버터를 넣고 비벼서 보슬보슬한 상태로 만든다.

② 중앙에 구덩이처럼 파고 설탕, 소금, 달걀을 섞은 재료를 넣고 가볍게 섞어준다.

③ 비닐에 싸서 냉장고에서 휴지시킨다.

④ 반죽을 밀어서 주름을 주고 오븐온도 200℃/190℃에서 15~20분간 굽는다.

⑤ 레몬크림을 채우고 머랭을 올린다.

### 레몬크림 만들기

① 레몬주스를 끓인다.
② 노른자와 설탕을 섞어놓는다.
③ 끓은 레몬주스를 노른자에 넣고 크렘 앙글레이즈를 만든다.
④ 뜨거울 때 불린 젤라틴을 넣고 굳힌다.

### 이탈리안 머랭 만들기

① 물, 물엿, 설탕(B)를 넣고 118℃까지 끓여준다.
② 흰자와 설탕(A)를 넣고 머랭을 올린다.
③ 머랭에 설탕시럽을 천천히 넣어 이탈리안 머랭을 만든다.

1

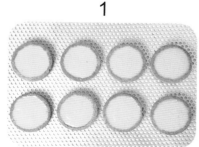

2

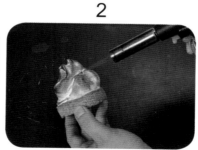

# 블랙 포리스트 케이크 Black forest cake

## ■ 초코 스펀지 배합표

달걀(Egg) 1,000g
설탕(Sugar) 550g
박력분(Soft flour) 500g
베이킹파우더(Baking powder) 10g
SP(유화제) 30g
우유(Milk) 100g
식용유(Oil) 100g
코코아(Cocoa) 50g
버터(Butter) 150g

## ■ 케이크 시럽 배합표

물(Water) 1000g
설탕(Sugar) 400g
레몬(Lemon) 1개
시나몬 스틱(Cinnamon stick) 작은 것 1조각

## ■ 충전용 체리 필링 배합표

다크체리(Dark cherry) 1캔(850g)
설탕(Sugar) 70g
버터(Butter) 20g
생크림(Fresh cream) 250g
전분(Starch) 20g
그랑마르니에(Grande Marnier) 50g

## ■ 만드는 과정

① 달걀, 설탕, 밀가루, 베이킹파우더, 유화제를 넣고 거품을 올린다.

② 식용유에 코코아파우더를 섞어서 풀어준 뒤 넣고 섞어준다.

③ 우유와 버터를 데워서(50℃) 반죽에 넣어 빠르고 가볍게 섞어준다.

④ 몰드에 종이를 깔고 반죽을 70% 채운다.

⑤ 오븐온도 175~180℃에서 25~30분간 굽는다.

⑥ 스펀지 시트가 식으면 2번 자르고 시럽을 바른 충전용 필링으로 샌드한다.

⑦ 표면에 생크림으로 아이싱하고 초콜릿으로 장식한다.

### 충전용 체리 필링 만들기

① 캔에 들어 있는 체리즙에 설탕, 버터를 넣고 끓인다.
② 물에 전분을 넣고 걸쭉하게 만든 후 다크체리를 넣고 섞는다.
③ 식힌 다음 생크림을 휘핑하여 넣고 그랑마르니에를 섞어준다.

**1**

**2**

**3**

# 크림치즈 타르트 Cream cheese tart

## ■ 배합표

크림치즈(Cream cheese) 340g
설탕(Sugar) 125g
달걀(Egg) 3개
박력분(Soft flour) 40g
전분(Starch) 20g
레몬즙(Juice lemon) 10g
생크림(Fresh cream) 80g

## ■ 비스킷 껍질 배합표

설탕(Sugar) 200g
버터(Butter) 400g
박력분(Soft flour) 600g
소금(Salt) 1g
베이킹파우더(Baking powder) 2g
달걀(Egg) 2개

## ■ 만드는 과정

① 비스킷 반죽을 0.4cm로 밀어 팬에 깔아놓는다.

② 크림치즈와 설탕을 섞어서 저어 부드럽게 해준다.

③ 달걀을 하나씩 넣으면서 저어준다.

④ 레몬즙을 넣고 저어준다.

⑤ 박력분, 전분을 체 쳐서 넣고 섞어준다.

⑥ 생크림을 휘핑하여 섞어준다.

⑦ 비스킷 팬에 반죽을 90% 채운다.

⑧ 오븐온도 170~180℃/170℃에서 25분 전후로 굽는다.

## 비스킷 껍질

① 설탕과 포마드 상태의 버터를 섞어서 부드럽게 해준다.
② 달걀을 나누어 넣으면서 섞어준다.
③ 체 친 밀가루와 베이킹파우더를 넣고 반죽한다.
④ 비닐에 싸서 냉장고에서 휴지시킨다.

# 도지마롤 どうじまロール

## ■ 배합표

달걀노른자(Egg yolk) 250g
설탕(Sugar)(A) 90g
물엿(Corn syrup) 50g
달걀흰자(Egg white) 300g
설탕(Sugar)(B) 220g
박력분(Soft flour) 220g
우유(Milk) 80g

## ■ 필링크림

슈거파우더(Sugar powder) 150g
생크림(Fresh cream) 1,000g
마스카르포네 치즈(Mascarpone cheese) 750g

## ■ 만드는 과정

① 노른자, 설탕(A), 물엿을 섞고 거품을 올린다.

② 흰자와 설탕(B)로 머랭을 올린다.(80%)

③ 박력분을 체 친다.

④ 우유를 차갑지 않도록 미지근하게 데운다.

⑤ 노른자 거품에 머랭 1/3을 섞고 가루를 섞어준다.

⑥ 머랭 1/3을 넣고 섞어준 후 우유를 넣어준다.

⑦ 나머지 머랭을 모두 넣고 섞어준다.

⑧ 반죽 750g을 팬닝하여 오븐온도 윗불 200℃, 밑불 150℃에서 13~15분간 굽는다.

### 치즈크림

① 마스카르포네 치즈와 슈거파우더를 넣고 휘퍼로 섞어준다.
② 치즈와 슈거파우더가 혼합되면 생크림을 천천히 넣으면서 거품을 올려준다.
③ 스펀지 시트에 크림 1,000g을 넣고 말아준다.

1

2

3

# REFERENCE

시사매거진(https://www.sisamagazine.co.kr)
포인트데일리(https://www.pointdaily.co.kr)
https://www.fortunebusinessinsights.com/ko/industry-reports/bakery-products-market-101472

# PROFILE

## 신태화

현) 백석예술대학교 외식산업학부 전임교수
경기대학교 관광학 박사
대한민국 제과기능장
사)외식경영학회 부회장
전국자원봉사대상 국무총리 표창
JW Marriott Hotel Executive Pastry Chef
Sheraton Seoul Palace Gangnam Hotel Pastry Chef
제과명장, 제과기능장, 제과제빵기능사 심사위원
SEOUL INTERNATIONAL BAKERY FAIR 심사위원
U.S.C Cheese Bakery Contest 심사위원
ACADECO 심사위원
한국산업인력공단 NCS 제과제빵개발위원
한국산업인력공단 일학습병행개발위원
KBS 무엇이든 물어보세요, MBC, EBS 등 다수 출연
프랑스, 독일, 일본 단기연수
저서: 베이커리카페 창업경영론, 달콤한 디저트 세계, 제과제빵 이
　　론 및 실무, 제과제빵기능사 실기, 홈메이드 베이킹 외 다수

## 김지민

현) 경남도립남해대학 호텔조리제빵학부 전임교수
경희대학교 조리외식경영학 박사
한국조리학회 수석이사
한국조리협회 상임이사
KOREA월드푸드챔피언십 심사위원
대한민국 국제요리&제과 경연대회 심사위원
한국산업인력공단 제과제빵실기 감독위원
앙젤리크카카오 대표

## 김상미

현) 계명문화대학교 식품영양조리학부 제과제빵전공 교수
대구가톨릭대학교 식품가공학과(외식산업학 전공) 이학박사
베이킹스튜디오 경영 10년
한국산업인력공단 제과제빵 실기 감독위원
Culinary Institute America 연수
Nakamura Academy 연수

## 박상준

현) 연성대학교 호텔외식조리과 카페 베이커리전공 교수
경희대학교 관광대학원 졸업/조리외식경영학 박사
경기대학교 서비스경영대학원 졸업/경영학 석사
초당대학교 조리과학과 졸업
그랜드힐튼호텔 제과부 근무
동우대학교, 신한대학교 겸임교원
제과제빵 특수교육 교재 편찬(교육과학기술부)
경기도 지방기능대회 심사(한국산업인력공단)
식품가공/면류 학습모듈 집필(한국직업능력개발원)
NCS 제과제빵 학습모듈 개발(한국산업인력공단)
훈련기관평가 제과제빵/커피바리스타부분(한국직업능력개발원)
학습병행 운영평가 및 내용전문가(한국산업인력공단)
제과기능장 집필 및 감독위원(한국산업인력공단)
제과명장 평가위원(한국산업인력공단)
2020 한국제과제빵교수협회 회장

## 이용권

현) 거제대학교 조리제빵과 학과장
대구 가톨릭대학교 외식경영학 박사 과정
한화 갤러리아 상품본부 F&B 상품개발팀
더 플라자 호텔 베이커리 부문 총괄
SEOUL 에릭케제르 Executive chef
한화63시티 베이커리 파트장
백석예술대학교 외래교수
대림대학교 외래교수

## 이재진

현) 한국관광대학교 호텔제과제빵과 교수
　　학사학위 전공심화 학과장
경기대학교 일반대학원 외식조리관리/관광학 박사
(주)쉐라톤워커힐호텔 제과부 근무
제과제빵기능사 실기시험 감독위원
제과제빵기능대회 심사장 및 심사위원
2009년, 2015년 교육부총리장관상

## 이은경

현) 영진전문대학교 조리제과제빵과 전임교수
세종대학교 대학원 조리외식경영 석사
Intercontinental Hotel Bakery 근무
베이커리 페어경연대회 초콜릿봉봉 전시부분 기술상

## 한장호

현) 배화여자대학교 조리학과 외식조리디저트전공 학과장
건국대학교 일반대학원 박사 수료
대한민국 제과기능장
한국조리협회 상임이사
제과제빵기능경기대회 심사위원
한국생산성본부 지역혁신역량위원
W서울 워커힐 호텔 베이커리 셰프
르네상스 호텔 제과부 근무
리츠칼튼 호텔 제과부 근무

저자와의
합의하에
인지첩부
생략

제과제빵기능사 & 실무특강

2023년 3월 10일 초 판 1쇄 발행
2024년 1월 30일 제2판 1쇄 발행
2025년 2월 28일 제3판 1쇄 발행

**지은이** 신태화 · 김상미 · 김지민 · 박상준
　　　　　이용권 · 이은경 · 이재진 · 한장호
**펴낸이** 진욱상
**펴낸곳** 백산출판사
**교　정** 성인숙
**본문디자인** 신화정
**표지디자인** 오정은
**등　록** 1974년 1월 9일 제406-1974-000001호
**주　소** 경기도 파주시 회동길 370(백산빌딩 3층)
**전　화** 02-914-1621(代)
**팩　스** 031-955-9911
**이메일** edit@ibaeksan.kr
**홈페이지** www.ibaeksan.kr

ISBN 979-11-6639-504-8　13590
값 35,000원